［物理の考え方 2］

統計力学

土井正男 著

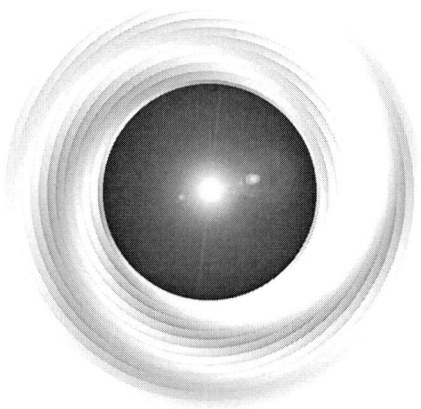

朝倉書店

はしがき

　本書は統計力学を初めて学ぶ人を対象にした教科書である．
　統計力学は目にみえない原子・分子の世界と目にみえる物質の世界をつなぐ体系であり，物理系の学科の重要な基礎科目である．
　統計力学については既に多くのよい教科書が出版されているが，本書を書こうと思い立ったのは，二つのことを意図したからである．
　第一は，大学の通常のカリキュラムにそって無理のない形で統計力学の体系を述べることである．多くの統計力学の教科書では，量子力学の知識を前提として統計力学を語っている．しかし，大学のカリキュラムでは，統計力学と量子力学を同時に開講するところが多い．そのため学生は，量子力学の「状態」が何であるかを理解する前に統計力学を学ぶことになり，分子の運動性など統計力学の生き生きしたところに触れる機会が少なくなってしまっている．
　そこで本書では，最初に古典力学だけを用いて統計力学の骨格を説明するようにした．古典統計は完全なものではなく，量子統計を用いないと説明のできない実験は多くある．しかし統計力学の論理そのものは古典統計の範囲で説明できるものである．
　本書では，前半の部分で，古典力学をベースに統計力学の体系を示し，後半の部分で（すなわち学生が量子力学について一通り学んだあと）量子統計について述べるという構成をとった．このような構成の方が，気体分子運動論など，学生がそれまで学んできた知識の上に統計力学を語ることができるので，教えやすいのではないかと思う．
　第二は，日常的な現象とからめて統計力学を教えることである．統計力学は物質の性質を分子論的に理解する基礎であるにもかかわらず，教科書にある例は，スピン，振動子の比熱など日常生活でなじみのないものが多い．できれば

日常的な経験と結びつけて統計力学を教えたいというのが本書を書こうと思った第二の理由である．しかし，意気込んで書き始めてはみたが，筆者の力不足と，限られた紙数の中で過不足のない記述をすることの難しさのために，この目的は十分に達成できたとはいいがたい．その代わり，相互作用系，相転移，ゆらぎと応答など，通常，アドバンスコースとみなされる内容を少し詳しく記述し，現実の物質を扱うときの方法を示すようにした．

本書は学生が自習書としても使えるよう，書かれている事柄だけで内容が理解できるような記述とすることに努めた．問題を多くしたのは，手を動かしながら読むことによって理解が深まるとの筆者の考えである．問題は，少し難しいと感じる学生が多いかもしれないが，挑戦してみてほしい．

本書を書くにあたっては，筆者自身，勉強しながら書いた．広い範囲のテーマを扱っているため筆者の理解不足や思い違いで思わぬ間違いがあるかもしれない．ご指摘いただければ幸いである．

2006年2月

土井正男

目　次

- ■ 第1章　確率・統計の考え方 ……………………………………… 1
  - 1.1　統計力学とは何か ………………………………………… 1
    - 1.1.1　熱力学の状態と力学の状態 ……………………… 2
  - 1.2　整数値をとる物理量の統計 ……………………………… 3
    - 1.2.1　容器中に存在する気体分子の数の分布 ………… 3
    - 1.2.2　ポアッソン分布 …………………………………… 5
  - 1.3　実数値をとる物理量の統計 ……………………………… 7
    - 1.3.1　箱に閉じ込められた分子系の重心 ……………… 7
    - 1.3.2　確率密度 …………………………………………… 8
    - 1.3.3　一様分布 …………………………………………… 9
    - 1.3.4　2分子系の重心位置の分布 ……………………… 10
    - 1.3.5　N分子系の重心位置の分布 …………………… 12
  - 1.4　中心極限定理 ……………………………………………… 17
  - 付　録 …………………………………………………………… 19
    - 付録1　デルタ関数 …………………………………… 19
    - 付録2　ガウス積分 …………………………………… 20
    - 付録3　多変数のガウス積分 ………………………… 21
    - 付録4　中心極限定理の導出 ………………………… 22
  - 章末問題 ………………………………………………………… 23

- ■ 第2章　孤立系における力学状態の分布 ……………………… 25
  - 2.1　1次元周期運動における力学状態の分布 ……………… 25
  - 2.2　時間平均 …………………………………………………… 28

2.3	アンサンブル平均	29
2.4	力学状態の実現確率	30
2.5	等重率の原理とミクロカノニカル分布	33
2.6	物理量の平均	37
付　録		38
	付録1　座標変換とミクロカノニカル分布	38
章末問題		39

■ 第3章　温度とエントロピー　41

3.1	理想気体のエネルギーと圧力	41
3.2	温度の定義	44
	3.2.1　熱力学的温度	44
	3.2.2　理想気体温度計	45
3.3	エントロピー	50
付　録		51
	付録1　n次元空間の球の体積	51
章末問題		53

■ 第4章　カノニカル分布とその応用　55

4.1	カノニカル分布	55
4.2	分配関数	57
4.3	ほとんど独立な系から構成される系	60
4.4	単原子分子理想気体	61
4.5	2原子分子理想気体	63
	4.5.1　剛体モデル	63
	4.5.2　バネ結合モデル	65
4.6	重力場の中の理想気体	67
4.7	永久双極子をもつ剛体2原子分子の誘電率	70
付　録		71
	付録1　エネルギー等分配則	71

章末問題·····72

■ 第5章 グランドカノニカル分布とその応用 74
- 5.1 ギブスのパラドックス·····74
- 5.2 同種粒子からなる系の状態数の計算·····75
- 5.3 グランドカノニカル分布·····78
- 5.4 混合気体·····81
  - 5.4.1 1成分理想気体の大分配関数·····81
  - 5.4.2 混合気体の自由エネルギー·····82
  - 5.4.3 気体反応·····83
- 5.5 希薄溶液·····85
  - 5.5.1 希薄溶液とは·····85
  - 5.5.2 溶質の化学ポテンシャル·····85
  - 5.5.3 溶媒の化学ポテンシャル·····89
  - 5.5.4 浸透圧·····89
  - 5.5.5 沸点上昇·····91
  - 5.5.6 解離平衡·····93
- 章末問題·····94

■ 第6章 量子統計 96
- 6.1 量子力学における状態の記述·····96
- 6.2 エネルギー固有状態·····98
- 6.3 カノニカル分布·····101
- 6.4 調和振動子·····103
- 6.5 状態数,状態密度·····105
- 6.6 密度行列·····108
- 6.7 グランドカノニカル分布·····110
- 付録·····111
  - 付録1 古典極限·····111
- 章末問題·····112

目次

■ 第7章　フェルミ分布とボーズ–アインシュタイン分布 … 114
- 7.1　スピン自由度 … 114
- 7.2　同種の粒子からなる系の波動関数 … 115
- 7.3　2つの同種粒子からなる系 … 116
- 7.4　粒子数表示 … 118
- 7.5　フェルミ分布とボーズ–アインシュタイン分布 … 119
- 7.6　フェルミ粒子の統計 … 121
  - 7.6.1　フェルミ粒子からなる気体の量子効果 … 121
  - 7.6.2　低密度の理想フェルミ気体 … 122
  - 7.6.3　高密度の理想フェルミ気体 … 123
- 7.7　金属・半導体 … 126
- 7.8　ボーズ粒子の統計 … 130
- 7.9　フォノンとフォトン … 132
  - 7.9.1　振動量子 … 132
  - 7.9.2　格子振動 … 133
  - 7.9.3　熱輻射 … 136
- 付　録 … 138
  - 付録1　低温のフェルミ分布に対する近似式 … 138
- 章末問題 … 139

■ 第8章　相互作用のある系 … 141
- 8.1　相互作用系の分配関数 … 141
- 8.2　密度展開の方法 … 143
- 8.3　分布関数の方法 … 146
  - 8.3.1　2体分布関数 … 146
  - 8.3.2　熱力学量の表式 … 149
  - 8.3.3　多体効果 … 150
- 8.4　格子モデル … 152
- 8.5　電解質溶液 … 156
- 章末問題 … 158

■ 第9章　相 転 移 ··· 160
9.1　磁性相転移 ··· 160
9.1.1　磁性相転移のモデル ··· 160
9.1.2　独立スピン系 ··· 162
9.1.3　平均場近似 ··· 163
9.1.4　磁場がない場合 ·· 164
9.1.5　自由エネルギー ·· 166
9.1.6　磁場の効果 ··· 168
9.2　ランダウの理論 ·· 170
9.3　液晶相転移 ··· 172
9.3.1　液晶とは ··· 172
9.3.2　液晶相転移の平均場理論 ··· 173
9.3.3　秩序パラメータ ·· 175
9.3.4　対称性と相転移の特徴 ·· 178
9.3.5　対称性の破れ ··· 179
9.4　気液相転移 ··· 180
付　録 ··· 185
付録1　変分法による平均場近似の導出 ································· 185
章末問題 ··· 186

■ 第10章　ゆらぎと応答 ·· 188
10.1　平衡系におけるゆらぎと応答 ··· 188
10.1.1　簡単な例 ·· 188
10.1.2　一般の外場と応答 ·· 190
10.1.3　温度，化学ポテンシャルの変化に対する応答 ··············· 191
10.2　時間遅れを伴う応答 ·· 192
10.2.1　一定外場印加時の応答 ··· 192
10.2.2　種々の外場に対する応答 ·· 194
10.3　時間相関関数 ··· 196
10.4　線形応答の微視的理論 ·· 197

- 10.4.1 時間相関関数の微視的表式 ………………………… 197
- 10.4.2 揺動散逸定理 ………………………………………… 198
- 10.4.3 微粒子のブラウン運動 ……………………………… 199
- 10.5 オンサガーの相反定理 ………………………………………… 200
  - 10.5.1 複数の外場に対する応答 …………………………… 200
  - 10.5.2 輸送係数 ……………………………………………… 201
- 付　録 ……………………………………………………………… 202
  - 付録1 時間相関関数の時間反転対称性 ……………………… 202
- 章末問題 …………………………………………………………… 204

節末問題解答 ……………………………………………………… 207
章末問題解答 ……………………………………………………… 211
索　引 ……………………………………………………………… 225

第1章
確率・統計の考え方

　統計力学とは，統計的な考えを使って，力学法則に従う原子や分子の集団の性質を研究する学問である．物質の構成要素である原子・分子は力学の法則に従っている．しかし，原子・分子の世界の法則がわかったからといって，物質の性質が理解できるわけではない．物質は 10^{20} 個もの原子からなっている．このようなたくさんの原子が寄り集まってできた物質の振る舞いを知るには，統計的な考え方が必要である．本章では，統計力学の目的を説明した後，後の章で必要となる数学の基礎について概説をする．

1.1　統計力学とは何か

　我々が目にするもの，コップの中の水，書きかけのノート，窓の外の木々など，すべての物質は原子・分子から成り立っている．原子・分子の世界にまでさかのぼって物質を眺めてみると，どんな物質の要素も共通の力学法則に従っている．しかし，目の前にある物質は様々である．空気のように軽いものもあれば，鉄のように重いものもある．ゴムのように柔らかなものもあれば，ガラスのように硬いものもある．生きて動き回るものもあれば，死んだものもある．この物質世界の多様性は，どのようにして生まれているのだろうか？
　物質が同じ要素から成り立っているとしても，要素が運動し離合集散することによって，物質の多様性が生まれているはずである．この関係はいったいどのようなものであろうか？　統計力学の基本的な問題意識はここにある．

統計力学は，物質を構成する要素の運動法則（力学法則）と物質のマクロな性質の関係を研究する学問である．残念ながら，現在の統計力学は上述の疑問のすべてに答えることはできない．現在の統計力学で答えることができるのは，熱平衡状態にある系の性質に関する部分だけである．熱平衡状態にある系については，ミクロな構成要素の力学法則とマクロな性質の関係を示すことができる．しかし，時間的に変化している系や生物のように生きている系におけるミクロな構成要素とマクロな性質の関係については，まだわからないことが多い．

　本書でこれから学ぶのは，熱平衡状態にある系の統計力学と，非平衡状態であっても熱平衡からの外れが小さな系の統計力学である．このように限定をつけても，統計力学の扱う問題は広い．物質世界の多様性を構成要素にさかのぼって理解しようとする研究は，物性物理学と呼ばれる分野で盛んに行われている．統計力学は，このような研究の基礎をなす学問であるということができる．

1.1.1　熱力学の状態と力学の状態

　熱平衡状態にある物質の状態は，少数の変数によって指定することができる．たとえば，一定量の気体であれば，温度 T，内部エネルギー E，体積 V，圧力 P などの変数のうち2つを与えてやれば，状態は一意的に決まる．他の熱力学的な量はこれらの変数の関数として表すことができる．系が固体であったり，多成分系であったりすると，状態を指定するには，もう少し多くの変数が必要となる．それにしても，たかだか10個程度の変数によって熱平衡状態を指定することができる．このような少数の変数で指定される熱平衡状態について，物理量の間の量的関係を記述する体系が熱力学である．

　一方，系の状態を原子・分子の世界にさかのぼって，力学的に記述するには，非常にたくさんの変数を必要とする．古典力学によって状態の時間変化を計算するには，系を構成するすべての分子の座標と運動量が必要である．$1\,\mathrm{cm}^3$ の中には 10^{20} 個もの分子が含まれているから，必要となる変数の数は 10^{20} にもなる．そのようにたくさんの情報は実験で手に入れることもできないし，仮に手に入ったとしても，何らかの統計的な処理をしないと情報の意味を理解することができない．

　統計力学では，粒子の座標・運動量などの力学量の代わりに統計的な量で状

態を記述しようとする．統計力学では，熱平衡状態の系は様々な力学状態にあると考える．そして，与えられた条件の下で，力学状態がどのような確率で出現しているかを考えるのである．力学状態の出現確率がわかれば，物理量を測定したときの平均値を計算することが可能である．このような考えに基づいているものが統計力学である．したがって，統計力学のベースになっているものは，力学と確率・統計の考え方である．

本章の以下の節では，簡単な例題を解きながら，統計力学の基礎となっている確率・統計の考え方について学んでいく．

1.2 整数値をとる物理量の統計

1.2.1 容器中に存在する気体分子の数の分布

空のコップであっても，コップの中は空気の分子で満たされている．もしコップの中の分子の数を計測できたとすると，その分布がどうなっているかを考えてみよう．

問題を明確にするために図 1.1 (a) のような状況を考える．N 個の分子からなる気体が体積 V の容器の中に閉じ込められているとする．その中に体積 v の開いた小箱をおいたとき，小箱の中に n 個の分子が入っている確率 P_n を考える．

気体分子の分布がお互いに独立であるとすれば，P_n は次のような考察から求めることができる．ある 1 つの分子に着目したとき，この分子が小箱の中に入っている確率は $p = v/V$ であり，入っていない確率は $q = 1 - p$ である．小

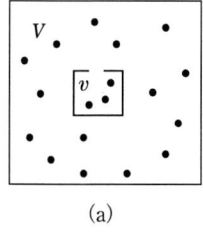
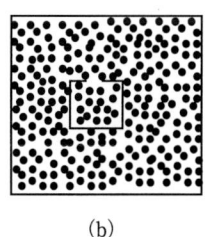

図 1.1 (a) 気体の中の分子の分布，(b) 液体の中の分子の分布

箱の中に1つも分子を見出さない確率 P_0 は q^N である．小箱の中に1つ分子を見出す確率 P_1 は N 個の中のどれか1個が小箱の中にあり，残りの $N-1$ 個が小箱の外にある確率であるから，Npq^{N-1} で与えられる．このような考察を進めて行くと，一般に n 個の分子を小箱の中に見出す確率 P_n は次のように書ける．

$$P_n = \frac{N!}{n!(N-n)!} p^n q^{N-n} \tag{1.1}$$

P_n は，$(p+q)^N$ を2項定理を使って展開したときの各項になっているので，2項分布と呼ばれる．

n の平均は次の式で定義される．

$$\langle n \rangle = \sum_n P_n n \tag{1.2}$$

これを計算するには，次のような関数を考えるのが便利である．

$$C(x) = \sum_n x^n P_n \tag{1.3}$$

$C(x)$ のことを母関数という．n の平均は母関数から計算することができる．$dC(x)/dx = \sum_n n x^{n-1} P_n$ であるので，$x=1$ とおいてやれば式 (1.2) の右辺が出てくる．したがって

$$\langle n \rangle = \left. \frac{dC(x)}{dx} \right|_{x=1} \tag{1.4}$$

2項分布の場合，母関数は次のようになる．

$$C(x) = \sum_n x^n \frac{N!}{n!(N-n)!} p^n q^{N-n} = (px+q)^N \tag{1.5}$$

したがって式 (1.4) より

$$\langle n \rangle = Np(p+q)^{N-1} = Np \tag{1.6}$$

ここで $p+q=1$ を用いた．

確率量 n が平均値 $\langle n \rangle$ の周りにどのくらい広がって分布しているかを示す量として，次に定義される量がよく用いられる．

$$\sigma^2 = \langle (n-\langle n \rangle)^2 \rangle = \sum_n P_n (n-\langle n \rangle)^2 \tag{1.7}$$

σ^2 のことを分散，σ のことを標準偏差という．$\langle n \rangle$ は n によらない定数であることに注意すると，σ^2 は次のように書き換えることができる．

$$\sigma^2 = \sum_n P_n (n^2 - 2n\langle n \rangle + \langle n \rangle^2)$$

$$= \sum_n P_n n^2 - 2\langle n \rangle \sum_n P_n n + \langle n \rangle^2 \sum_n P_n \tag{1.8}$$

ここで

$$\sum_n P_n n^2 = \langle n^2 \rangle, \quad \sum_n P_n n = \langle n \rangle, \quad \sum_n P_n = 1 \tag{1.9}$$

を用いると

$$\sigma^2 = \langle n^2 \rangle - \langle n \rangle^2 \tag{1.10}$$

式 (1.4) と同様の計算をすれば n^2 は $C(x)$ より次のように計算できることがわかる．

$$\langle n^2 \rangle = \frac{d}{dx}\left(x\frac{dC(x)}{dx}\right)\bigg|_{x=1} \tag{1.11}$$

式 (1.5), (1.10) を用いて計算すると，σ^2 は最終的に次のようになる．

$$\sigma^2 = Npq = N\frac{v}{V}\left(1 - \frac{v}{V}\right) \tag{1.12}$$

1.2.2 ポアッソン分布

前節では閉じた容器の中の小箱を考えたが，大気中におかれた小箱を考えてみよう．これは分子の数密度 $c = N/V$ を一定に保ち，容器の体積 V を無限に大きくした極限に対応する．この極限では $p \to 0$，$N \to \infty$ であるが，pN は一定である．この極限を考えるため母関数 $C(x)$ を次のように書く．

$$C(x) = (px + 1 - p)^N = \exp[N\ln(1 + p(x-1))] \tag{1.13}$$

$p \to 0$ のときには $\ln(1 + p(x-1)) \to p(x-1)$ となるので，$C(x)$ は次のような関数に近づく．

$$C(x) = e^{pN(x-1)} = e^{m(x-1)} \tag{1.14}$$

ここで $m = pN$ とおいた．m は cv と書くことができ，小箱の中の平均の分子数を表す．式 (1.14) を x についてテーラー (Taylor) 展開すると，x^n の係数

より P_n が求まる．その結果，

$$P_n = \frac{m^n}{n!}e^{-m} \tag{1.15}$$

この分布をポアッソン (Poisson) 分布という．

$C(x)$ より，ポアッソン分布の平均と分散を計算すると次のようになる．

$$\langle n \rangle = m, \qquad \sigma^2 = \langle (n - \langle n \rangle)^2 \rangle = m \tag{1.16}$$

図 1.2 にポアッソン分布を示してある．図を見やすくするために横軸は n でなく，$n/\langle n \rangle$ をとって P_n をプロットしてある．平均値 $\langle n \rangle = m$ が大きくなると，分布は平均値の周りに鋭く尖って分布するようになる．これは，式 (1.16) より平均値に対する相対的な標準偏差の大きさ $\sigma/\langle n \rangle = 1/\sqrt{m}$ が m の増大とともに小さくなるからである．

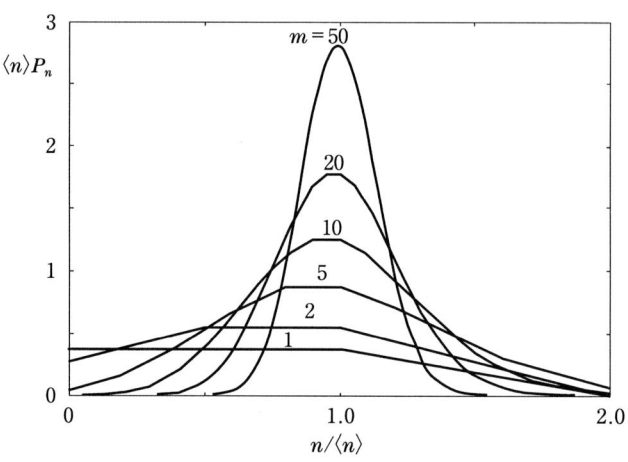

図 **1.2** ポアッソン分布

常温，常圧の気体では $1\,\mathrm{cm}^3$ の中に 10^{20} 個もの分子が入っている．$m \simeq 10^{20}$ であるので $\sigma/\langle n \rangle$ は 10^{-10} という非常に小さなものになる．したがって気体中に考えた $1\,\mathrm{cm}^3$ の領域の中に入っている分子の数は，一定ではないとはいえ，そのゆらぎは非常に小さく，通常の条件では無視してよい．

気体中に考えた領域にある分子の数の分布は，上述のように簡単に計算する

ことができた．では，液体の中ではどうなるであろうか？ 液体の中では，分子が図 1.1 (b) のようにぎっしりと詰まっている．このようなときには分子の分布は互いに独立ではなくなるので，上のような議論を使うことができない．液体中の P_n はどうしたら計算できるであろうか？ 後で示すように，このような問題に対する答えは統計力学で与えられる[1])．

1.3 実数値をとる物理量の統計

1.3.1 箱に閉じ込められた分子系の重心

前節で考えた物理量は分子数という整数値をとるものであったが，実数値をとる物理量の分布も問題になることがある．たとえば，箱の中に閉じ込められた分子全体の重心の位置座標を考えてみよう．箱の位置は固定されていても，中の気体分子は動き回っているので，重心の位置は一定ではなく，いろいろな値をとる．この分布を考えてみよう．

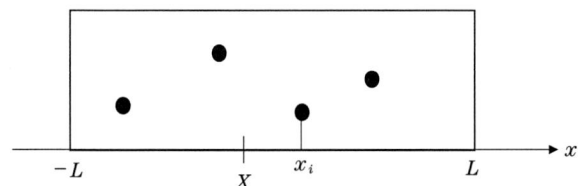

図 1.3 箱の中の分子の重心の X 座標

簡単のため，箱は図 1.3 に示すような直方体であるとし，重心の位置の x 座標だけを考えることにする．箱の両端は $-L$ と L にあるものとする．箱の中には N 個の分子があり，それぞれの x 座標を $x_1, x_2, ..., x_N$ とすれば重心の位置は次のようになる．

$$X = \frac{1}{N}\sum_{i=1}^{N} x_i \qquad (1.17)$$

---
1) 5 章の章末問題 (1) を参照．

我々の目的は，X の分布がどうなっているかを議論することである．ここで，X のように実数値をとる量については，それがある値になる確率はいくらかという問いは無意味であることに注意しなくてはならない．たとえばある方法で重心の位置を測定して (適当な長さの単位で) 1.0 という答えが得られたとしても，これは一定の測定の精度の範囲内の話である．測定の精度を上げてやれば 1.001 とか 0.998 というような少し違った値が得られるであろう．測定精度を上げてやればいくらでも違った答えが出てくるので，得られた値がぴたりと 1 に等しくなることはほとんどありえない．したがって，連続的な実数値をとる物理量については，それが「ある実数値をとる確率」という概念には意味がない．

1.3.2 確率密度

一般に物理量が連続的な値をとる場合には，観測値が「ある値 x をとる確率」を問題にするのではなく，観測値が「ある範囲にある確率」を問題にしなくてはならない．そこで観測値が $[-\infty, x]$ の範囲にある確率を考えよう．この確率を x の関数とみて $Q(x)$ と書く．$Q(x)$ は観測値が x より小さい確率である．$Q(x)$ は x の単調増加関数であり，$x \to -\infty$ で 0 となり，$x \to \infty$ で 1 となるような関数である．$Q(x)$ のことを累積確率分布という．

$Q(x+dx) - Q(x)$ は観測した物理量の値が $x+dx$ より小さく，x より大きな確率を表す．言い換えれば，観測した値が x と $x+dx$ の間の値をとる確率を表す．dx を十分小さくとれば $Q(x+dx) - Q(x) = (dQ/dx)dx$ と書ける．ここに現れた関数

$$P(x) = \frac{dQ}{dx} \qquad (1.18)$$

のことを確率密度 (あるいは確率密度関数) という．$P(x)dx$ は物理量が x と $x+dx$ の範囲にある値をとる確率を表す．$P(x)$ と $Q(x)$ の関係を図 1.4 に示す．

確率密度は次のように規格化されている．

$$\int_{-\infty}^{\infty} P(x)dx = 1 \qquad (1.19)$$

確率密度を用いると x の平均や分散は次のように計算される．

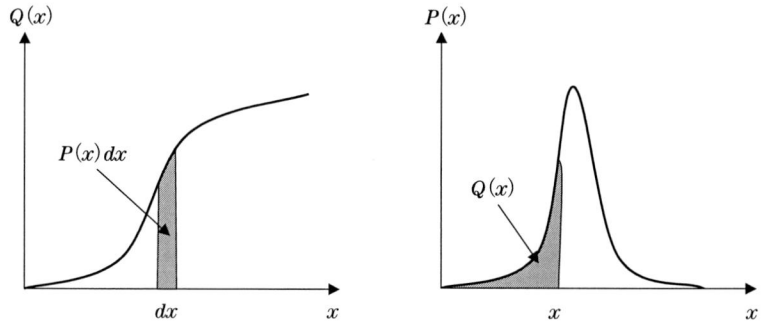

図 1.4 累積確率分布関数 $Q(x)$ と確率密度関数 $P(x)$

$$\langle x \rangle = \int_{-\infty}^{\infty} xP(x)dx \tag{1.20}$$

$$\sigma^2 = \int_{-\infty}^{\infty} (x - \langle x \rangle)^2 P(x)dx \tag{1.21}$$

これらは，式 (1.2) や式 (1.7) で n に関する和を x についての積分で置き換えたものに対応している．

確率密度 $P(x)$ に対して，次の式で定義される特性関数 $C(\xi)$ を考えると便利なことが多い．

$$C(\xi) = \int_{-\infty}^{\infty} dx P(x) e^{i\xi x} = \langle e^{i\xi x} \rangle \tag{1.22}$$

ここで $\langle \dots \rangle$ は式 (1.20) を一般化したもので，$\dots$ に $P(x)$ をかけて積分する操作を意味する．数学的には特性関数 $C(\xi)$ は確率密度 $P(x)$ のフーリエ (Fourier) 変換に他ならない．したがってフーリエ逆変換によって，特性関数から確率密度を求めることができる．また x の n 次モーメント $\langle x^n \rangle$ は特性関数から次のように求めることができる．

$$\langle x^n \rangle = \int_{-\infty}^{\infty} dx P(x) x^n = \frac{1}{i^n} \left. \frac{\partial^n C(\xi)}{\partial \xi^n} \right|_{\xi=0} \tag{1.23}$$

1.3.3 一様分布

さて，本題に戻って，箱の中の分子の重心位置の分布を考えよう．最初に，箱

の中に分子が1つしかない場合を考える．このときは系の重心の座標は分子の座標と一致し，かつ分子は $-L$ と L の範囲に一様に分布しているので X の確率密度は次のようになる．

$$P_1(X) = \frac{1}{2L}\Theta(L-|X|) \tag{1.24}$$

ここで $\Theta(x)$ は，次に定義されるような階段型の関数である．

$$\Theta(x) = \begin{cases} 0 & x < 0 \\ 1 & x > 0 \end{cases} \tag{1.25}$$

$\Theta(x)$ はシータ関数と呼ばれる．式 (1.24) で表されるような分布は，X が与えられた領域の中に一様に分布しているので，一様分布といわれる．

$P_1(X)$ は X の偶関数であるから，X の平均は 0 となる．分散 $\langle X^2 \rangle$ は次のように計算される．

$$\langle X^2 \rangle = \frac{1}{2L}\int_{-L}^{L} dX X^2 = \frac{L^2}{3} \tag{1.26}$$

$P_1(X)$ に対応する特性関数 $C_1(\xi)$ は次のようになる．

$$C_1(\xi) = \frac{1}{2L}\int_{-L}^{L} dx e^{ix\xi} = \frac{\sin(\xi L)}{\xi L} \tag{1.27}$$

右辺はテーラー展開により $\sum_{n=0}(-1)^n(\xi L)^{2n}/(2n+1)!$ と書くことができるので，X の偶数次のモーメントは次のように計算できる．

$$\langle X^{2n} \rangle = \frac{L^{2n}}{(2n+1)!} \tag{1.28}$$

(ここで $(2n+1)! = (2n+1)\cdot(2n-1)\ldots 3\cdot 1$ である．)

1.3.4 2分子系の重心位置の分布

次に分子が 2 つある場合を考えよう．それぞれの分子の座標を x_1, x_2 とすると，(x_1, x_2) に対する確率密度は一般に $P(x_1, x_2)$ のように書かれる ($P(x_1, x_2)dx_1 dx_2$ は分子 1 が領域 $[x_1, x_1+dx_1]$ にあり，かつ分子 2 が領域 $[x_2, x_2+dx_2]$ にある確率を表す)．今の場合 2 つの粒子は互いに独立で，かつそれぞれが $[-L, L]$ の領域に一様に分布するから，$P(x_1, x_2)$ は次のようになる．

1.3 実数値をとる物理量の統計

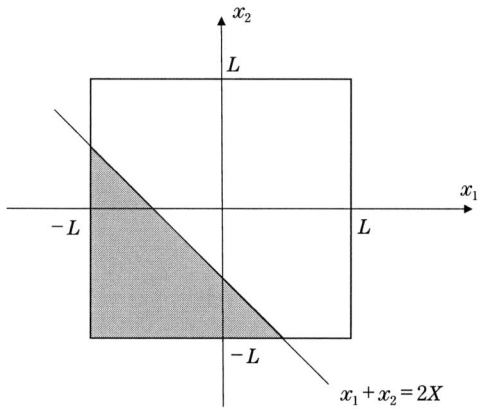

図 1.5 2つの粒子の配置を表す空間と $Q(X)$

$$P(x_1, x_2) = \frac{1}{4L^2}\Theta(L-|x_1|)\Theta(L-|x_2|) \quad (1.29)$$

2つの分子の重心の位置の確率密度を $P_2(X)$ と書く．$P_2(X)$ を求めるために，対応する累積確率分布 $Q_2(X)$ を考えよう．$Q_2(X)$ は2つの分子の重心の位置 $(x_1+x_2)/2$ が X より小さな確率であるから，次のように与えられる．

$$Q_2(X) = \int dx_1 \int dx_2 \Theta\left(X - \frac{x_1+x_2}{2}\right) P(x_1, x_2) \quad (1.30)$$

(x_1, x_2) は図1.5に示した正方形内に一様に分布するから，$Q_2(X)$ は図1.5の斜線で示した部分の面積に比例する．これから $Q_2(X)$ を計算すると，次のようになる．

$$Q_2(X) = \begin{cases} \dfrac{(L+X)^2}{2L^2} & X < 0 \\ \dfrac{2L^2 - (L-X)^2}{2L^2} & X > 0 \end{cases} \quad (1.31)$$

式 (1.18) を用いると

$$P_2(X) = \frac{dQ_2(X)}{dX} = \frac{(L-|X|)}{L^2} \quad (1.32)$$

式 (1.32) の確率密度に関して X の分散を計算すると

$$\langle X^2 \rangle = \frac{L^2}{6} \tag{1.33}$$

これは，$N=1$ の場合の分散の半分である．

一般に N 個の分子の位置が独立に分布するとき，その重心の位置の分散は，1 つの分子の分散の $1/N$ になる．これは次のように証明できる．式 (1.17) より

$$\langle X^2 \rangle = \frac{1}{N^2} \sum_{i,j} \langle x_i x_j \rangle \tag{1.34}$$

ここで $i=j$ なら，$\langle x_i x_j \rangle$ はすべて等しく $\langle x^2 \rangle$ と書ける．また $i \neq j$ なら，x_i と x_j の分布が独立なので

$$\langle x_i x_j \rangle = \langle x_i \rangle \langle x_j \rangle = 0 \tag{1.35}$$

よって

$$\langle X^2 \rangle = \frac{1}{N^2} \sum_i \langle x^2 \rangle = \frac{\langle x^2 \rangle}{N} \tag{1.36}$$

である．

1.3.5 N 分子系の重心位置の分布

それでは，箱の中に N 個の分子が入っている場合について，重心の位置の分布を求めてみよう．一般に，N 個の変数 $x_1, x_2, ..., x_N$ の確率密度 $P(x_1, x_2, ..., x_N)$ が与えられたときに，$x_1, x_2, ..., x_N$ の任意の関数 $X = f(x_1, x_2, ..., x_N)$ の累積確率分布 $Q(X)$ は次の式で与えられる．

$$\begin{aligned} Q(X) &= \int \cdots \int dx_1 dx_2 \cdots dx_N P(x_1, x_2, ..., x_N) \Theta[X - f(x_1, x_2, ..., x_N)] \\ &= \langle \Theta[X - f(x_1, x_2, ..., x_N)] \rangle \end{aligned} \tag{1.37}$$

したがって式 (1.18) により，X の確率密度は次のようになる．

$$\begin{aligned} P(X) &= \frac{dQ(x)}{dX} \\ &= \int \cdots \int dx_1 dx_2 \cdots dx_N P(x_1, x_2, ..., x_N) \delta[X - f(x_1, x_2, ..., x_N)] \\ &= \langle \delta[X - f(x_1, x_2, ..., x_N)] \rangle \end{aligned} \tag{1.38}$$

ここで $\delta(x)$ は

$$\delta(x) = \frac{d\Theta(x)}{dx} \tag{1.39}$$

で定義されるデルタ関数である.

$\Theta(x)$ を式 (1.25) で定義された純粋な階段関数と考えると,その微分を考えることができなくなるので,$\Theta(x)$ は図 1.6 (a) に示すような関数に対し $\epsilon \to 0$ の極限をとった関数と考えることにしよう.図 1.6 (a) に示す関数の微分は図 1.6 (b) のように $x=0$ に鋭いピークをもつ尖った関数となる.式 (1.39) から,この関数を $-\infty$ から ∞ まで積分した値は 1 になるはずである.関数の幅はほぼ ϵ であるから,ピークの高さは $1/\epsilon$ の程度である.

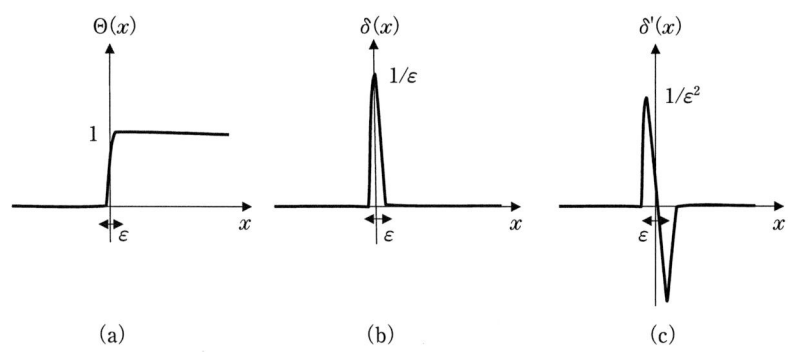

図 1.6 (a) シータ関数, (b) デルタ関数, (c) デルタ関数の導関数

一般に $x=0$ に鋭いピークをもち,$x=0$ 以外の領域では 0 とみなせる関数であって,$x=0$ を含む区間で積分すると 1 になる関数をデルタ関数という.デルタ関数は以下の議論の中で重要となる関数であるので,その性質を章末の付録にまとめた.

章末の付録に示したデルタ関数に関する次の公式

$$\delta(x) = \frac{1}{2\pi} \int_{-\infty}^{\infty} dk\, e^{-ikx} \tag{1.40}$$

を用いると今の問題に対して $P_N(X)$ を計算することができる.式 (1.38) に対して式 (1.40) を用いると,重心の分布は次のように表される.

$$P_N(X) = \left\langle \delta\left(X - \frac{1}{N}\sum_n x_n\right)\right\rangle$$

$$= \frac{1}{2\pi}\int_{-\infty}^{\infty} dk \left\langle e^{-ikX} e^{i(k/N)\sum_n x_n}\right\rangle$$

$$= \frac{N}{2\pi}\int_{-\infty}^{\infty} dk\, e^{-iNkX} \left\langle e^{ik\sum_n x_n}\right\rangle \tag{1.41}$$

ここで最後の式に移るとき, $k/N \to k$ の変数変換を行った. x_i の分布は独立で, かつ同じ分布に従うので $\langle e^{ik\sum_n x_n}\rangle$ は次のように書き換えることができる.

$$\left\langle e^{ik\sum_n x_n}\right\rangle = \langle \Pi_n e^{ikx_n}\rangle = \Pi_n\langle e^{ikx_n}\rangle = \langle e^{ikx}\rangle^N = C_1(k)^N \tag{1.42}$$

ここで式 (1.27) に現れた $C_1(\xi)$ を用いた. 式 (1.41) と式 (1.42) より $P_N(X)$ は次のように表される.

$$P_N(X) = \frac{N}{2\pi}\int_{-\infty}^{\infty} dk\, e^{-iNkX}\left(\frac{\sin kL}{kL}\right)^N \tag{1.43}$$

N が大きな場合にこの積分を実行してみよう. そのために被積分関数は kL が大きくなると急速に小さくなることに注意しよう. 図 1.7 に $(\sin x/x)^N$ のグラフを示した. $\sin x/x$ は $x=0$ のところに最大値 1 をもち振動しながらゆっ

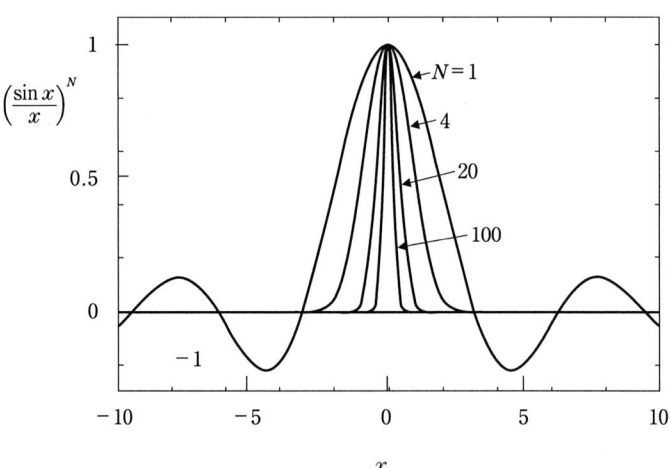

図 1.7 関数 $(\sin x/x)^N$ のグラフ

くり減衰する関数である．しかし，この関数を N 乗すると，$x=0$ に鋭いピークをもつ関数となる．なぜなら r^N は $|r|<1$ のとき N の増加とともに急激に小さくなるからである（たとえば 0.999 の 1000 乗は 0.37 であり，10000 乗は 4.5×10^{-5} である）．したがって，N が大きな場合，式 (1.43) の積分を行うときには，kL が小さいところだけを考えればよい．そこで $|kL|\ll 1$ として被積分関数を近似しよう．$|kL|\ll 1$ のとき $\sin kL/kL$ は $1-(kL)^2/6$ と近似できる．その N 乗は次のように近似できる．

$$\left(\frac{\sin kL}{kL}\right)^N = \left(1-\frac{(kL)^2}{6}\right)^N = \exp\left[N\ln\left(1-\frac{(kL)^2}{6}\right)\right] \qquad (1.44)$$

さらに，$|x|\ll 1$ のとき $\ln(1+x)=x$ とおけることを用いると

$$\left(\frac{\sin kL}{kL}\right)^N = \exp\left[-\frac{N(kL)^2}{6}\right] \qquad (1.45)$$

これを式 (1.43) に代入し，付録に示す次の積分公式

$$\int_{-\infty}^{\infty}dxe^{-ax^2+bx}=\sqrt{\frac{\pi}{a}}\exp\left(\frac{b^2}{4a}\right), \qquad a\text{ は正の実数，}b\text{ は任意の複素数} \qquad (1.46)$$

を用いると $P_N(X)$ は次のようになる．

$$P_N(X)=\left(\frac{3N}{2\pi L^2}\right)^{1/2}\exp\left(-\frac{3NX^2}{2L^2}\right) \qquad (1.47)$$

この分布をガウス (Gauss) 分布という．ガウス分布とは一般に，指数関数の肩に x の 2 次式が乗っている形の分布であり，次の確率密度で表される．

$$P(x)=\frac{1}{\sqrt{2\pi\sigma^2}}\exp\left(-\frac{(x-m)^2}{2\sigma^2}\right) \qquad (1.48)$$

ここで m,σ はガウス分布を特徴づける定数で，それぞれ，平均と標準偏差を表している．

$$\langle x\rangle=m, \qquad \langle(x-m)^2\rangle=\sigma^2 \qquad (1.49)$$

ガウス分布は確率・統計の議論で非常に重要な分布である．ガウス分布に関連した数学公式を章末の付録にまとめておく．

式 (1.47) を使って X の分散を計算すると $\langle X^2\rangle=L^2/3N$ となり，式 (1.36) の結果と一致していることがわかる．図 1.8 に様々な N に対する $P_N(X)$ を

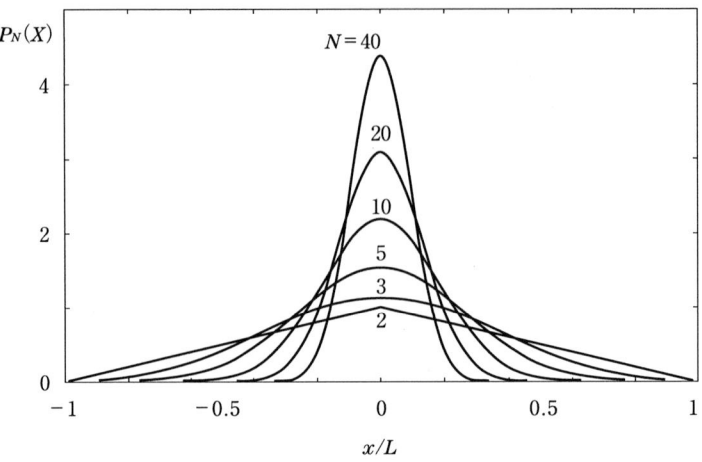

図 1.8 N 個の分子からなる気体の重心位置の分布

グラフに表した.

固定された箱の中に入っている気体の重心の位置は分子が運動しているために時々刻々変化している. 重心位置の平均は箱の中央にあるが, $L/\sqrt{N}$ の程度は平均から外れていてもよい. しかし, 通常のマクロな気体の場合これは無視してよいほどの長さである. $1\,\mathrm{cm}^3$ の箱の空気分子の重心のゆらぎの程度は $2\times 10^{-12}\,\mathrm{m} = 2\,\mathrm{pm}$ 程度である.

問題

(1) ガウス分布

$$P(x) = \frac{1}{\sqrt{2\pi\sigma^2}} \exp\left(-\frac{x^2}{2\sigma^2}\right) \qquad (1.50)$$

について次の問いに答えよ.

(1.1) 特性関数 $C(\xi)$ を求めよ.

(1.2) $\langle x^n \rangle$ を計算せよ.

(2) x_1, x_2 がガウス分布に従うとき, その和 $y = x_1 + x_2$ もまたガウス分布に従うことを示せ. 一般に $x_1, x_2, \ldots, x_n$ がガウス分布に従うとき, その1次結合 $y = \sum_i a_i x_i$ もガウス分布に従うことを示せ.

1.4 中心極限定理

ガウス分布は統計力学に頻繁に現れる分布であるが，それには理由がある．一般に N 個の独立な物理量 $x_1, x_2, ..., x_N$ が同じ分布に従い，その分散 $\langle (x-\langle x \rangle)^2 \rangle$ が有限であるなら，x_i の和 $X = \sum x_i$ の分布は N が大きいときに常にガウス分布に従う．このときの平均と分散は次の式で与えられる．

$$\langle X \rangle = N \langle x \rangle, \qquad \langle (X - \langle X \rangle)^2 \rangle = N \langle (x - \langle x \rangle)^2 \rangle \tag{1.51}$$

これを中心極限定理という．中心極限定理の証明は付録に与えている．

統計力学に現れる物理量の分布は，ほとんどの場合ガウス分布であるといってよい．これは中心極限定理が成り立っているためである．例として図 1.1 (a) に示した気体中の小領域の中にある分子の数 n を考えてみよう．n の分布は 2 項分布やポアッソン分布で与えられると前に述べたが，n の平均値が大きなときにはいずれの場合もガウス分布になっている．その理由は次のとおりである．

容器の中にある分子すべてに $1, 2, ..., N$ と番号づけを行い，σ_i を分子 i が考えている領域の中にあれば 1，そうでなければ 0 をとる変数であるとしよう．考えている領域内の分子の総数 n は

$$n = \sum_i \sigma_i \tag{1.52}$$

と書ける．σ_i は独立な物理量であるので，N が大きくなれば中心極限定理によって n の分布はガウス分布に従うはずである．実際，N が大きな極限では 2 項分布やポアッソン分布はガウス分布で近似できる．

例題 N が大きなときの 2 項分布の極限

2 項分布 (1.1) は $N \gg 1$ のときに次のようなガウス分布で近似できることを示せ．

$$P_n = \frac{1}{\sqrt{2\pi Npq}} \exp\left[-\frac{(n-Np)^2}{2Npq}\right] \tag{1.53}$$

解答

P_n の代わりに $\ln P_n$ を考える．

$$\ln P_n = \ln N! - \ln n! - \ln(N-n)! + n\ln p + (N-n)\ln q \tag{1.54}$$

$N \gg 1$ のとき $\ln N!$ は次のように近似できる．

$$\ln N! = N(\ln N - 1) \tag{1.55}$$

この公式をスターリング (Stirling) の公式という．式 (1.55) を証明するには次のようにすればよい．

$$\ln N! = \sum_{k=1}^{N} \ln k \tag{1.56}$$

であるが，N が大きいときには和は積分で置き換えることができる．

$$\sum_{k=1}^{N} \ln k = \int_{1}^{N} dx \ln x = N(\ln N - 1) + 1 \tag{1.57}$$

$N \gg 1$ のとき最後の項は無視できるから，式 (1.55) が成り立つ．

式 (1.54) において，$n = Nx$ とおき，スターリングの公式を用いて計算をすると次のようになる．

$$\ln P_n = Nf(x) \tag{1.58}$$

ここで

$$f(x) = -x\ln x - (1-x)\ln(1-x) + x\ln p + (1-x)\ln q \tag{1.59}$$

式 (1.58) は P_n が $e^{Nf(x)}$ と書けることを意味している．前節で述べたように，このような関数は $N \gg 1$ のときには，ある x のところに鋭いピークをもつ．ピークの位置 x^* は $f'(x^*) = 0$ で決まる．x が x^* から外れると $e^{Nf(x)}$ は急速に小さくなるので，$e^{Nf(x)}$ は x^* の近傍の振る舞いだけで決まってしまう．$f(x)$ を x^* の周りで展開すると

$$\begin{aligned}f(x) &= f(x^*) + f'(x^*)(x-x^*) + \frac{1}{2}f''(x^*)(x-x^*)^2 \\ &= f(x^*) + \frac{1}{2}f''(x^*)(x-x^*)^2\end{aligned} \tag{1.60}$$

式 (1.59) を用いて計算すると，

$$x^* = p, \qquad f''(x^*) = -\frac{1}{pq} \tag{1.61}$$

となる．よって

$$\exp(Nf(x)) = C\exp\left[N\frac{1}{2}f''(x^*)(x-x^*)^2\right] = C\exp\left[-\frac{N}{2pq}(x-p)^2\right] \tag{1.62}$$

これを n についての分布関数で置き換えると式 (1.53) が得られる.

問題

(1) ポアッソン分布 (1.15) は $m \gg 1$ のときに次のガウス分布に漸近することを示せ.

$$P_n = \frac{1}{\sqrt{2\pi m}}\exp\left[-\frac{(n-m)^2}{2m}\right] \tag{1.63}$$

付録

付録1 デルタ関数

デルタ関数 $\delta(x)$ とは次の 2 つの条件を満たす関数である.
(1) $x = 0$ 以外の区間では関数の値が小さく 0 とみなせる.
(2) $x = 0$ を含む区間で関数を積分すると 1 となる.

この条件を満たすなら,どのような関数もデルタ関数とみなすことができる.たとえば次に示す関数はどれも $\epsilon \to 0$ の極限でデルタ関数となる (ここで $\epsilon > 0$ とする).

$$\delta(x) = \begin{cases} \dfrac{\epsilon - |x|}{\epsilon^2} & |x| < \epsilon \\ 0 & |x| > \epsilon \end{cases} \tag{1.64}$$

$$\delta(x) = \frac{1}{2\epsilon}e^{-|x|/\epsilon} \tag{1.65}$$

$$\delta(x) = \frac{\epsilon}{\pi(\epsilon^2 + x^2)} \tag{1.66}$$

これらの関数がデルタ関数になることをみるには,関数のグラフを書いて $\epsilon \to 0$ の極限で条件 (1) を満たすことと, $-\infty$ から $+\infty$ の区間の積分値が 1 となっていることを確かめればよい.

1.3.5 項に現れた公式 (1.40) は式 (1.66) と次の関係式を用いて証明できる.

$$\frac{\epsilon}{\pi(\epsilon^2 + x^2)} = \frac{1}{2\pi}\int_{-\infty}^{\infty} dk\, e^{-ikx - \epsilon|k|} \tag{1.67}$$

任意の連続関数 $f(x)$ について次の式が成り立つことは明らかであろう．

$$\int_{-\infty}^{\infty} dx \delta(x-a)f(x) = f(a) \tag{1.68}$$

数学的には，デルタ関数は式 (1.68) を満たす関数 (超関数) として定義される．

デルタ関数について成り立つ公式を次にまとめておく．ここで a は任意の実数である．

$$\delta(x-a)f(x) = \delta(x-a)f(a) \tag{1.69}$$

$$\delta(ax) = \frac{1}{|a|}\delta(x) \tag{1.70}$$

$$\delta(p(x)) = \sum_i \frac{1}{|p'(\alpha_i)|}\delta(x-\alpha_i) \tag{1.71}$$

ここに α_i は $p(x)$ のゼロ点である $(p(\alpha_i)=0)$．これらの式を証明するにはデルタ関数の性質 (1), (2) が成り立っていることを示せばよい．性質 (1) が成り立っているのはほぼ明らかであるから，性質 (2) の方だけを証明すればよい．これは両辺を積分して同じ値になることを示せばよい．

デルタ関数の微分 $\delta'(x)$ も定義することができる．部分積分を用いると次の式を示すことができる．

$$\int_{-\infty}^{\infty} dx \delta'(x-a)f(x) = -f'(a) \tag{1.72}$$

$\delta'(x)$ は，これが任意の連続関数に成り立つ関数として定義される．$\delta'(x)$ は図 1.6 (c) に示した関数に対して $\epsilon \to 0$ の極限をとったものと考えることもできる．

付録 2　ガウス積分

積分

$$I = \int_{-\infty}^{\infty} dx e^{-ax^2} \tag{1.73}$$

を考える．ここで a は正の定数である．この積分を実行するため I の 2 乗を考え，次の等式を用いる．

$$I^2 = \int_{-\infty}^{\infty} dx e^{-ax^2} \int_{-\infty}^{\infty} dy e^{-ay^2} \tag{1.74}$$

$$= \int_{-\infty}^{\infty} dx \int_{-\infty}^{\infty} dy e^{-a(x^2+y^2)} \tag{1.75}$$

I^2 は 2 次元平面上の積分とみなすことができる．被積分関数は原点からの距離 $r = \sqrt{x^2+y^2}$ だけの関数であるから，極座標を用いて I^2 は次のように計算できる．

$$I^2 = \int_0^{\infty} dr 2\pi r e^{-ar^2} = \frac{\pi}{a} \tag{1.76}$$

よって，$I = \sqrt{\pi/a}$ であるので次の公式が得られた．

$$\int_{-\infty}^{\infty} dx e^{-ax^2} = \sqrt{\frac{\pi}{a}} \tag{1.77}$$

この式を a で偏微分することにより次の公式が得られる．

$$\int_{-\infty}^{\infty} dx x^2 e^{-ax^2} = \frac{1}{2}\sqrt{\frac{\pi}{a^3}} \tag{1.78}$$

$$\int_{-\infty}^{\infty} dx x^{2n} e^{-ax^2} = \frac{(2n-1)!!}{2^n}\sqrt{\frac{\pi}{a^{2n+1}}} \tag{1.79}$$

ここで $(2n-1)!! = (2n-1)\cdot(2n-3)\ldots 3\cdot 1$ である．

次の積分公式も便利である．

$$\int_{-\infty}^{\infty} dx e^{-ax^2+bx} = \sqrt{\frac{\pi}{a}} \exp\left(\frac{b^2}{4a}\right) \tag{1.80}$$

この公式は $y = x - b/2a$ の変数変換を行うことにより証明できる．この公式は b が実数でなく複素数の場合にも成り立つ．

付録 3　多変数のガウス積分

ガウス分布の式 (1.50) は多変数については次のように拡張される．

$$P(x_1, x_2, \ldots, x_n) = C \exp\left(-\frac{1}{2}\sum_{i,j} a_{ij} x_i x_j\right) \tag{1.81}$$

ここで C は規格化定数であり，a_{ij} は正定値の対称行列要素である ($a_{ij} = a_{ji}$ であり，かつ任意の x_i について $\sum_{i,j} a_{ij} x_i x_j \geq 0$ が成り立つ)．

多変数のガウス分布について次の公式は便利である．

$$\left\langle \exp\left(\sum_i \xi_i x_i\right) \right\rangle = \exp\left(\frac{1}{2}\sum_{i,j} a_{ij}^{-1}\xi_i\xi_j\right) \tag{1.82}$$

ここで a_{ij}^{-1} は a_{ij} の逆行列の行列要素である．

証明 式 (1.80) は，実数の b について次のように書くことができる．

$$\int_{-\infty}^{\infty} dx \exp\left(-ax^2 + bx\right) = \sqrt{\frac{\pi}{a}} \exp\left[\max\left(-ax^2 + bx\right)\right] \tag{1.83}$$

ここで $\max(-ax^2+bx)$ は関数 $-ax^2+bx$ の $-\infty < x < \infty$ における最大値を表す．式 (1.83) を用いて式 (1.82) の左辺の x_1 についての積分を実行すると最大値は $x_2, x_3, \ldots, x_n$ の 2 次関数で表される．したがって，再び式 (1.83) を用いて x_2 についての積分を実行することができる．これを繰り返すと

$$\int_{-\infty}^{\infty} \Pi dx_i \exp\left(-\frac{1}{2}\sum_{i,j}a_{ij}x_ix_j + \sum_i \xi_i x_i\right)$$
$$= C' \exp\left[\max\left(-\frac{1}{2}\sum_{i,j}a_{ij}x_ix_j + \sum_i \xi_i x_i\right)\right] \tag{1.84}$$

を示すことができる．簡単な計算により

$$\max\left(-\frac{1}{2}\sum_{i,j}a_{ij}x_ix_j + \sum_i \xi_i x_i\right) = \frac{1}{2}\sum_{i,j}a_{ij}^{-1}\xi_i\xi_j \tag{1.85}$$

であるので式 (1.82) が証明された (上記の証明では，式 (1.82) の左辺に定数がかかることを排除しないが，式 (1.82) において $\xi = 0$ の場合を考えれば，この定数は 1 となることがわかる)．

付録 4　中心極限定理の導出

$x_1, x_2, \ldots, x_N$ を確率密度 $p(x)$ に従う物理量とする．その和 $X = \sum_i x_i$ の確率密度 $P(X)$ は，式 (1.43) と同様，次のように書ける．

$$P(X) = \frac{1}{2\pi} \int_{-\infty}^{\infty} dk\, e^{-ikX} C(k)^N \tag{1.86}$$

ここで $C(k)$ は次の式で与えられる．

$$C(k) = \langle e^{ikx} \rangle = \int_{-\infty}^{\infty} dx\, e^{ikx} p(x) \tag{1.87}$$

積分不等式

$$\left|\int dx f(x)\right| \leq \int dx |f(x)| \tag{1.88}$$

を用いると $|C(k)|$ は $k=0$ で最大値 1 をとることが容易に証明できる．よって，式 (1.86) の積分は $|k|$ が小さなところの振る舞いで決まってしまう．$|k|$ が小さなところの $C(k)$ の振る舞いは次のように計算できる．

$$C(k) = \left\langle 1 + ikx - \frac{1}{2}(kx)^2 \right\rangle = 1 + ik\langle x \rangle - \frac{1}{2}k^2\langle x^2 \rangle \tag{1.89}$$

前と同様 $C(k)^N = \exp[N \ln C(k)]$ とおき，$\ln C(k)$ を k について展開し，k について 2 次までの項を残すと次のようになる．

$$\ln C(k) = \ln\left(1 + ik\langle x \rangle - \frac{1}{2}k^2\langle x^2 \rangle\right)$$

$$= ik\langle x \rangle - \frac{1}{2}k^2\langle x^2 \rangle + \frac{1}{2}k^2\langle x \rangle^2 \tag{1.90}$$

$$= ikm - \frac{1}{2}k^2\sigma^2 \tag{1.91}$$

ここで $m = \langle x \rangle$, $\sigma^2 = \langle (x - \langle x \rangle)^2 \rangle$ とおいた．

これを式 (1.89) に代入し，積分公式 (1.47) を用いると $P(X)$ が次のようになる．

$$P(X) = \frac{1}{\sqrt{2\pi N\sigma^2}} \exp\left(-\frac{(X-Nm)^2}{2N\sigma^2}\right) \tag{1.92}$$

これで中心極限定理が証明された．

章末問題

(1) ある交通管区のセンターでは地区内で起こった交通事故の報告をすべて受けるものとする．交通事故は時間によらず一定の確率で起こるものとする．単位時間あたりの交通事故の平均の発生件数を a とし，次の問いに答えよ．

(1.1) 時間 t の間，交通事故の報告を 1 件も受けない確率は e^{-at} で与えられることを示せ．

(1.2) 時間 t の間，交通事故の報告を n 件受ける確率は $P_n = (at)^n e^{-at}/n!$ で与えられることを示せ．

(2) ポアッソン分布について $\langle (n-\langle n \rangle)^3 \rangle$ $\langle (n-\langle n \rangle)^4 \rangle$ を計算せよ．$m \gg 1$ のときには，分布関数 (1.53) を用いて計算したものと一致することを示せ．

(3) x の確率密度が $P(x)$ であるとき，$y=f(x)$ の確率密度 $P_y(y)$ は次のように与えられることを示せ．
$$P_y(y)=\int dx\delta(y-f(x))P(x)=\left.\frac{P(x)}{f'(x)}\right|_{x=f^{-1}(y)} \quad (1.93)$$

(4) x_1,x_2 の確率密度が $P(x_1,x_2)$ で与えられるとき，$y_1=y_1(x_1,x_2)$，$y_2=y_2(x_1,x_2)$ の確率密度 $P_y(y_1,y_2)$ は次のように与えられることを示せ．
$$P_y(y_1,y_2)=P(x_1,x_2)\frac{\partial(x_1,x_2)}{\partial(y_1,y_2)} \quad (1.94)$$

(5) 式 (1.47) を用いて $\langle X^4\rangle$ を計算せよ．またこれを式 (1.17) を用いて正確に計算したものと比較せよ．N が大きなとき，両者が一致することを確かめよ．

(6) $N=2$ のときに式 (1.43) を計算し，式 (1.32) と一致していることを確かめよ．

(7) $x_1,x_2,...$ が式 (1.81) で与えられるガウス分布に従うとき，次の問いに答えよ．

 (7.1) 式 (1.82) から次の関係式を証明せよ．
$$\langle x_i x_j x_k x_l\rangle=\langle x_i x_j\rangle\langle x_k x_l\rangle+\langle x_i x_k\rangle\langle x_j x_l\rangle+\langle x_i x_l\rangle\langle x_j x_k\rangle \quad (1.95)$$

 (7.2) 同じく次の関係式（ウィック (Wick) の定理）を証明せよ．
$$\langle x_{i_1}x_{i_2}...x_{i_{2p}}\rangle=\sum_{\text{すべての対}}\langle x_{j_1}x_{j_2}\rangle\langle x_{j_3}x_{j_4}\rangle...\langle x_{j_{2p-1}}x_{j_{2p}}\rangle \quad (1.96)$$

ここで $(j_1,j_2)...(j_{2p-1},j_{2p})$ は $(i_1,i_2,...,i_{2p})$ を 2 つずつの組に分けたものを表す．

第2章
孤立系における力学状態の分布

　前の章では，簡単な仮定のもとに気体分子についていろいろな統計量を計算した．その議論の前提となっているのは，気体分子は容器の中に一様に分布しており，分布は互いに独立であるという仮定である．この仮定はいつも成り立っているわけではない．たとえば分子に重力のような外力が働いていれば，分子の分布は一様ではなくなるであろう．また，液体のように分子の間の相互作用が重要な役割を果たす系では，分子の空間配置は互いに独立ではなくなるはずである．この章ではこのような一般的な場合に対して，出発点となるべき重要な原理について述べる．この原理は等重率の原理と呼ばれ，熱平衡統計力学の基礎をなす原理である．

2.1　1次元周期運動における力学状態の分布

　原子・分子の運動は力学法則に従っているので，その統計的性質は力学系の特性によって決まっているはずである．ここでいう力学系の特性とは，系はどのような粒子で構成され，それらはどれだけの質量をもっているのか，どのような力を及ぼし合っているのか，など，運動方程式を書き下すときに必要な情報である．これらの力学系の特性は，ハミルトン (Hamilton) 関数という一つの関数で表現することができる．
　ハミルトン関数とは，系の全エネルギー (運動エネルギー＋ポテンシャルエネルギー) を構成要素の座標と運動量の関数として表したものである．ハミル

トン関数がわかれば，系の時間発展を計算することができる．また，これをもとに系の力学状態の分布を議論することができる．

1次元運動する粒子についてこのことを具体的にみてみよう．粒子の質量を m，座標を x，運動量を p とする．運動エネルギーは $p^2/2m$，ポテンシャルエネルギーは $U(x)$ と書くことができるので，ハミルトン関数は次のように表される．

$$H(x,p) = \frac{1}{2m}p^2 + U(x) \tag{2.1}$$

(x,p) の時間発展は次のハミルトンの運動方程式によって与えられる．

$$\frac{dx}{dt} = \frac{\partial H}{\partial p} \tag{2.2}$$

$$\frac{dp}{dt} = -\frac{\partial H}{\partial x} \tag{2.3}$$

ハミルトン関数 (2.1) に対しては $\partial H/\partial p = p/m$ であるから，式 (2.2), (2.3) から p を消去すると次の式が得られる．

$$m\frac{d^2x}{dt^2} = -\frac{\partial U}{\partial x} \tag{2.4}$$

これは，よく知られているニュートンの運動方程式である．

話をさらに具体的にするために，図 2.1 に示すような 2 つの壁によって拘束された粒子の 1 次元運動を考える．エネルギー E をもった粒子は壁の間を往復し，そのため壁は粒子から力を受ける．この力の平均を計算してみよう．

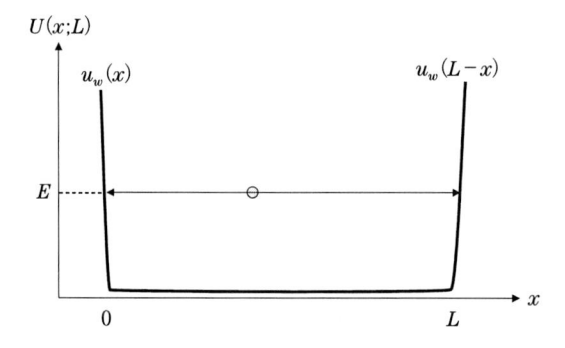

図 2.1 2 つの壁によって拘束された粒子の感じるポテンシャル

式 (2.1) の中で，粒子に対するポテンシャルエネルギー $U(x)$ は粒子が壁から受ける力によるものである．通常の気体分子運動論では剛体壁を考えているため，壁によるポテンシャルをあらわには考えないが，ここでは，力学との対応を明確にするために壁によるポテンシャルを考えることにする．壁から距離 x にある粒子の感じるポテンシャルエネルギーを $u_w(x)$ とすると，粒子の感じるポテンシャルエネルギーは次のようになる．

$$U(x; L) = u_w(x) + u_w(L-x) \tag{2.5}$$

ここで L は右側の壁の位置である (以下の議論では壁の位置が重要であるので，ポテンシャルエネルギーが L に依存することを明示した)．

粒子が位置 x にあるとき右の壁にかかる力は

$$F(x; L) = -\frac{\partial U(x; L)}{\partial L} \tag{2.6}$$

と書くことができる．粒子の位置が時間の関数として $\tilde{x}(t)$ のように求められれば，次の式から長時間観測したときの力の平均を求めることができる．

$$\langle F \rangle = \frac{1}{T} \int_0^T dt F(\tilde{x}(t)) \tag{2.7}$$

これを時間平均という．

一方，$\tilde{x}(t)$ から系を長時間観測したとき，粒子の位置 x の確率密度 $P(x)$ を次のように求めることができる．

$$P(x) = \frac{1}{T} \int_0^T dt \delta(x - \tilde{x}(t)) \tag{2.8}$$

$P(x)$ がわかれば，力の平均は次の式から求めることができる．

$$\langle F \rangle = \int dx F(x) P(x) \tag{2.9}$$

このような平均をアンサンブル平均という．時間平均が一つの系を長時間観測して得られる平均であるのに対し，アンサンブル平均は系がとりうる様々な状態の集団を考え，その統計集団についての平均を意味する．

2.2 時間平均

壁にかかる力の時間平均は初等的な方法で計算することができる．壁にかかる力を長時間観測したとすると図 2.2 に示したような結果が得られるであろう．ほとんどの時間この力は 0 であるが，粒子が壁にぶつかるときにだけ撃力が生じる．撃力の時間変化の詳細は，粒子と壁の間の相互作用ポテンシャルの形に依存する．しかし撃力の時間積分 $\int dt F(t)$ （力積）は壁に当たったときの粒子の運動量変化だけで決まってしまう．粒子の質量を m，速度を v とすると，粒子が壁に当たると運動量が $2mv$ だけ変化する．粒子の往復運動の周期は $T_p = 2L/v$ であるので，時間 T の間には，このような衝突が $T/T_p = T/(2L/v)$ 回起こる．よって式 (2.7) は次のように計算できる．

$$\langle F \rangle = \frac{1}{T} \cdot 2mv \cdot \frac{T}{2L/v} = \frac{mv^2}{L} \tag{2.10}$$

粒子のもっているエネルギー $E = (1/2)mv^2$ を用いると $\langle F \rangle$ は

$$\langle F \rangle = \frac{2E}{L} \tag{2.11}$$

と表すこともできる．壁に働く力の平均は，粒子と壁の相互作用ポテンシャル $u_w(x)$ によらないことに注意しよう．

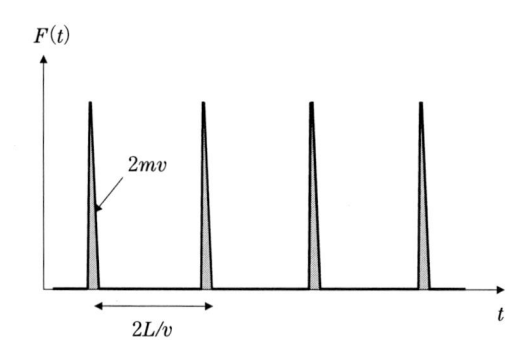

図 2.2 壁にかかる力の時間変化

2.3 アンサンブル平均

次にアンサンブル平均を用いて壁にかかる力を計算してみよう．位置 x における粒子の速度を $v(x)$ とすれば，1周期 T_p のうちに粒子が x と $x+dx$ の間に存在する時間は $2dx/|v(x)|$ である（係数2は1周期のうちに位置 x を粒子が2回通過することからくる）．エネルギー保存則から $|v(x)|$ は次の式で与えられる．

$$|v(x)| = \sqrt{\frac{2(E-U(x;L))}{m}} \qquad (2.12)$$

よって，粒子の位置 x についての確率密度は次のようになる．

$$P(x) = \frac{2}{T_p|v(x)|} = \frac{2}{T_p\sqrt{2(E-U(x;L))/m}} \qquad (2.13)$$

これを式 (2.9) に代入すると $\langle F \rangle$ は次のように計算される．

$$\langle F \rangle = \frac{2}{T_p}\int dx \left(-\frac{\partial U}{\partial L}\right)\frac{1}{\sqrt{2(E-U(x;L))/m}} \qquad (2.14)$$

右辺の積分は次のように書くことができる．

$$\int dx \left(\frac{\partial U}{\partial L}\right)\frac{1}{\sqrt{2(E-U(x;L))/m}} = -\sqrt{2m}\frac{\partial}{\partial L}\int dx \sqrt{E-U(x;L)} \qquad (2.15)$$

よって

$$\langle F \rangle = \frac{2\sqrt{2m}}{T_p}\frac{\partial}{\partial L}\underline{\int dx \sqrt{E-U(x;L)}} \qquad (2.16)$$

下線を引いた積分の値は $\sqrt{E}L$ となるから，式 (2.16) は次のようになる．

$$\langle F \rangle = \frac{2\sqrt{2m}}{T_p}\sqrt{E} \qquad (2.17)$$

$T_p = 2L/v$, $v = \sqrt{2E/m}$ を用いると式 (2.17) は

$$\langle F \rangle = \frac{2E}{L}$$

となる．これは式 (2.11) と一致している．

2.4 力学状態の実現確率

上に行った計算をもう少し一般的な場合に行ってみよう．粒子は一般的なポテンシャル場 $U(x)$ の中を往復運動しているとしよう．$U(x)$ の中には，壁によるポテンシャル以外に，他の力（たとえば重力）によるポテンシャルも含んでいるものとする．また，粒子の座標だけを問題にするのではなく，運動量も考慮して，粒子がある力学状態 (x,p) にある確率密度 $P(x,p)$ を考えることにしよう．

ハミルトン方程式の解を $(\tilde{x}(t), \tilde{p}(t))$ とすると，$P(x,p)$ は次のように書ける．

$$P(x,p) = \frac{1}{T_p} \int_0^{T_p} dt \delta(x-\tilde{x}(t))\delta(p-\tilde{p}(t)) \tag{2.18}$$

デルタ関数の公式 (1.71) を用いると

$$\delta(x-\tilde{x}(t)) = \sum_i \frac{1}{|\dot{\tilde{x}}(t_i)|} \delta(t-t_i) \tag{2.19}$$

ここで t_i は $\tilde{x}(t_i)=x$ となる時刻である．t についての積分を実行すると

$$P(x,p) = \frac{1}{T_p} \sum_i \frac{1}{|\dot{\tilde{x}}(t_i)|} \delta(p-\tilde{p}(t_i)) \tag{2.20}$$

ここで T_p は往復運動の周期である．$\tilde{x}(t_i)=x$ であるから時刻 t_i において，粒子は位置 x にある．そのときの運動量 $p(t_i)$ は $mv(x) = \pm\sqrt{2m(E-U(x))}$ で与えられる．よって式 (2.20) は次のように書くことができる．

$$P(x,p) = \frac{1}{T_p} \frac{\delta(p-\sqrt{2m(E-U(x))}) + \delta(p+\sqrt{2m(E-U(x))})}{\sqrt{2(E-U(x))/m}} \tag{2.21}$$

分子の 2 つのデルタ関数は粒子が位置 x にあるときには，粒子の運動量は $p=\sqrt{2m(E-U(x))}$ または $p=-\sqrt{2m(E-U(x))}$ でなくてはならないことを表している．分母の因子は位置 x を粒子が通過するときの速度 $|v(x)|$ を表す．運動量の部分についてデルタ関数の性質 (1.71) を用いると式 (2.21) は次のように書ける．

$$P(x,p) = \frac{2m}{T_p} \delta\left(p^2 - 2m(E-U(x))\right) \tag{2.22}$$

あるいは

$$P(x,p) = C\delta\left[\frac{p^2}{2m} - E + U(x)\right] = C\delta[E - H(x,p)] \quad (2.23)$$

ここで C は規格化定数である．

　式 (2.23) の意味を考えてみよう．粒子の力学状態は x と p で指定されるから，(x,p) で張られる 2 次元の空間を考える．この空間のことを位相空間[1]という．粒子の力学状態は位相空間の中の点で表される．1 次元の周期運動においては，粒子の力学状態を表す点は $H(x,p) = E$ を満たす軌道にそって動く．式 (2.23) は軌道の上の点はすべて等しい確率で実現されるということを意味している．これを等重率の原理という．等重率の原理は統計力学の基礎となっている重要な原理である．これについては後で詳しく述べる．

　等重率の原理を使うと，壁に働く力をもう少し一般的な形で書くことができる．壁に働く力，式 (2.6) は

$$F(x,p;L) = -\frac{\partial H(x,p;L)}{\partial L} \quad (2.24)$$

と書くことができる．この力の平均は，分布関数 (2.23) を用いると次のように書ける．

$$\langle F \rangle = \int dx dp\, F(x,p;L) P(x,p) = -C \int dx dp\, \frac{\partial H(x,p;L)}{\partial L} \delta(E - H(x,p;L)) \quad (2.25)$$

定数 C は規格化条件より

$$C = \left[\int dx dp\, \delta(E - H(x,p;L))\right]^{-1} \quad (2.26)$$

と与えられる．式 (2.25) や式 (2.26) に現れる積分は次のように表される．

$$\int dx dp\, \delta[E - H(x,p;L)] = \frac{\partial}{\partial E} \int dx dp\, \Theta[E - H(x,p;L)] \quad (2.27)$$

$$\int dx dp\, \frac{\partial H(x,p;L)}{\partial L} \delta[E - H(x,p;L)] = -\frac{\partial}{\partial L} \int dx dp\, \Theta[E - H(x,p;L)] \quad (2.28)$$

---

[1] 一般に系を構成する粒子の座標と運動量で張られる空間のことを位相空間という．1 次元系では位相空間は 2 次元平面となる．

よって

$$\Omega(E,L) = \int dxdp\,\Theta[E - H(x,p;L)] \tag{2.29}$$

という量を導入すると，式 (2.25), (2.27), (2.28) から，力の平均は次のように書ける．

$$\langle F \rangle = \frac{\partial \Omega/\partial L}{\partial \Omega/\partial E} = \frac{\partial \ln \Omega/\partial L}{\partial \ln \Omega/\partial E} \tag{2.30}$$

$\Omega(E,L)$ という量は，位相空間の中で $H(x,p) < E$ を満たす領域の面積を表している．今考えている 1 次元の系については，この領域は図 2.3 に示すとおりであり，その面積は

$$\Omega(E,L) = 2L\sqrt{2mE} \tag{2.31}$$

となる．この式と式 (2.30) から力の平均は

$$\langle F \rangle = \frac{2E}{L} \tag{2.32}$$

と求められる．これは，上で求めた答え (2.11) と一致している．

初等的に力の平均を求めるやり方と，等重率の原理に基づいて力の平均を求めるやり方を比べると，後者の方がずっと簡単である．ハミルトン関数がわかれば $\Omega(E,L)$ という量は，位相空間の積分として機械的に計算できるからである．

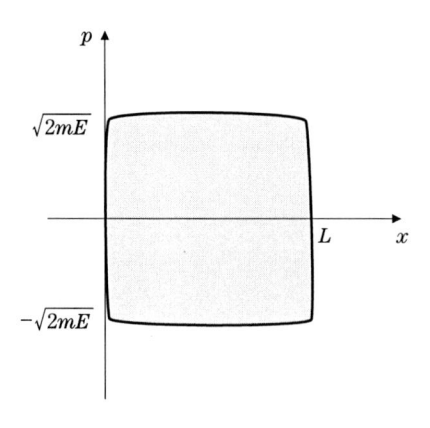

図 2.3 壁に拘束された 1 次元粒子の軌跡と，その囲む面積

2.5 等重率の原理とミクロカノニカル分布

前節でみたように1次元の周期運動については，許されるすべての力学状態は等しい確率で実現する．統計力学ではこのことが一般的に成立すると仮定する．

一般に f 個の自由度のある系のハミルトン関数は，f 個の一般化座標 $(q_1, q_2, ..., q_f)$ と，f 個の一般化運動量 $(p_1, p_2, ..., p_f)$ の関数として，$H(q_1, q_2, ..., q_f, p_1, p_2, ..., p_f)$ のように与えられる．以下 $(q_1, q_2, ..., q_f, p_1, p_2, ..., p_f)$ をまとめて Γ と書くことにする．Γ は系の力学的な状態を指定するのに必要なすべての変数を含んだものである．

ハミルトン関数が $H(\Gamma)$ で与えられる力学系の運動において，系はエネルギー E を一定に保ちながら運動する．統計力学ではこのような運動を長時間観察した結果，ある力学状態 Γ が実現する確率密度は次のようになると主張する．

$$P(\Gamma) = C\delta(E - H(\Gamma)) \tag{2.33}$$

これは，$H(\Gamma) = E$ を満たす状態はすべて等しい確率で実現されるということと等価である．この原理を等重率の原理という．

前節で示したように1次元の周期運動については等重率の原理を証明することができる．しかし，一般の場合についての証明はない．

ハミルトン関数が与えられていれば，系の時間変化はハミルトンの運動方程式

$$\frac{dp_i}{dt} = -\frac{\partial H}{\partial q_i}$$
$$\frac{dq_i}{dt} = \frac{\partial H}{\partial p_i} \tag{2.34}$$

で決まるから，これをもとに等重率の原理を証明できてもよいように思うが，そのような証明はまだ与えられていない．

等重率の原理の証明がないからといって，統計力学の体系を疑う必要はないであろう．証明のできない事柄を原理として仮定し，学問を構築するのは物理学が通常行っていることである．ニュートンの力学にせよ，熱力学にせよ，基本には原理という仮説が存在している．熱平衡統計力学は，一言でいってしまえば，等重率の原理という仮説の上に，確率統計の考え方を用いて組み立てら

れた体系であるということができる．

　等重率の原理を基礎づけるのに，力学だけを基礎にする必要もないのかもしれない．現実の系は完全に外界から孤立しているわけではなく，外から弱い擾乱が加えられている．この効果を考えるなら，確率的な要素も加味して等重率の原理を証明することができるのかもしれない．いずれにせよ，本書の以下の議論では等重率の原理を仮定して理論を展開してゆく．

　分布 (2.33) のことをミクロカノニカル (micro canonical) 分布という．ミクロカノニカル分布は，孤立系について成り立つ等重率の原理を式で表現したものである．

　ミクロカノニカル分布 (2.33) において，Γ はハミルトン関数に現れる座標と運動量のセットであることは強調しておく必要がある．変数をそのようにとったときにのみ，式 (2.33) が成り立つからである．特に運動量の定義について注意をしておく．

　直交座標を用いた場合，運動量は粒子速度に粒子の質量をかけたもの ($p = m\dot{x}$) として与えられるが，極座標のような一般の座標を用いた場合，このような式は成り立たない．解析力学によると，運動量とは次のように与えられるものである．系の運動エネルギー K を一般化座標 $(q_1, q_2, ..., q_f)$ とその時間微分 $(\dot{q}_1, \dot{q}_2, ..., \dot{q}_f)$ を用いて $K(q_1, q_2, ..., q_f, \dot{q}_1, \dot{q}_2, ..., \dot{q}_f)$ のように表したとき，$p_i = \partial K / \partial \dot{q}_i$ を q_i に共役な運動量という．例題と問題を解きながらハミルトン関数の構成の仕方を復習してほしい．

　前章で示したように一般に変数変換を行うと，分布関数には，ヤコビアン (Jacobian) に相当するものが必要になるが，ハミルトン関数の中に現れる一般化座標と一般化運動量の組を用いる限り，どのような組であっても，ヤコビアンの値は 1 となり，分布関数 (2.33) の形式は変わらないことが証明できる (問題および付録参照)．

例題 1　2 次元平面運動のハミルトン関数

　原点からの距離 r に依存する中心力ポテンシャル $U(r)$ の中で 2 次元平面運動する質量 m の粒子について極座標 (r, θ) およびそれらに共役な運動量 (p_r, p_θ) を用いてハミルトン関数を表せ．

解答

運動エネルギーは (r,θ) の時間微分 $(\dot{r},\dot{\theta})$ を用いて次のように表される.

$$K(r,\theta,\dot{r},\dot{\theta}) = \frac{m}{2}(\dot{r}^2 + r^2\dot{\theta}^2) \tag{2.35}$$

したがって (r,θ) に共役な運動量はそれぞれ次のように与えられる.

$$p_r = \frac{\partial K}{\partial \dot{r}} = m\dot{r} \tag{2.36}$$

$$p_\theta = \frac{\partial K}{\partial \dot{\theta}} = mr^2\dot{\theta} \tag{2.37}$$

式 (2.36), (2.37) より $\dot{r},\dot{\theta}$ を p_r, p_θ で表すと,式 (2.35) は次のようになる.

$$K(r,\theta,p_r,p_\theta) = \frac{1}{2m}p_r^2 + \frac{1}{2mr^2}p_\theta^2 \tag{2.38}$$

よって2次元平面運動に対して極座標を用いた場合のハミルトン関数は次のように求まる.

$$H(r,\theta,p_r,p_\theta) = \frac{1}{2m}p_r^2 + \frac{1}{2mr^2}p_\theta^2 + U(r) \tag{2.39}$$

例題2　2体問題のハミルトン関数

相互作用する質量 m_1, m_2 の2つの質点からなる系について,系のハミルトン関数を重心座標 $\boldsymbol{R} = (m_1\boldsymbol{r}_1 + m_2\boldsymbol{r}_2)/(m_1 + m_2)$,相対座標 $\boldsymbol{r} = \boldsymbol{r}_2 - \boldsymbol{r}_1$ (ここで $\boldsymbol{r}_1, \boldsymbol{r}_2$ はそれぞれの質点の位置ベクトル) および,それらに共役な運動量 $\boldsymbol{P}, \boldsymbol{p}$ の関数として表せ.

解答

$\boldsymbol{r}_1, \boldsymbol{r}_2$ を $\boldsymbol{R}, \boldsymbol{r}$ を用いて表すと

$$\boldsymbol{r}_1 = \boldsymbol{R} - \frac{m_2}{M}\boldsymbol{r}, \qquad \boldsymbol{r}_2 = \boldsymbol{R} + \frac{m_1}{M}\boldsymbol{r} \tag{2.40}$$

となる.ここで $M = m_1 + m_2$ は全質量である.これを時間微分して

$$\dot{\boldsymbol{r}}_1 = \dot{\boldsymbol{R}} - \frac{m_2}{M}\dot{\boldsymbol{r}}, \qquad \dot{\boldsymbol{r}}_2 = \dot{\boldsymbol{R}} + \frac{m_1}{M}\dot{\boldsymbol{r}} \tag{2.41}$$

運動エネルギー K は

$$K = \frac{m_1}{2}\dot{\boldsymbol{r}}_1^2 + \frac{m_2}{2}\dot{\boldsymbol{r}}_2^2 \tag{2.42}$$

であるが,$\dot{\boldsymbol{R}}, \dot{\boldsymbol{r}}$ を用いて表すと次のようになる.

$$K = \frac{M}{2}\dot{\boldsymbol{R}}^2 + \frac{\mu}{2}\dot{\boldsymbol{r}}^2 \tag{2.43}$$

ここで

$$\mu = \frac{m_1 m_2}{m_1 + m_2} \tag{2.44}$$

は換算質量 (reduced mass) と呼ばれる量である．よって

$$\boldsymbol{P} = M\dot{\boldsymbol{R}}, \qquad \boldsymbol{p} = \mu\dot{\boldsymbol{r}} \tag{2.45}$$

これを用いるとハミルトン関数は次のようになる．

$$H(\boldsymbol{R},\boldsymbol{r},\boldsymbol{P},\boldsymbol{p}) = \frac{\boldsymbol{P}^2}{2M} + \frac{\boldsymbol{p}^2}{2\mu} + u(\boldsymbol{r}) \tag{2.46}$$

ここで $u(\boldsymbol{r})$ は2つの質点の間の相互作用ポテンシャルである．

問題

(1) 中心力場を運動する粒子に対し3次元極座標 (r,θ,ϕ) とそれに共役な運動量を用いて粒子のハミルトン関数を表せ．

(2) 半径 a の球形の容器に閉じ込められた自由粒子を考える．粒子の位置を極座標 (r,θ,ϕ) を用いて表す．

  (2.1) 粒子が容器の中に一様に分布しているとき r の分布関数 $P_r(r)$ および θ の分布関数 $P_\theta(\theta)$ を求めよ．

  (2.2) 粒子の力学状態を極座標とそれに共役な運動量 $(r,\theta,\phi,p_r,p_\theta,p_\phi)$ を用いて表すと，その確率密度は次のように表される．

$$P(r,\theta,\phi,p_r,p_\theta,p_\phi)$$
$$= C\delta\left(E - \frac{1}{2m}p_r^2 - \frac{1}{2mr^2}p_\theta^2 - \frac{1}{2mr^2\sin^2\theta}p_\phi^2\right)\Theta(a-r) \tag{2.47}$$

  この分布から出発し $P_r(r)$, $P_\theta(\theta)$ を求め，上に求めた答えと一致することを確かめよ．

(3) 質量 m，長さ a の一様な細い棒の一端が原点に固定されて重力場の中で運動している．棒の方向を表す極座標 (θ,ϕ) とそれに共役な運動量 (p_θ,p_ϕ) を用いて，この系のハミルトン関数を表せ．

(4) 運動エネルギーが $K = (1/2)m\dot{x}^2$ で与えられる系について変数変換 $q=q(x)$ を行う．

  (4.1) x に共役な運動量を p とする．q に共役な運動量 p_q を p,x で表せ．

  (4.2) $(x,p) \to (q,p_q)$ の変数変換におけるヤコビアンが1となることを示せ．

2.6 物理量の平均

2.4節では，壁にかかる力は位相空間の積分より求めることができることを示した．この方法を一般的な場合について定式化しておこう．

ハミルトン関数の中には，系を構成する粒子の座標と運動量以外に，系のおかれた環境を記述するパラメータを含んでいる（たとえば，壁の位置，重りをつるしている糸の長さなど）．これらを外部パラメータ（または外部変数）と呼ぶ．外部パラメータ ξ を含むハミルトン関数 $H(\Gamma;\xi)$ に対して，$X = -\partial H(\Gamma;\xi)/\partial\xi$ を ξ に共役な力という．系が熱平衡状態にあり，ミクロカノニカル分布に従って分布しているとき，X の平均がどうなるかを考えよう．ミクロカノニカル分布は

$$P(\Gamma,\xi) = \frac{\delta(E-H(\Gamma;\xi))}{\int d\Gamma \delta(E-H(\Gamma;\xi))} \tag{2.48}$$

と書けるので X の平均は次のようになる．

$$\langle X \rangle = -\frac{\int d\Gamma \frac{\partial H}{\partial \xi} \delta(E-H(\Gamma;\xi))}{\int d\Gamma \delta(E-H(\Gamma;\xi))} \tag{2.49}$$

ここで

$$\Omega(E,\xi) = \int d\Gamma \Theta(E-H(\Gamma;\xi)) \tag{2.50}$$

を導入すると前と同様の議論により，$\langle X \rangle$ について次の公式が成り立つことを示すことができる．

$$\langle X \rangle = \frac{\partial \ln \Omega(E,\xi)/\partial \xi}{\partial \ln \Omega(E,\xi)/\partial E} \tag{2.51}$$

したがって，ミクロカノニカル分布をしている系において，外部パラメータに共役な物理量の平均は $\Omega(E,\xi)$ という量から計算することができる．

$\Omega(E,\xi)$ は $2f$ 次元の位相空間の中で $H(\Gamma;\xi) \leq E$ である領域の体積を表す．その次元は h^f（h はプランク定数）である．$\Omega(E,\xi)$ を h^f で割って無次元化した量

$$\widetilde{\Omega}(E,\xi) = \frac{1}{h^f} \int d\Gamma \Theta(E-H(\Gamma;\xi)) \tag{2.52}$$

を状態数と呼ぶ.

状態数という名前は,後の章で述べる量子統計力学に由来している.$\tilde{\Omega}(E,\xi)$ は E より小さなエネルギーをもつ量子力学的定常状態(エネルギー固有状態)の数に相当しているからである.$\Omega(E,\xi)$ と $\tilde{\Omega}(E,\xi)$ の違いは次元だけであり,この違いが平均値などの計算結果に影響を与えることはない.そこでこの違いに目をつむって,$\Omega(E,\xi)$ も状態数と呼ぶことにする.

式 (2.51) の応用例を問題に示した.

問題
(1) 半径 a の球状の容器に閉じ込められた粒子が壁に垂直に与える平均の力を式 (2.51) を用いて計算せよ.
(2) 大きさ L の1次元の箱の中にバネで結ばれた2原子分子が閉じ込められている.2原子分子のそれぞれの座標を x_1, x_2,重心の座標を $X=(x_1+x_2)/2$,相対座標を $x=x_2-x_1$ とする.
  (2.1) この系のハミルトン関数を X,x およびそれらに共役な運動量 P,p を用いて表せ.バネのエネルギーは $(1/2)kx^2$,粒子が壁から受ける力を表すポテンシャルは $u_w(X)+u_w(L-X)$ としてよい.
  (2.2) この系について $\Omega(E,L)$ を求めよ.
  (2.3) この系で壁にかかる力は次の式で与えられることを示せ.
$$\langle F \rangle = \frac{2E}{3L} \tag{2.53}$$

付　録

付録1　座標変換とミクロカノニカル分布

一般化座標 $(q_1,q_2,...,q_f)=\{q\}$ に対して別の一般化座標 $(Q_1,Q_2,...,Q_f)=\{Q\}$ をとったとしよう.Q_i は $\{q\}$ を用いて $Q_i=Q_i(\{q\})$ のように表されるものとする.q_i, Q_i に共役な運動量をそれぞれ p_i, P_i とする.変数変換 $(\{q\},\{p\}) \to (\{Q\},\{P\})$ に対応するヤコビアンを $\det J$ と書く.ここで J は $2f$ 次元の正方行列で,4つの正方行列 $J^{Qq}, J^{Qp}, J^{Pq}, J^{Pp}$ からなる.

$$J = \begin{pmatrix} J^{Qq} & J^{Qp} \\ J^{Pq} & J^{Pp} \end{pmatrix} \tag{2.54}$$

4つの正方行列は $f \times f$ の次元をもち,各々の ij 成分は次のように与えられる.

$$J_{ij}^{Qq} = \frac{\partial Q_i}{\partial q_j}, \quad J_{ij}^{Qp} = \frac{\partial Q_i}{\partial p_j}, \quad J_{ij}^{Pq} = \frac{\partial P_i}{\partial q_j}, \quad J_{ij}^{Pp} = \frac{\partial P_i}{\partial p_j} \quad (2.55)$$

ここで Q_i は $\{q\}$ のみで表され, p_i を含まないから $\partial Q_i/\partial p_j = 0$ である. よって, $\boldsymbol{J}^{Qp} = 0$ であるので $\boldsymbol{J}$ の行列式 $\det(\boldsymbol{J})$ は次のようになる.

$$\det(\boldsymbol{J}) = \det(\boldsymbol{J}^{Qq})\det(\boldsymbol{J}^{Pp}) = \det(\boldsymbol{J}^{Qq})\det((\boldsymbol{J}^{Pp})^t) = \det(\boldsymbol{J}^{Qq} \cdot (\boldsymbol{J}^{Pp})^t) \quad (2.56)$$

ここで $\boldsymbol{A}^t$ は行列 $\boldsymbol{A}$ の転置行列を表す.

さて, K を系の運動エネルギーとすれば $p_i = \partial K/\partial \dot{q}_i$, $P_i = \partial K/\partial \dot{Q}_i$ であるが, $\dot{q}_i$ と $\dot{Q}_i$ は線形の関係式

$$\dot{q}_i = \sum_j \frac{\partial q_i}{\partial Q_j} \dot{Q}_j \quad (2.57)$$

で結ばれているから, 次の関係が成り立つ.

$$P_i = \frac{\partial K}{\partial \dot{Q}_i} = \sum_j \frac{\partial K}{\partial \dot{q}_j} \frac{\partial \dot{q}_j}{\partial \dot{Q}_i} = \sum_j p_j \frac{\partial q_j}{\partial Q_i} \quad (2.58)$$

すなわち P_i は p_i の線形結合で表される. よって

$$\frac{\partial P_i}{\partial p_j} = \frac{\partial q_j}{\partial Q_i} \quad (2.59)$$

この関係式を用いると $\boldsymbol{J}^{Qq} \cdot (\boldsymbol{J}^{Pp})^t$ の ij 成分は

$$(\boldsymbol{J}^{Qq} \cdot (\boldsymbol{J}^{Pp})^t)_{ij} = \sum_k (J^{Qq})_{ik}(J^{Pp})_{jk} = \sum_k \frac{\partial Q_i}{\partial q_k}\frac{\partial P_j}{\partial p_k}$$

$$= \sum_k \frac{\partial Q_i}{\partial q_k}\frac{\partial q_k}{\partial Q_j} = \frac{\partial Q_i}{\partial Q_j} = \delta_{ij} \quad (2.60)$$

よって式 (2.56) より $\det(\boldsymbol{J}) = 1$ が証明された.

章末問題

(1) 重力場の中で運動する粒子を考える. 底面には壁があるものとする. 底面を原点とし, 鉛直上向きに x 座標をとると, この系のハミルトン関数は次のようになる.

$$H(x,p) = \frac{1}{2m}p^2 + mgx + u_w(x) \quad (2.61)$$

次の問いに答えよ．
- (1.1) 粒子の x 座標の確率密度 $P(x)$ を求めよ．
- (1.2) 粒子が下の壁に与える力の平均を求めよ．
- (2) 前問と同様，重力場の中で運動する2粒子を考える．この系のハミルトン関数は次の式で与えられる．

$$H(x_1, x_2, p_1, p_2) = \frac{1}{2m}(p_1^2 + p_2^2) + mg(x_1 + x_2) + u_w(x_1) + u_w(x_2)$$
(2.62)

- (2.1) 粒子1の位置の確率密度 $P(x)$ を求めよ．
- (2.2) 1粒子の場合には，粒子の存在確率は，頂上で最大となった．2粒子の場合には粒子の存在確率は底面で最大となる．この違いはなぜ起こったのか考察せよ．

第3章

温度とエントロピー

2章では等重率の原理について述べた．等重率の原理とは，孤立した力学系において，許される力学状態はすべて等しい確率で実現するという原理である．任意の力学量 A は，力学状態を指定する変数 Γ の関数として $A(\Gamma)$ のように書かれるから，A の平均値 $\langle A \rangle$ は等重率の原理を用いて計算することができる．しかし，熱力学においては力学変数で書かれないような物理量が存在する．たとえば，温度やエントロピーなどの量は，熱力学には現れるが力学にはない概念である．本章では，これらの量がどのような微視的な意味をもっているかを明らかにし，それを系のハミルトン関数から計算する方法について述べる．

3.1 理想気体のエネルギーと圧力

前章の結果を使って理想気体の圧力を考えてみよう．図 3.1 のように断面積 A，長さ L の容器の中に N 個の気体分子が詰まっているとしよう．気体分子の相互作用は無視できるものとする．各分子の位置を r_i，運動量を p_i とするとこの系のハミルトン関数は次のように書ける．

$$H(\Gamma; L) = \sum_{i=1}^{N} \frac{p_i^2}{2m} + U_w(\{r_i\}) \tag{3.1}$$

最後の項は，壁によるポテンシャルエネルギーの項である．$U_w(\{r_i\})$ は粒子が体積 $V = AL$ の円筒の中にあるときには 0 であるが，円筒の外にあるときは無限大となるような関数である．

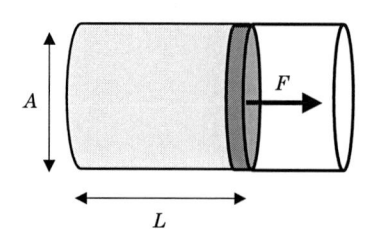

図 3.1 容器の中の気体が壁に与える力 F

公式 (2.51) を用いて壁にかかる力を求めてみよう．この系の状態数 (2.50) は次のように表される．

$$\Omega(E,L) = \int \cdots \int d\boldsymbol{r}_1 d\boldsymbol{r}_2 \ldots d\boldsymbol{r}_N d\boldsymbol{p}_1 d\boldsymbol{p}_2 \ldots d\boldsymbol{p}_N \Theta\left(E - H(\Gamma;L)\right) \quad (3.2)$$

$\boldsymbol{r}_i$ に関する積分は簡単に実行できる．$\boldsymbol{r}_i$ が容器の外に出ると，$H > E$ となり被積分関数は 0 となるから，$\boldsymbol{r}_i$ に関する積分の結果は容器の体積 V を与える．すべての分子の座標について積分した結果は次のようになる．

$$\Omega(E,L) = V^N \int \cdots \int d\boldsymbol{p}_1 d\boldsymbol{p}_2 \ldots d\boldsymbol{p}_N \underline{\Theta\left(E - \sum_{i=1}^{N} \frac{\boldsymbol{p}_i^2}{2m}\right)} \quad (3.3)$$

上式の下線を引いた部分は $3N$ 次元の空間において

$$\sum_{i=1}^{N} \frac{\boldsymbol{p}_i^2}{2m} < E \quad (3.4)$$

を満たす領域の体積を表す．すなわち $3N$ 次元における半径 $\sqrt{2mE}$ の球の体積を表す．

一般に n 次元空間の中の半径 r の球の体積は r^n に比例し，$K_n r^n$ と書くことができる．

$$\int \cdots \int dx_1 dx_2 \ldots dx_n \Theta\left(r^2 - \sum_{i=1}^{n} x_i^2\right) = K_n r^n \quad (3.5)$$

(K_n の表式は付録にあるが，今はその具体的な表式は重要でない．)

したがって式 (3.3) の積分の結果は

$$\Omega(E,L) = V^N K_{3N} (2mE)^{3N/2} \quad (3.6)$$

となる．

これから，壁にかかる力は式 (2.51) によって次のように求まる．
$$\langle F \rangle = \frac{\partial \ln \Omega / \partial L}{\partial \ln \Omega / \partial E} \tag{3.7}$$
壁の単位面積にかかる力，すなわち圧力 P は $V = AL$ の関係を用いて次のように書ける．
$$P = \frac{\langle F \rangle}{A} = \frac{\partial \ln \Omega / \partial V}{\partial \ln \Omega / \partial E} \tag{3.8}$$
式 (3.6) を用いると
$$P = \frac{N/V}{3N/2E} = \frac{2E}{3V} \tag{3.9}$$
となる．この式は，等重率の原理から直接に導かれたものである．この式の中に現れるのは，すべて力学の中に表れる量であることに注意してほしい．

式 (3.8) と熱力学で知られている理想気体の状態方程式とを組み合わせると新しい関係式が見えてくる．熱力学によれば，十分希薄な気体は理想気体とみなすことができ，その圧力は次の状態方程式によって絶対温度 T と結びつけられる．
$$PV = Nk_\mathrm{B}T \tag{3.10}$$
ここで k_B はボルツマン (Boltzmann) 定数といわれる物理定数で
$$k_\mathrm{B} = 1.380658 \times 10^{-23} \,\mathrm{Joule/Kelvin} \tag{3.11}$$
である．式 (3.9) と式 (3.10) から
$$k_\mathrm{B}T = \frac{2}{3}\frac{E}{N} \tag{3.12}$$
が成りたつことがわかる．

式 (3.12) は理想気体の分子のもっている全エネルギー E (これは熱力学でいう内部エネルギーのことである) が，気体の温度 T と関係づけられていることを示している．式 (3.12) の関係は一般的なものではないことを注意しておこう．式 (3.12) はアルゴン (Ar) やネオン (Ne) のような単原子分子からなる理想気体について成立するが，酸素 (O_2) やメタン (CH_4) のような多原子分子からなる気体については成立しない．しかしながら，式 (3.8) と式 (3.10) を

組み合わせると，一般的に成立する関係式を導くことができる．式 (3.8) と式 (3.6) から

$$\frac{\partial \ln \Omega(E)}{\partial E} = \frac{N}{PV} \tag{3.13}$$

と書くことができる．理想気体の状態方程式 (3.10) を用いると次の式が導かれる．

$$\frac{1}{k_\mathrm{B} T} = \frac{\partial \ln \Omega(E)}{\partial E} \tag{3.14}$$

次節で示すように，この式は任意の物質に対して一般的に成立する．

問題
(1) 自然長 0 のバネでつながれた 2 つの原子からなる理想気体 (2 原子分子理想気体) を考える．この系のハミルトン関数は次のようになる．

$$H(\Gamma; V) = \sum_{i=1}^{N} \left(\frac{\boldsymbol{P}_i^2}{2M} + \frac{\boldsymbol{p}_i^2}{2\mu} + \frac{k}{2} \boldsymbol{r}_i^2 \right) + U_w(\{\boldsymbol{R}_i\}) \tag{3.15}$$

この系の状態数を求めよ．
(2) このとき壁にかかる圧力は次のように書けることを示せ．

$$P = \frac{2E}{9V} \tag{3.16}$$

この例でわかるように，式 (3.9) の関係は一般的なものではないことに注意してほしい．

3.2 温度の定義

3.2.1 熱力学的温度

式 (3.14) は単原子理想気体について導いた公式であるが，この式が一般的に成り立つことを示そう．これを示す前に温度とは何であるかを復習しておこう．

熱力学によると，温度とは，2 つの物体を熱的に接触させたときのエネルギーの流れを決めるものである．2 つの物体を接触させると，接触部分を通して高温の物体から低温の物体にエネルギーが流れる (すなわち高温の物体のもっているエネルギーは減少し，低温の物体のもっているエネルギーが増加する)．エネルギーの流れがとまるのは，2 つの物体の温度が等しくなったところである．したがって物体の温度を決めるには次のようにすればよい．あらかじめ，適当

な標準物体を温度計として選び，エネルギーを加えながら標準物体の状態変化を調べておく (たとえば水銀温度計ならその体積を計って記録しておく．熱を加えると色が変わる液晶を温度計として用いるなら色を記録しておく)．測定しようとする物体の温度を測るには，測定物体に温度計を接触させ，エネルギー移動が平衡に達したところで，温度計の状態 (たとえば体積や色) からその物体の温度を知ることができる．

温度計として，単原子理想気体を選ぶことができる．このときには式 (3.10) によって，温度を決めることができる．つまり，物体の温度を測るには，その物体と理想気体とを接触させ，平衡になったところで理想気体の圧力と体積を測り，式 (3.10) により温度を決めればよい．このような温度計を理想気体温度計という．

3.2.2 理想気体温度計

そこで，図 3.2 に示すような理想気体を使って温度を測る操作を統計力学的に考えてみよう．着目する物体のハミルトン関数を $H(\Gamma)$，これに接触させる理想気体のハミルトン関数を $H'(\Gamma')$ とする．2 つの系を接触させた合成系のハミルトン関数は次のように書ける．

$$H_{\text{total}}(\Gamma, \Gamma') = H(\Gamma) + H'(\Gamma') + H_{\text{int}}(\Gamma, \Gamma') \tag{3.17}$$

ここで，$H_{\text{int}}(\Gamma, \Gamma')$ の項は，着目する物体と温度計 (理想気体) の接触部分に働く相互作用エネルギーをさす (接触面の近くでは理想気体の分子と着目物体

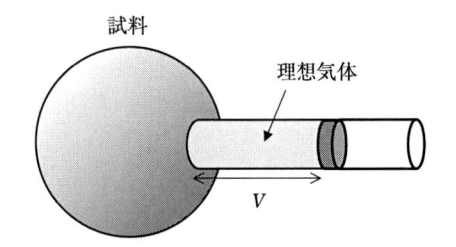

図 3.2 理想気体温度計による温度計測
物体に理想気体を押し当て，理想気体の体積 V より温度 $T = PV/Nk_{\text{B}}$ を求める．

の分子とは力を及ぼしあっている．$H_{\text{int}}(\Gamma,\Gamma')$ はこの相互作用のエネルギーを表す）．しかし，$H_{\text{int}}(\Gamma,\Gamma')$ に関わるのは接触面付近の分子だけであり，全体のエネルギーに比べて圧倒的に小さい．そこで以下，接触部分のエネルギーを無視し，

$$H_{\text{total}}(\Gamma,\Gamma') = H(\Gamma) + H'(\Gamma') \tag{3.18}$$

として話を進める．

　着目している物体と理想気体を接触させたときに，それぞれの物体にどれだけのエネルギーが分配されるかを考えてみよう．統計力学的にいえば，エネルギー移動が終了した後も，それぞれの物体が一定のエネルギーをもっているわけではなく，ある平均値の周りをゆらいでいる．着目物体と温度計のエネルギーを E, E' とすると，それぞれは

$$E + E' = E_t \tag{3.19}$$

を満たしながらゆらいでいる．ここで E_t は合成系全体のエネルギーである．そこで着目物体がエネルギー E をもつ確率を考えてみよう．

　接触した 2 つの系全体の分布関数は，等重率の原理により次のように書ける．

$$P_{\text{total}}(\Gamma,\Gamma') = C\delta[E_t - H(\Gamma) - H'(\Gamma')] \tag{3.20}$$

　着目物体がエネルギー E をもつ確率は式 (1.38) より次のように書くことができる．

$$P(E) = \int d\Gamma d\Gamma' \delta[E - H(\Gamma)] P_{\text{total}}(\Gamma,\Gamma') \tag{3.21}$$

式 (3.21) とデルタ関数の性質 (1.69) を使うと，この式は次のように変形できる．

$$P(E) = C\int d\Gamma d\Gamma' \delta[E - H(\Gamma)]\delta[E_t - H(\Gamma) - H'(\Gamma')]$$

$$= C\int d\Gamma d\Gamma' \delta[E - H(\Gamma)]\delta[E_t - E - H'(\Gamma')] \tag{3.22}$$

着目する物体に対して $W(E)$ を次のように定義する．

$$W(E) = \int d\Gamma \delta(E - H(\Gamma)) \tag{3.23}$$

これは状態数 $\Omega(E)$ と次の関係にある．

$$W(E) = \int d\Gamma \frac{\partial \Theta[E - H(\Gamma)]}{\partial E} = \frac{\partial}{\partial E}\Omega(E) \tag{3.24}$$

$W(E)$ のことを状態密度という[1]．

　理想気体についても同様に状態密度 $W'(E')$ を定義する．$W'(E') = \int d\Gamma' \delta(E' - H'(\Gamma'))$，式 (3.22) から $P(E)$ は次のように書ける．

$$P(E) = CW(E)W'(E_t - E) \tag{3.25}$$

もっとも確からしいエネルギーは $P(E)$ を最大にするものである．$E' = E_t - E$ とおき，上の式の対数をとって微分すると

$$\frac{\partial \ln W(E)}{\partial E} + \frac{\partial \ln W'(E')}{\partial E'}\frac{\partial E'}{\partial E} = 0 \tag{3.26}$$

温度計として用いた単原子理想気体については $W'(E') \propto E'^{3N'/2-1}$（$N'$ は理想気体の分子数）であるから

$$\frac{\partial \ln W'(E')}{\partial E'} = \frac{(3N'/2) - 1}{E'} \tag{3.27}$$

$N' \gg 1$ であるから右辺は $3N'/2E'$ と等しい．これは単原子理想気体について成り立つ関係式 (3.12) により $1/k_\mathrm{B}T$ に等しい．さらに $\partial E'/\partial E = -1$ であることを用いると，式 (3.26), (3.27) より次の関係式が得られる．

$$\frac{\partial \ln W(E)}{\partial E} = \frac{1}{k_\mathrm{B}T} \tag{3.28}$$

これは任意の物体の温度がその物体の状態密度の対数のエネルギー微分と関係づけられることを示している．

　さて，巨視的な体系においては状態密度 $W(E)$ と状態数 $\Omega(E)$ の違いは非常に小さなものである．たとえば理想気体の場合には $\Omega(E) = KE^{\alpha N}$（$K, \alpha$ は定数）であるので，$W(E) = K\alpha N E^{\alpha N-1}$ である．よって

$$\ln W(E) = \ln \Omega(E)\left[1 + O\left(\frac{1}{N}\right)\right] \tag{3.29}$$

---

[1] 2.6 節で述べたように，$\Omega(E)$ は h^f の次元をもっており，量子力学でいう状態数（E より低いエネルギー固有状態の数）とは因子 h^f だけ異なっている．同様に $W(E)$ は量子力学でいう状態密度（状態数をエネルギーで微分したもの）とは因子 h^f だけ異なっている．しかし，前章と同様，ここでは h^f の違いに目をつむって $W(E)$ も状態密度と呼ぶことにする．

この関係は巨視的な体系（構成粒子の数 N が大きな体系）について一般的に成り立つ．N が 10^{23} のように大きな数値のときには，$\ln W(E)$ と $\ln \Omega(E)$ の違いは無視することができる．したがって式 (3.28) は次のように書くこともできる．

$$\frac{\partial \ln \Omega(E)}{\partial E} = \frac{1}{k_B T} \tag{3.30}$$

これで式 (3.14) が任意物体について成り立つことが証明された．

例題 熱的接触させた体系の間のエネルギーの分配

N_1 個の単原子分子からなり，エネルギー E_1 をもつ理想気体 1 と，N_2 個の単原子分子からなり，エネルギー E_2 をもつ理想気体 2 を接触させたとき，理想気体 1 のもつエネルギーの平均値と分散を計算せよ．

解答

全系のエネルギー $E_t = E_1 + E_2$ は一定であるので，理想気体 1 がエネルギー E をもてば，理想気体 2 はエネルギー $E_t - E$ をもつ．式 (3.25) によれば E の確率密度は次のようになる．

$$P(E) = C W_{N_1}(E) W_{N_2}(E_t - E) \tag{3.31}$$

ここで $W_N(E)$ は N 個の単原子分子からなる理想気体の状態密度である．$N \gg 1$ のときは $W_N(E) \propto E^{3N/2}$ としてよい．よって

$$P(E) = C E^{3N_1/2} (E_t - E)^{3N_2/2} \tag{3.32}$$

以下，式を簡単にするために，$n = 3N_1/2$，$m = 3N_2/2$ とおき，$x = E/E_t$ の分布を考える．これは次のように与えられる．

$$P(x) = C x^n (1-x)^m \tag{3.33}$$

公式

$$\int_0^1 dx\, x^n (1-x)^m = \frac{n!\, m!}{(n+m+1)!} \tag{3.34}$$

を用いると x の平均 $\bar{x} = \langle x \rangle$ と分散 $\sigma^2 = \langle (x - \bar{x})^2 \rangle$ は簡単に計算できる．その結果は次のようになる．

$$\bar{x} = \frac{n+1}{n+m+2} = \frac{n}{n+m} \tag{3.35}$$

$$\sigma^2 = \frac{(n+1)(m+1)}{(n+m+2)^2(n+m+3)} = \frac{nm}{(n+m)^3} \tag{3.36}$$

n, m が大きくなると標準偏差 σ は $\bar{x}$ に比べて著しく小さくなる．図 3.3 に n と m の比を一定にして，n, m を大きくしたときの確率密度 $P(x)$ の変化を示してある．$n, m \gg 1$ のときには，$P(x)$ は $\bar{x}$ の周りに鋭く分布するようになる．中心極限定理により $n, m \gg 1$ のときの $P(x)$ は次のガウス分布で与えられる．

$$P(x) = \frac{1}{\sqrt{2\pi\sigma^2}} \exp\left[-\frac{1}{2\sigma^2}(x-\bar{x})^2\right] \tag{3.37}$$

この式は式 (3.33) から直接導くこともできる．

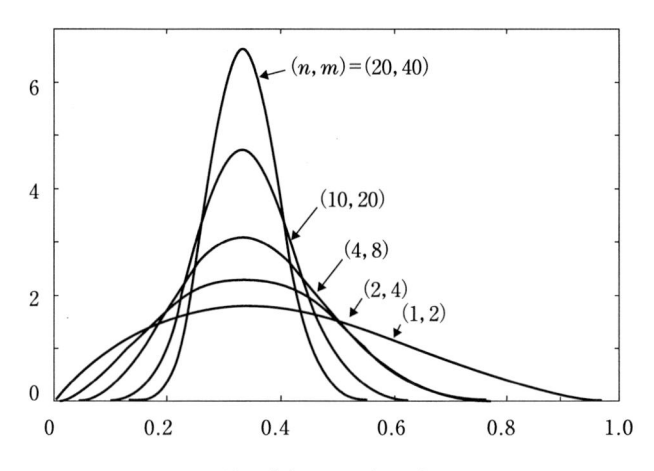

図 3.3 関数 $P(x) = Cx^n(1-x)^m$ のグラフ

式 (3.37) の結果は，もとのエネルギーに直すと次のようになる．

$$\langle E \rangle = E_t \frac{N_1}{N_1 + N_2} \tag{3.38}$$

$$\frac{\langle (E - \langle E \rangle)^2 \rangle}{\langle E \rangle^2} = \frac{2}{3(N_1 + N_2)} \frac{N_1 N_2}{(N_1 + N_2)^2} \tag{3.39}$$

式 (3.38) は 2 つの理想気体を接触させると，分子数に比例してエネルギーが分配されることを意味している．しかし，このようなことが成り立つのは，同

じ種類の理想気体を接触させた場合だけであることに注意してほしい．気体1と気体2の種類が違ったり，分子間の相互作用が無視できないような場合にはエネルギーの分配則は違ってくる (以下の問題を参照)．エネルギーの分配を決める条件は2つの系の温度が等しくなるという条件である．

問題
(1) N_1 個の単原子分子からなる気体と N_2 個のバネでつながれた2原子分子からなる気体とを接触させたとき，気体1に分配されるエネルギーの割合を求めよ．

3.3 エントロピー

これまで，$\partial \ln \Omega(E)/\partial E$ が系の温度と関係づけられることをみてきたが，実は $\ln \Omega(E)$ という量は，熱力学の量と直接関係している．

話を具体的にするために液体や気体などの流体を考えよう．この流体の圧力は式 (3.8) と同様に計算することができる．

$$P = \frac{\partial \ln \Omega / \partial V}{\partial \ln \Omega / \partial E} \tag{3.40}$$

この式と $\partial \ln \Omega/\partial E = 1/k_B T$ を用いると

$$k_B \frac{\partial \ln \Omega}{\partial V} = \frac{P}{T} \tag{3.41}$$

が成り立っている．つまり $k_B \ln \Omega(E, V)$ という量に対して次の2つの式が成立する．

$$k_B \frac{\partial \ln \Omega}{\partial V} = \frac{P}{T}, \quad k_B \frac{\partial \ln \Omega}{\partial E} = \frac{1}{T} \tag{3.42}$$

これは全微分で書けば

$$k_B d \ln \Omega = \frac{P}{T} dV + \frac{dE}{T} \tag{3.43}$$

を意味する．一方，熱力学の基本公式

$$dE = TdS - PdV \tag{3.44}$$

において，エントロピー S をエネルギー E と体積 V の関数とみなせば

$$dS(E, V) = \frac{dE}{T} + \frac{P}{T} dV \tag{3.45}$$

という関係式が成立する．これと式 (3.43) を比べると，

$$S(E,V) = k_\mathrm{B} \ln \Omega(E,V) + 定数 \qquad (3.46)$$

が成り立っていることがわかる．つまり，$k_\mathrm{B} \ln \Omega$ は熱力学のエントロピーに相当していることがわかる．

エントロピーの原点を適当に選べば式 (3.46) に現れる定数は 0 とみなすことができる．よって

$$S = k_\mathrm{B} \ln \Omega \qquad (3.47)$$

これは統計力学と熱力学を結びつける最も重要な関係式であり，ボルツマンの関係式と呼ばれる．

式 (3.30) の前に述べたように，巨視的な系では $\ln \Omega$ と $\ln W$ の違いは無視することができる．したがってボルツマンの関係式は次のようにも書くことができる．

$$S = k_\mathrm{B} \ln W \qquad (3.48)$$

熱力学によれば，熱力学関数のどれか一つ（たとえばエントロピー）が独立変数の関数としてわかれば，任意の熱力学量は計算できる．したがって，ボルツマンの関係式は，ハミルトン関数がわかれば任意の熱力学量が計算できることを示している．

第 1 章で統計力学とは力学系の物理量の平均を確率・統計の考え方を使って計算する学問であると述べた．気体の圧力などはこの方法に従って計算することができる．しかし，ボルツマンの関係式を用いれば，このような計算をする必要はない．ボルツマンの関係式を用いれば，ハミルトン関数からエントロピーが計算できるので，熱力学の関係式を用いて，任意の熱力学量を計算することができるからである．

付　録

付録 1　n 次元空間の球の体積

n 次元空間における半径 r の球の体積を $V_n(r)$ と書く．

$$V_n(r) = \int\int\cdots\int_{r^2 > \sum_i x_i^2} dx_1 dx_2 \cdots dx_n \tag{3.49}$$

$V_n(r)$ は r^n に比例するから，次のように書くことができる．

$$V_n(r) = K_n r^n \tag{3.50}$$

K_n は n 次元空間における半径 1 の球の体積である．さて，積分

$$I_n = \int_{-\infty}^{\infty} dx_1 \int_{-\infty}^{\infty} dx_2 \cdots \int_{-\infty}^{\infty} dx_n \exp\left(-\sum_i x_i^2\right) \tag{3.51}$$

を考える．この積分はガウス積分の公式を用いて次のように求められる．

$$I_n = \pi^{n/2} \tag{3.52}$$

一方，式 (3.51) の被積分関数は中心からの距離 $r = \sqrt{x_1^2 + x_2^2 + \ldots x_n^2}$ だけの関数であるから，次のように書くことができる．

$$I_n = \int_0^{\infty} dr \frac{dV_n}{dr} \exp(-r^2) \tag{3.53}$$

なぜなら n 次元空間における半径 r と $r+dr$ の間にある球殻の体積は $V_n(r+dr) - V_n(r) = (dV_n(r)/dr)dr$ と書くことができるからである．式 (3.50) を用いると

$$I_n = \int_0^{\infty} dr n K_n r^{n-1} \exp(-r^2) \tag{3.54}$$

$t = r^2$ の変数変換を行うと

$$I_n = \int_0^{\infty} dt \frac{1}{2} n K_n t^{n/2-1} \exp(-t) = \frac{1}{2} n K_n \Gamma\left(\frac{n}{2}\right) \tag{3.55}$$

ここで $\Gamma(n)$ は次式で定義されるガンマ関数である．

$$\Gamma(n) = \int_0^{\infty} dt\, t^{n-1} \exp(-t) \tag{3.56}$$

ガンマ関数の公式

$$\Gamma(n+1) = n\Gamma(n), \quad \Gamma(1) = 1, \quad \Gamma(\tfrac{1}{2}) = \sqrt{\pi} \tag{3.57}$$

を用いると

$$I_n = K_n \Gamma\left(\frac{n}{2} + 1\right) \tag{3.58}$$

式 (3.52) と式 (3.58) より K_n は次のように求められる.

$$K_n = \frac{\pi^{n/2}}{\Gamma(n/2+1)} \tag{3.59}$$

$n \gg 1$ のときには K_n は次のように近似できる (問題参照).

$$K_n = \left(\frac{2e\pi}{n}\right)^{n/2} \tag{3.60}$$

問題

(1) 次の式を証明せよ.

$$K_{2n} = \frac{\pi^n}{n!} \tag{3.61}$$

$$K_{2n+1} = \frac{\pi^n}{(n+\frac{1}{2})(n-\frac{1}{2})\cdots\frac{1}{2}} \tag{3.62}$$

(2) 式 (3.60) を証明せよ.

(3) n 次元空間の楕円体状領域

$$\sum_i \frac{x_i^2}{a_i^2} \leq 1 \tag{3.63}$$

の体積は次の公式で与えられることを示せ.

$$V_n = K_n \prod_{i=1}^n a_i \tag{3.64}$$

章末問題

(1) N 個の単原子分子からなる理想気体を考える. 系のエネルギーを E とし, 次の問いに答えよ.

(1.1) 分子 1 が運動量 $\boldsymbol{p}$ をもつ確率は次のように書けることを示せ.

$$P(\boldsymbol{p}) \propto \int \cdots \int d\boldsymbol{r}_1 d\boldsymbol{r}_2 \ldots d\boldsymbol{r}_N d\boldsymbol{p}_1 d\boldsymbol{p}_2 \ldots d\boldsymbol{p}_N \delta\left(E - \sum_{i=1}^N \frac{\boldsymbol{p}_i^2}{2m}\right) \delta\left(\boldsymbol{p} - \boldsymbol{p}_1\right) \tag{3.65}$$

(1.2) $P(\boldsymbol{p})$ は次のように書けることを示せ.

$$P(\boldsymbol{p}) \propto \left(1 - \frac{\boldsymbol{p}^2}{2mE}\right)^{3(N-1)/2-1} \tag{3.66}$$

(1.3) $N \gg 1$ のとき, $P(\boldsymbol{p})$ が次のように書けることを示せ.

$$P(\boldsymbol{p}) \propto \exp\left(-\frac{\boldsymbol{p}^2}{2mk_{\mathrm{B}}T}\right) \tag{3.67}$$

(2) N 個の独立な調和振動子からなる系を考える．それぞれの座標と運動量を x_i, p_i とすると，この系のハミルトン関数は次のようになる．

$$H = \sum_{i=1}^{N} \left(\frac{p_i^2}{2m} + \frac{k}{2} x_i^2 \right) \tag{3.68}$$

(2.1) この系の状態数 $\Omega(E)$ およびエントロピー $S(E)$ を求めよ．

(2.2) この系のエネルギーと温度の関係を求めよ．

(3) 式 (3.37) を式 (3.33) から導け．

第4章
カノニカル分布とその応用

前章では，外界から切り離された孤立系がエネルギー E をもっているとき，力学状態の分布がどうなるかを考えた．この章では，系が温度 T の環境の中におかれているとき，力学状態の分布がどうなるかを考える．

体積と粒子数が一定の系においては，温度はエネルギーの一意的な関数である．したがってエネルギーを指定することと，温度を指定することは，ほとんど等価である．温度を指定したときの力学状態の分布はカノニカル (canonical) 分布と呼ばれる．カノニカル分布もミクロカノニカル分布もほとんど同じ熱力学状態を扱っているので，熱力学量を計算するときには，どちらの分布を使っても同じ結果が得られる．しかしながら統計力学においては，カノニカル分布の方が圧倒的に多く用いられている．これには2つの理由がある．(1) 熱力学状態を指定するとき，エネルギー (内部エネルギー) を指定するより，温度を指定する方が直感的でわかりやすい．(2) 多くの場合，カノニカル分布を用いた方が，ミクロカノニカル分布を用いた場合に比べて，計算がずっと簡単になる．

本章では，カノニカル分布とその応用について述べる．

4.1 カノニカル分布

図 4.1 に示すような大きな熱浴 (お風呂) の中におかれた系を考えよう．熱浴を含めた全体の系は孤立しているとする．このような状況で，着目する系のとる力学状態の分布を考えることにしよう．

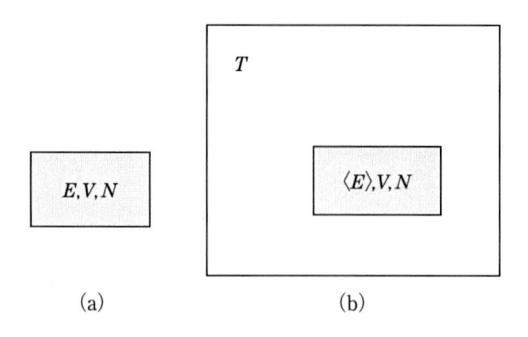

図 4.1 孤立系 (a) と熱浴の中におかれた系 (b) の比較
孤立系は (E, V, N) で指定される．一方，熱浴の中におかれた系は (T, V, N) で指定される．

着目する系のハミルトン関数を $H(\Gamma)$，熱浴のハミルトン関数を $H'(\Gamma')$ とする．2 つの系を接触させた合成系のハミルトン関数は 3.2 節と同様に次のように書ける．

$$H_{\text{total}}(\Gamma, \Gamma') = H(\Gamma) + H'(\Gamma') \tag{4.1}$$

全体の分布関数は次のように書ける．

$$P_{\text{total}}(\Gamma, \Gamma') = C\delta(E_t - H - H') \tag{4.2}$$

ここで，E_t は着目する系と熱浴を合わせた全体のエネルギーである．また簡単のために $H(\Gamma)$, $H'(\Gamma')$ をそれぞれ H, H' で表した．

熱浴の状態を問題にしないで着目する系が状態 Γ にある確率 $P(\Gamma)$ は，式 (4.2) を Γ' で積分したもので与えられる．

$$\begin{aligned}P(\Gamma) &= \int d\Gamma' P_{\text{total}}(\Gamma, \Gamma') = C \int d\Gamma' \delta(E_t - H(\Gamma) - H'(\Gamma')) \\ &= CW'(E_t - H(\Gamma)) \end{aligned} \tag{4.3}$$

ここで $W'(E)$ は熱浴の状態密度である．熱浴のエントロピーを $S'(E)$ とすると，式 (4.3) は次のように書き直すことができる．

$$P(\Gamma) = Ce^{S'(E_t - H)/k_{\text{B}}} \tag{4.4}$$

熱浴は着目している体系に比べて十分大きいので $E_t \gg H$ である．したがって，$S'(E_t - H)$ を展開して

$$S'(E_t - H) = S'(E_t) - H\frac{\partial S'(E_t)}{\partial E_t} = S'(E_t) - \frac{H}{T} \tag{4.5}$$

とおくことができる．ここで $T = 1/(\partial S'(E_t)/\partial E_t)$ は熱浴の温度である．式 (4.4) と式 (4.5) より

$$P(\Gamma) = \frac{1}{Z}\exp\left(-\frac{H(\Gamma)}{k_\mathrm{B}T}\right) \tag{4.6}$$

ここで $1/Z$ は Γ によらない規格化定数である．式 (4.6) は，温度 T の熱浴と接触している系の力学状態の分布を表す．この分布をカノニカル (canonical) 分布という．カノニカルとは正統的かつ標準的という意味である．カノニカル分布は正準分布と呼ばれることもある．カノニカル分布は，その名前のとおり統計力学の中でもっとも重要な分布である．それは，温度という力学には現れない量をあらわに含んでおり，力学と熱力学の橋渡しを象徴する形になっているからである．

4.2 分配関数

式 (4.6) の中の Z は規格化のために導入されたものであるが，単なる規格化定数以上に重要な意味をもっている．Z は，規格化条件から次のように与えられる．

$$Z(T) = \int d\Gamma \exp\left(-\frac{H(\Gamma)}{k_\mathrm{B}T}\right) \tag{4.7}$$

ここで，右辺の積分を実行するために

$$1 = \int_{-\infty}^{\infty} dE\,\delta(E - H(\Gamma)) \tag{4.8}$$

の関係式を用いて，積分の順序を交換すると

$$\begin{aligned}
Z(T) &= \int_{-\infty}^{\infty} dE \int d\Gamma\,\delta(E - H(\Gamma))\exp\left(-\frac{H(\Gamma)}{k_\mathrm{B}T}\right) \\
&= \int_{-\infty}^{\infty} dE \int d\Gamma\,\delta(E - H(\Gamma))\exp\left(-\frac{E}{k_\mathrm{B}T}\right) \\
&= \int_{-\infty}^{\infty} dE\,W(E)\exp\left(-\frac{E}{k_\mathrm{B}T}\right)
\end{aligned} \tag{4.9}$$

ここで $W(E)$ は着目する系の状態密度である．着目する系のエントロピー $S(E) = k_B \ln W(E)$ を用いると式 (4.9) は次のようになる．

$$Z(T) = \int_{-\infty}^{\infty} dE \exp\left[\frac{TS(E) - E}{k_B T}\right] \tag{4.10}$$

式 (4.10) の積分を実行してみよう．前に述べたように $W(E)$ は E とともに急速に増加する関数である．一方，指数関数 $\exp(-E/k_B T)$ は E とともに急速に減少する．この2つの関数の積はあるところに鋭いピークをもつ．ピークの位置 E^* は次の式から決まる．

$$\left.\frac{\partial (TS(E) - E)}{\partial E}\right|_{E=E^*} = 0 \tag{4.11}$$

すなわち

$$\left.\frac{\partial S(E)}{\partial E}\right|_{E=E^*} = \frac{1}{T} \tag{4.12}$$

これは，着目している系の温度が熱浴の温度に等しいという条件となる．積分の値は，ピークの幅 ΔE^* を用いて，次のように評価できる．

$$Z(T) = \exp\left[\frac{TS(E^*) - E^*}{k_B T}\right] \Delta E^* \tag{4.13}$$

したがって，

$$-k_B T \ln Z(T) = -TS(E^*) + E^* + \ln(\Delta E^*) \tag{4.14}$$

右辺最後のピークの幅の項は，最初の2項に比べて小さく無視することができる．すると右辺は $-TS + E^*$ となる．巨視的な系ではエネルギーのゆらぎはきわめて小さいので，E^* は熱力学でいうエネルギーと同じものである．したがって，式 (4.14) の右辺はヘルムホルツ (Helmholtz) の自由エネルギー $F(T) = -TS + E$ に等しい．よって次の式が成り立つ．

$$F(T) = -k_B T \ln Z(T) \tag{4.15}$$

ミクロカノニカル分布は，エネルギー E で指定される熱力学状態に対して，力学状態の分布を与える．このときの規格化定数 $W(E)$ は，エントロピー $S(E)$ と関係づけられる．一方，カノニカル分布は，温度 T によって指定される熱力学状態に対して，力学状態の分布を与える．このときの規格化定数 $Z(T)$ は自

由エネルギー $F(T)$ と関係づけられる．

　自由エネルギー $F(T)$ が求まれば，熱力学の公式を用いて種々の物理量を計算することができる．たとえば，流体系では，自由エネルギーは T,V の関数として $F(T,V)$ のように表され，その全微分は次のように与えられる．

$$dF = -SdT - PdV \tag{4.16}$$

したがって，圧力 P，エントロピー S，エネルギー E は次の式で求められる．

$$P = -\left(\frac{\partial F}{\partial V}\right)_T \tag{4.17}$$

$$S = -\left(\frac{\partial F}{\partial T}\right)_V \tag{4.18}$$

$$E = F + TS = F - T\left(\frac{\partial F}{\partial T}\right)_V \tag{4.19}$$

　分配関数からエネルギーを出すには式 (4.19) より便利な公式がある．$\beta = 1/k_B T$ とおくと分配関数は次のように書ける．

$$Z(\beta) = \int d\Gamma e^{-\beta H(\Gamma)} \tag{4.20}$$

一方，カノニカル分布において，エネルギーの平均は次のように計算される．

$$\langle E \rangle = -\frac{\int d\Gamma H(\Gamma) e^{-\beta H(\Gamma)}}{\int d\Gamma e^{-\beta H(\Gamma)}} = -\frac{\partial \ln Z(\beta)}{\partial \beta} \tag{4.21}$$

巨視的な体系ではエネルギーのゆらぎは無視できるので，$\langle E \rangle$ は熱力学のエネルギー E と同じものである．よって

$$E = -\frac{\partial \ln Z(\beta)}{\partial \beta} \tag{4.22}$$

が得られる．

問題
(1) 式 (4.22) と式 (4.19) が一致することを示せ．
(2) 次の関係式を証明せよ．

$$\langle (E - \langle E \rangle)^2 \rangle = -\frac{\partial \langle E \rangle}{\partial \beta} = k_B T^2 \frac{\partial E}{\partial T} \tag{4.23}$$

4.3 ほとんど独立な系から構成される系

2つの系 A と B の間の相互作用を無視することができるなら，2つの系を合わせた合成系の分配関数 Z_{total} は各々の系の分配関数 Z_A, Z_B の積になる．なぜなら合成系のハミルトン関数は

$$H_{\text{total}} = H_A(\Gamma_A) + H_B(\Gamma_B) \tag{4.24}$$

と書くことができるので，分配関数は

$$\begin{aligned}
Z_{\text{total}} &= \int d\Gamma_A \int d\Gamma_B \exp\left[-\frac{(H_A(\Gamma_A) + H_B(\Gamma_B))}{k_B T}\right] \\
&= \int d\Gamma_A \exp\left[-\frac{H_A(\Gamma_A)}{k_B T}\right] \int d\Gamma_B \exp\left[-\frac{H_A(\Gamma_B)}{k_B T}\right] \\
&= Z_A Z_B
\end{aligned} \tag{4.25}$$

となるからである．自由エネルギーの形で書くと

$$F_{\text{total}} = F_A + F_B \tag{4.26}$$

となり，全系の自由エネルギーは各々の系の自由エネルギーの和になる．熱力学からすれば，これは当然のことである．

2つの体系が独立とみなせるかどうかは，体系の間の相互作用のエネルギーが，それぞれの体系のエネルギーに比べて無視できるかどうかで決まっている．相互作用のエネルギーがそれぞれの体系のエネルギーに比べて無視できるものならば，2つの体系は独立であるとみなすことができる．

たとえば，N 個の単原子分子からなる気体を考えよう．この系のハミルトン関数は次のようになる．

$$H = \sum_{i=1}^{N} \frac{p_i^2}{2m} + \sum_{i<j} u(|r_i - r_j|) + \sum_i u_e(r_i) \tag{4.27}$$

ここで $u(|r_i - r_j|)$ は，分子 i, j 間に働く力を表す相互作用ポテンシャルである．また $u_e(r)$ は容器の壁からの力，重力など，各々の分子に働く力を表すポテンシャルである．気体分子の間には一般に相互作用があるが，気体の密度 N/V を小さくすれば，相互作用の効果が限りなく小さくなる．この極限として

考えられたものが理想気体である．

　理想気体では相互作用ポテンシャルを無視しハミルトン関数を次のように書く．

$$H = \sum_{i=1}^{N} h(\boldsymbol{r}_i, \boldsymbol{p}_i) \tag{4.28}$$

$$h(\boldsymbol{r}, \boldsymbol{p}) = \frac{\boldsymbol{p}^2}{2m} + u_e(\boldsymbol{r}) \tag{4.29}$$

したがって，理想気体の各分子は独立な体系とみなすことができる．別の言い方をすれば，各々の分子は他の分子のつくる熱浴の中におかれている．したがって，分子が位置 $\boldsymbol{r}$ にあり，運動量 $\boldsymbol{p}$ をもつ確率密度は次のようになる．

$$P(\boldsymbol{r},\boldsymbol{p}) = C \exp\left[-\frac{h(\boldsymbol{r},\boldsymbol{p})}{k_\mathrm{B}T}\right] = C \exp\left[-\frac{\boldsymbol{p}^2}{2mk_\mathrm{B}T} - \frac{u_e(\boldsymbol{r})}{k_\mathrm{B}T}\right] \tag{4.30}$$

この式から，気体の位置の分布と運動量の分布は独立であり，それぞれ，次のように与えられることがわかる．

$$P_{\boldsymbol{r}}(\boldsymbol{r}) = C \exp\left(-\frac{u_e(\boldsymbol{r})}{k_\mathrm{B}T}\right) \tag{4.31}$$

$$P_{\boldsymbol{p}}(\boldsymbol{p}) = C \exp\left(-\frac{\boldsymbol{p}^2}{2mk_\mathrm{B}T}\right) \tag{4.32}$$

ここで，C は適当な規格化定数である．

問題
(1) 式 (4.32) によれば気体の速度 $\boldsymbol{v} = \boldsymbol{p}/m$ の分布は次の式で表される．

$$P_{\boldsymbol{v}}(\boldsymbol{v}) = C \exp\left(-\frac{m}{2k_\mathrm{B}T}\boldsymbol{v}^2\right) \tag{4.33}$$

　次の問いに答えよ．
(1.1) 速度の絶対値の平均 $\langle |\boldsymbol{v}| \rangle$，2乗平均 $\langle \boldsymbol{v}^2 \rangle$ を求めよ．
(1.2) 気体の密度が $n = N/V$ であるとき，単位面積の壁に単位時間に衝突する分子の平均の数を求めよ．

4.4　単原子分子理想気体

前節で述べたように，N 個の分子からなる理想気体は N 個の独立な系を合

わせたものとみなすことができる．よって，気体全体の分配関数は次のように書くことができる．

$$Z_N = z^N \tag{4.34}$$

ここで z は 1 つの分子の分配関数である．

単原子分子であれば，ハミルトン関数は式 (4.29) のように書くことができる．外力が働いていない場合，粒子のポテンシャルエネルギーは容器の中への閉じ込めのポテンシャルだけである．

$$z = \int d\boldsymbol{r} \int d\boldsymbol{p} \exp\left[-\frac{h(\boldsymbol{r},\boldsymbol{p})}{k_\mathrm{B}T}\right] = V \int d\boldsymbol{p} \exp\left(-\frac{\boldsymbol{p}^2}{2mk_\mathrm{B}T}\right) \tag{4.35}$$

運動量についての積分は，運動量の x, y, z 成分それぞれにガウスの積分公式を適用して計算できる．

$$\int d\boldsymbol{p} \exp\left(-\frac{\boldsymbol{p}^2}{2mk_\mathrm{B}T}\right) = \int_{-\infty}^{\infty} dp_x \int_{-\infty}^{\infty} dp_y \int_{-\infty}^{\infty} dp_z \exp\left(-\frac{p_x^2+p_y^2+p_z^2}{2mk_\mathrm{B}T}\right) \tag{4.36}$$

$$= (2\pi m k_\mathrm{B}T)^{3/2} \tag{4.37}$$

したがって，系全体の分配関数は

$$Z_N = V^N (2\pi m k_\mathrm{B}T)^{3N/2} \tag{4.38}$$

となる．

これより系の自由エネルギーは次のように求まる．

$$F = -k_\mathrm{B}T \ln Z_N = -Nk_\mathrm{B}T \ln V - \frac{3N}{2}k_\mathrm{B}T \ln(2\pi m k_\mathrm{B}T) \tag{4.39}$$

式 (4.39) と式 (4.17) から，系の圧力は次のように計算される．

$$P = -\left(\frac{\partial F}{\partial V}\right)_T = \frac{Nk_\mathrm{B}T}{V} \tag{4.40}$$

これは，理想気体の状態方程式に一致している．

一方，系のエネルギー E は式 (4.22) を用いて次のように計算される．

$$E = -\frac{\partial \ln Z(\beta)}{\partial \beta} = \frac{3N}{2}k_\mathrm{B}T \tag{4.41}$$

これも，式 (3.12) と一致している．

問題

(1) 式 (4.39) よりエントロピーを温度と体積の関数として表せ．またエントロピーを体積とエネルギーの関数として表し，これが式 (3.6), (3.47) を用いて計算したものと一致することを確かめよ．

4.5 2原子分子理想気体

これまで，単原子分子のような並進の自由度しかもたない分子を考えてきた．ここで内部自由度をもつ分子を考えることにしよう．分子のモデルとして質量 m の2つの原子からなる2原子分子を考えよう．原子間にどのような力が働いているかによって，2つのモデルが考えられる．

4.5.1 剛体モデル

2原子分子のモデルとして図 4.2 (a) に示すような剛体モデルを考える．分子は質量 m の2つの原子からなり，原子間の距離は a に固定されているものとする．分子の重心の位置を $\boldsymbol{R}$，分子の向きを図 4.2 (a) に示す2つの角度 (θ, ϕ) を使って表すことにする．この分子の運動エネルギーは並進の運動エネルギー

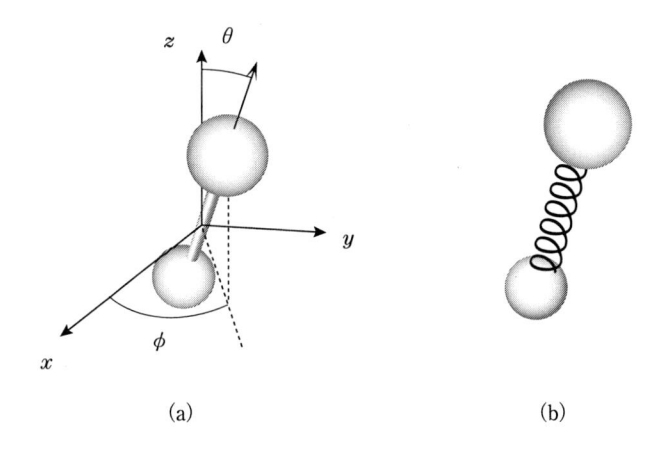

図 4.2 2原子分子のモデル
(a) 原子間距離一定の剛体2原子分子，(b) 原子がバネで結ばれた2原子分子のモデル．

と回転の運動エネルギーの和である．並進の運動エネルギーは，分子の全質量 $M=2m$ を用いて $K_{\text{trans}} = (M/2)\dot{\boldsymbol{R}}^2$ と表すことができる．回転の運動エネルギーは重心の周りの慣性モーメント $I=ma^2/2$ を用いて $K_{\text{rot}} = (I/2)(\dot{\theta}^2 + \sin^2\theta\dot{\phi}^2)$ と表すことができる．よって全運動エネルギーは次のように書くことができる．

$$K = \frac{M}{2}\dot{\boldsymbol{R}}^2 + \frac{I}{2}(\dot{\theta}^2 + \sin^2\theta\dot{\phi}^2) \tag{4.42}$$

これより 2.5 節の例題に示した方法で分子のハミルトン関数を求めると次のようになる．

$$h = \frac{1}{2M}\boldsymbol{P}^2 + \frac{1}{2I}\left(p_\theta^2 + \frac{p_\phi^2}{\sin^2\theta}\right) \tag{4.43}$$

ハミルトン関数は，分子の並進運動に関する部分と回転運動に関する部分の和で書けるので，この系の分配関数は次のように書ける．

$$z = z_{\text{trans}} z_{\text{rot}} \tag{4.44}$$

z_{trans} は並進運動に関するもので $\boldsymbol{R}, \boldsymbol{P}$ についての積分を表す．

$$z_{\text{trans}} = \int d\boldsymbol{R} \int d\boldsymbol{P} \exp\left[-\frac{\boldsymbol{P}^2}{2Mk_{\text{B}}T}\right] = V(2\pi M k_{\text{B}}T)^{3/2} \tag{4.45}$$

z_{rot} は回転運動に関するものである．

$$z_{\text{rot}} = \int_0^\pi d\theta \int_0^{2\pi} d\phi \int_{-\infty}^{\infty} dp_\theta \int_{-\infty}^{\infty} dp_\phi \exp\left[-\frac{1}{2Ik_{\text{B}}T}\left(p_\theta^2 + \frac{p_\phi^2}{\sin^2\theta}\right)\right] \tag{4.46}$$

p_θ, p_ϕ の積分を最初に行うと

$$\begin{aligned} z_{\text{rot}} &= \int_0^\pi d\theta \int_0^{2\pi} d\phi\, 2\pi I k_{\text{B}}T \sin\theta \\ &= 8\pi^2 I k_{\text{B}}T \end{aligned} \tag{4.47}$$

よって，系全体の分配関数は次のようになる．

$$Z = z^N = V^N (2\pi M k_{\text{B}}T)^{3N/2} (8\pi^2 I k_{\text{B}}T)^N \tag{4.48}$$

これから，系の圧力は

$$P = k_{\text{B}}T \frac{\partial \ln Z}{\partial V} = \frac{Nk_{\text{B}}T}{V} \tag{4.49}$$

この結果は，単原子理想気体と同じである．

式 (4.49) はよく知られた式である．しかし気体分子運動論の立場から考えてみると，なぜこのような簡単な式が導かれるのかは自明ではない．2 原子分子が壁に当たるときの力積は，単原子分子の場合と比べてはるかに複雑である．力積の大きさは分子の運動量だけでなく，回転速度や，衝突時の分子の向きにもよる．それにもかかわらず圧力が単原子分子と同じになるということは，統計平均をとった結果，これらの回転運動の効果が消えてしまうからである．統計平均をとると，なぜ回転運動の効果がちょうど消えてしまうのかは決して自明ではない．気体の圧力が分子の種類によらず，分子の数密度だけで決まってしまうというのは，アヴォガドロ (Avogadro) が分子の存在を提案したときの仮説である．複雑な現象の中にひそむ簡明な法則の代表的な例であるといえる．

回転運動が圧力にまったく影響を及ぼさないというわけではない．章末の問題に示すように壁と壁の間隔が分子のサイズ程度に小さくなると，壁を近づけることにより，回転運動が制限され，圧力が理想気体の状態方程式で与えられる値より大きくなることがある．

2 原子分子からなる理想気体のエネルギーは式 (4.22)，(4.48) から，次のように計算される．

$$E = -\frac{\partial \ln Z}{\partial \beta} = \frac{5N}{2} k_B T \tag{4.50}$$

これは単原子分子の結果 ($E = (3N/2)k_B T$) より大きい．2 原子分子では，回転運動の分だけ単原子分子より大きな運動エネルギーをもつからである．付録に示すように，一般に f 個の自由度をもつ系の運動エネルギーは $(f/2)k_B T$ で与えられることが証明できる．これをエネルギー等分配則という．式 (4.50) はこの法則の帰結である．

4.5.2 バネ結合モデル

2 原子分子の別のモデルとして，図 4.2 (b) に示すような 2 つの原子がバネ定数 k のバネで結ばれているという模型を考える．前と同様，分子の重心の座標を $\boldsymbol{R}$，分子の向きを表す角度を θ, ϕ，原子間距離を r として分子のハミルトン関数を求めると次のようになる．

$$H = \frac{1}{2M}\boldsymbol{P}^2 + \frac{1}{2\mu}p_r^2 + \frac{1}{2\mu r^2}\left(p_\theta^2 + \frac{p_\phi^2}{\sin^2\theta}\right) + \frac{1}{2}k(r-a)^2 \quad (4.51)$$

ここで $\mu = m/2$ は式 (2.44) で定義された換算質量である．この系の分子1つあたりの分配関数 z は並進運動に関する部分 z_{trans} と内部運動に関する部分 z_{int} の積で書ける．z_{trans} は式 (4.45) と同じであるが，z_{int} は次のようになる．

$$z_{\text{int}} = \int_0^\infty dr \int_0^\pi d\theta \int_0^{2\pi} d\phi \int_{-\infty}^\infty dp_r \int_{-\infty}^\infty dp_\theta \int_{-\infty}^\infty dp_\phi \quad (4.52)$$

$$\exp\left[-\frac{1}{k_B T}\left(\frac{1}{2\mu}p_r^2 + \frac{1}{2\mu r^2}\left(p_\theta^2 + \frac{p_\phi^2}{\sin^2\theta}\right) + \frac{1}{2}k(r-a)^2\right)\right]$$

$$= 4\pi(2\mu\pi k_B T)^{3/2} \int_0^\infty dr\, r^2 \exp\left[-\frac{k}{2k_B T}(r-a)^2\right] \quad (4.53)$$

最後の積分を実行するため $ka^2 \gg k_B T$ であると仮定する．このとき被積分関数は $r=a$ に鋭いピークをもつので，次のように実行できる．

$$\int_0^\infty dr\, r^2 \exp\left[-\frac{k}{2k_B T}(r-a)^2\right] = a^2 \int_{-\infty}^\infty dr \exp\left[-\frac{k}{2k_B T}(r-a)^2\right]$$

$$= a^2 \left(\frac{2\pi k_B T}{k}\right)^{1/2} \quad (4.54)$$

これを用いると z_{int} は

$$z_{\text{int}} = 4\pi a^2 (2\mu\pi k_B T)^{3/2} \left(\frac{2\pi k_B T}{k}\right)^{1/2} \quad (4.55)$$

となる．よって分配関数は

$$Z = V^N (2\pi M k_B T)^{3N/2} (4\pi a^2)^N (2\mu\pi k_B T)^{3N/2} \left(\frac{2\pi k_B T}{k}\right)^{N/2} \quad (4.56)$$

これから，系の圧力とエネルギーを計算すると

$$P = \frac{Nk_B T}{V} \quad (4.57)$$

$$E = \frac{7N}{2}k_B T \quad (4.58)$$

となる．圧力は剛体モデルと同じ理想気体の状態方程式で与えられる．一方，エネルギーは剛体モデルと変わっている．同じ2原子分子であってもバネ結合モデルの方が，剛体モデルより大きなエネルギーをもっている．これは，バネ

結合モデルがバネの伸縮振動に伴うエネルギーを余分にもっているためである．

バネ結合モデルのエネルギーが剛体モデルのエネルギーより大きくなるのはあたりまえのことのように思えるが，よく考えると，この結果は我々のもっている直感と矛盾する．我々は直感的には剛体モデルはバネ結合モデルの極限であると思っている．つまり，バネ定数を大きくすれば，原子間距離の変動は小さくなるので，バネのモデルは剛体のモデルに近づくだろうという期待がある．ところが，式 (4.58) によれば，一定の温度のもとでは，バネ結合モデルのエネルギーはバネ定数の大きさによらず $(7/2)k_{\mathrm{B}}T$ であり，剛体モデルのエネルギーよりいつも $k_{\mathrm{B}}T$ だけ大きい．つまり，バネ結合モデルと剛体モデルは連続的につながっていないのである．

この結果は，古典統計力学のほころびを示している．後で示すように量子統計力学を使えば，バネ定数を大きくしてゆくと，バネ結合分子の模型の結果は，剛体分子模型の結果と一致するようになる．

問題
(1) 自然長が 0 のバネでつながれた 2 原子分子では，バネのエネルギーは $(k/2)r^2$ で与えられる．このモデルについて系のエネルギーを計算せよ．これと，4.5.2 項で考えた自然長が 0 でないバネのモデルとの違いを説明せよ．

4.6 重力場の中の理想気体

これまでの計算では，気体の位置エネルギーを無視したが，実際の気体分子には重力が働いているはずである．重力の効果がどれほどのものか検討してみよう．

鉛直方向に z 軸をとると，気体分子の位置エネルギーは

$$u_e(\boldsymbol{r}) = mgz \tag{4.59}$$

と書くことができる．したがって，分子の高さ z の分布は式 (4.31) から

$$\exp\left(-\frac{mgz}{k_{\mathrm{B}}T}\right) \tag{4.60}$$

に比例することになる．したがって高さ z における気体の密度 $n(z)$ は次のようになる．

$$n(z) = n(0)\exp\left(-\frac{mgz}{k_\mathrm{B}T}\right) = n(0)\exp(-\lambda z) \qquad (4.61)$$

ここで $\lambda = mg/k_\mathrm{B}T$ であり，$1/\lambda$ は重力の影響が出る長さである．$1/\lambda$ が箱のサイズに比べて十分大きければ重力の影響は無視できる．窒素分子を考えると $m = (0.028/6.02 \times 10^{23})$ kg，$T = 300$ K のとき $1/\lambda = 9000$ m となり，通常の大きさの箱では重力の効果はまったく無視できることがわかる．しかし，高分子やコロイド微粒子のような大きな粒子になると重力の影響は重要である．直径 $0.2\,\mu$m のコロイド粒子だと質量が 4.0×10^{-18} kg くらいになるので，$1/\lambda$ は 0.1 mm くらいになり粒子は容器の底に沈んでしまう[1]．このようなコロイド粒子を溶媒の中に入れ，密度の変化からコロイドの質量を測定することが行われている．

例題　重力場のもとでの圧力

図 4.3 に示すように，高さ h_1, h_2 ($h_1 < h_2$) の位置にある断面積 A の 2 つの壁にはさまれた気体を考える．それぞれの壁にかかる圧力 P_1, P_2 を求めよ．

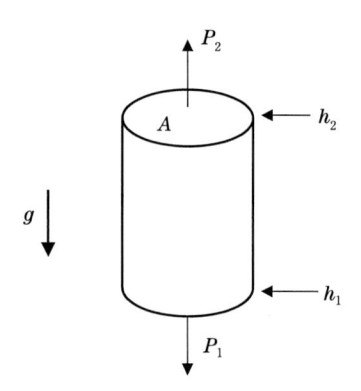

図 4.3　重力場におかれた気体が壁に及ぼす圧力

---

[1] ここでは空気中におかれたコロイド粒子を考えた．コロイド粒子が液体中に分散しているときは，浮力の効果のため式 (4.61) の m は $m - m'$ でおきかえなくてはならない．ここで m' はコロイド粒子と同じ体積の溶媒の質量である．

解答

分子の間の相互作用を無視すれば，系の分配関数は $Z_N = z^N$ と書け，1つの分子の分配関数は次のように計算される．

$$z = \int dx \int dy \int_{h_1}^{h_2} dz \int d\boldsymbol{p} \exp\left(-\frac{\boldsymbol{p}^2}{2mk_\mathrm{B}T} - \lambda z\right) \tag{4.62}$$

積分の結果は

$$z = (2\pi m k_\mathrm{B} T)^{3/2} A \frac{1}{\lambda} [\exp(-\lambda h_1) - \exp(-\lambda h_2)] \tag{4.63}$$

ヘルムホルツの自由エネルギーは

$$F = -Nk_\mathrm{B}T \ln z \tag{4.64}$$

で与えられる．ヘルムホルツの自由エネルギーの変化は

$$dF = -SdT + AP_1 dh_1 - AP_2 dh_2 \tag{4.65}$$

と書けるので，圧力 P_1 は次のようになる．

$$P_1 = \frac{1}{A}\left(\frac{\partial F}{\partial h_1}\right)_T = -\frac{Nk_\mathrm{B}T}{A}\left(\frac{\partial \ln z}{\partial h_1}\right)_T \tag{4.66}$$

式 (4.65) を代入して計算すると

$$P_1 = \frac{Nk_\mathrm{B}T\lambda}{A\left(1 - \exp[-\lambda(h_2 - h_1)]\right)} \tag{4.67}$$

同様に

$$P_2 = \frac{Nk_\mathrm{B}T\lambda \exp[-\lambda(h_2 - h_1)]}{A\left(1 - \exp[-\lambda(h_2 - h_1)]\right)} \tag{4.68}$$

これより

$$P_2 = P_1 \exp[-\lambda(h_2 - h_1)] \tag{4.69}$$

すなわち，高さ h の位置の圧力はその高さの気体の密度 $n(h)$ に比例することがわかる．また

$$P_2 - P_1 = \frac{Nk_\mathrm{B}T\lambda}{A} = \frac{Nmg}{A} \tag{4.70}$$

であり，圧力差は気体分子にかかる重力に等しいことがわかる．

問題

(1) 重力の影響を受けているときの気体の定積比熱は重力の効果がないときに比べて大きくなるか小さくなるか予想せよ．実際に計算して予想を確かめよ．

4.7 永久双極子をもつ剛体2原子分子の誘電率

異種の原子からなる剛体2原子分子は分子軸の方向に永久双極子をもつ. たとえば HCl 分子において, H 原子は正に, Cl 原子は負の電荷をもって結合しているため, Cl から H の方向を向いた永久双極子をもっている.

分子が永久双極子をもっていても, 電場が加わっていない状態では, 分子はあらゆる方向をランダムに向いているため, 平均の双極子モーメントは 0 となる. しかし, 電場を加えると, 双極子は電場の方向を向こうとするので, 平均の双極子モーメントは 0 でなくなる. このため, HCl 分子は N_2 などの中性分子に比べて大きな誘電率をもつ. この機構による, 気体の誘電率を計算してみよう.

分子のもつ永久双極子モーメントの大きさを μ とする. このような分子に対して, z 軸方向を向いた電場 E を加えると, 分子は $-\mu E \cos\theta$ というエネルギーをもつことになるのでハミルトン関数は次のようになる.

$$h = \frac{1}{2M}\boldsymbol{P}^2 + \frac{1}{2I}\left(p_\theta^2 + \frac{p_\phi^2}{\sin^2\theta}\right) - \mu E \cos\theta \tag{4.71}$$

4.5.1 項と同じく, この系の 1 分子あたりの分配関数は次のように書ける.

$$z = z_{\text{trans}} z_{\text{rot}} \tag{4.72}$$

並進部分 z_{trans} は変わらないが, 回転部分 z_{rot} は電場のエネルギーが加わるので, 式 (4.47) に対応する因子は次のようになる.

$$z_{\text{rot}} = 2\pi I k_B T \int_0^\pi d\theta \int_0^{2\pi} d\phi \sin\theta \exp(\beta\mu E \cos\theta) = 8\pi^2 I k_B T \left(\frac{\sinh\xi}{\xi}\right) \tag{4.73}$$

ここで, ξ は次の式で定義される.

$$\xi = \beta\mu E \tag{4.74}$$

双極子モーメントの電場方向の成分の平均 $\langle p_z \rangle$ は次のように与えられる.

$$\langle p_z \rangle = \mu \langle \cos\theta \rangle$$

$$= \frac{1}{\beta} \frac{\partial \ln z_{\text{rot}}}{\partial E}$$

$$= \mu \left(\coth\xi - \frac{1}{\xi} \right) \tag{4.75}$$

特に電場が小さい場合 ($\xi \ll 1$ の場合) には，$\coth\xi - 1/\xi \simeq \xi/3$ であるので

$$\langle p_z \rangle = \frac{\mu^2}{3k_B T} E \tag{4.76}$$

気体の数密度を n とすると，気体の単位体積あたりの分極 P_z は $n\langle p_z \rangle$ で与えられる．よって気体の誘電率 ϵ は次のようになる．

$$\epsilon = \epsilon_0 + \frac{P}{E} = \epsilon_0 + \frac{n\mu^2}{3k_B T} \tag{4.77}$$

ここで ϵ_0 は真空の誘電率である．

問題

(1) $+q, -q$ の電荷をもつ2原子分子において，原子間距離を r とすると，分子の双極子モーメントは $\mu = qr$ と表される．このときの電場のもとでの平均の双極子モーメントを求めよ．平均の双極子モーメントに着目する限り，バネモデルと剛体モデルは連続的につながっていることを示せ．

付録

付録1 エネルギー等分配則

一般に，ハミルトン関数 $H = K + U$ で記述される系において，運動エネルギーの平均 $\langle K \rangle$ は系の自由度 f だけで決まっており，次の式で与えられる．

$$\langle K \rangle = \frac{f}{2} k_B T \tag{4.78}$$

すなわち，どんな力学系でも運動エネルギーは1自由度あたり $(1/2)k_B T$ である．これをエネルギー等分配則という．

エネルギー等分配則は以下のようにして証明できる．f 個の自由度をもつ系の一般化座標を $\{q\} = (q_1, q_2, \ldots, q_f)$，一般化運動量を $\{p\} = (p_1, p_2, \ldots, p_f)$ とする．このとき，ハミルトン関数は次のように書くことができる．

$$H = K(\{q\},\{p\}) + U(\{q\}) \tag{4.79}$$

ここで運動エネルギーは次のように書ける.

$$K(\{q\},\{p\}) = \frac{1}{2} \sum_{i,j=1}^{f} a_{ij}(\{q\}) p_i p_j \tag{4.80}$$

ここで $a_{ij}(\{q\})$ は $\{q\} = (q_1,\ldots,q_f)$ のある関数である. 平均の運動エネルギーを求めるために次のようなハミルトン関数を考える.

$$\widetilde{H} = \lambda K + U \tag{4.81}$$

このハミルトン関数に対する分配関数を $\widetilde{Z}(\lambda)$ とする.

$$\widetilde{Z}(\lambda) = \int d\{q\} d\{p\} \exp[-\beta(\lambda K + U)] \tag{4.82}$$

$\widetilde{Z}(\lambda)$ から運動エネルギーの平均は次のように求められる.

$$\langle K \rangle = -\frac{1}{\beta} \left. \frac{\partial \ln \widetilde{Z}(\lambda)}{\partial \lambda} \right|_{\lambda=1} \tag{4.83}$$

さて式 (4.82) において $\tilde{p}_i = \lambda^{1/2} p_i$ の変数変換を行ってやれば, λ 依存性はあらわに示すことができる.

$$\widetilde{Z}(\lambda) = \lambda^{-f/2} \underline{\int d\{q\} d\{\tilde{p}\} \exp[-\beta(K+U)]} \tag{4.84}$$

下線を引いた部分は λ に無関係である. 式 (4.83) と式 (4.84) から, 式 (4.78) が証明された.

問題

(1) 調和振動子型のポテンシャルエネルギーをもつ系のハミルトン関数は, 次の形に書くことができる.

$$\widetilde{H} = \frac{1}{2} \sum_{i,j=1}^{f} a_{ij} p_i p_j + \frac{1}{2} \sum_{i,j=1}^{g} b_{ij} q_i q_j \tag{4.85}$$

ここで a_{ij}, b_{ij} は定数であり, 正定値行列の行列要素となっている. この系の比熱は $(f+g)k_\mathrm{B}/2$ であることを示せ.

章末問題

(1) 式 (4.23) より $\partial E/\partial T > 0$ である. これを用いて, 2 つの物体を熱的に接触させたとき, エネルギーは高温の物体から低温の物体に流れることを証明せよ.

(2) 図 4.4 に示すように，L だけ隔たった壁の間に半径 a の球形分子があるとき，分子が壁の単位面積あたりに与える力の平均を求めよ．

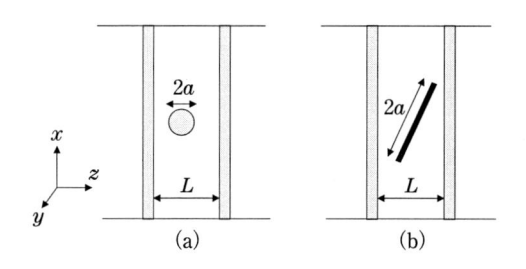

図 4.4 狭い壁の間に囲まれた分子
(a) 半径 a の球形分子，(b) 長さ $2a$ の棒状分子．

(3) 同じく分子が長さ $2a$ の棒状の分子であるときに分子が壁に与える力の平均を求めよ．

(4) 図 4.5 に示す質量 m，長さ L の振り子が温度 T の熱浴の中に浸されて重力場の中を運動している．糸はたるまないで運動するものとして，以下の問いに答えよ．

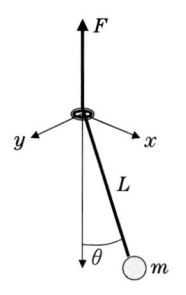

図 4.5 振り子を支える糸の張力 F

(4.1) この系の分配関数を求めよ．
(4.2) 振り子の糸にかかる張力の平均 $\langle F \rangle$ を温度の関数として求めよ．
(4.3) $k_\mathrm{B}T \ll mgL$ のときと $k_\mathrm{B}T \gg mgL$ のときの極限を考え，その物理的な意味を考察せよ．

第5章
グランドカノニカル分布とその応用

　これまでの章では，着目する系の中に存在する粒子の数は変わらないとしてきたが，この章では，粒子数が変化する系を考える．たとえば，コップの中の液体を考えよう．液体の分子は蒸発によって気相に飛び出したり，凝縮によって液相に戻ったりしているので，液体中の分子数は一定ではない．このような系を扱うのに適した分布がグランドカノニカル (grand canonical) 分布である．カノニカル分布では，環境とエネルギーのやりとりを行う系を問題にしたが，グランドカノニカル分布では，環境とエネルギーと粒子のやりとりを行う系を問題にする．

　グランドカノニカル分布を議論するにあたっては，これまで述べてきた統計力学の公式に変更を加えなくてはならない．これは，これまでに述べた公式が熱力学関数の粒子数依存性を正しく記述していないからである．本章では最初にこの変更について説明する．続いてグランドカノニカル分布とその応用例を述べる．

5.1　ギブスのパラドックス

　これまでの章でエントロピーをハミルトン関数から計算する公式として式 (2.50), (3.47) を与えたが，この式は，エントロピーの粒子数依存性を正しく与えていない．次の簡単な例を考えてみよう．

　図 5.1 (a) に示すような，体積 V の箱に入った N 個の分子からなる理想気

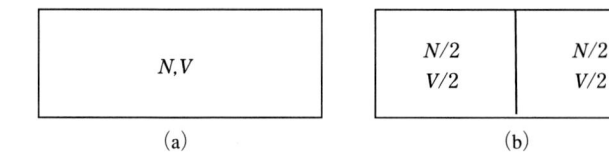

図 5.1 ギブスのパラドックス
平衡状態にある気体の中央に仕切りを入れ，(a) から (b) のようにしてもエントロピーは変化しないはずである．

体を考える．気体のエネルギーを E とすると，状態数は E, V, N の関数として次のように表される (式 (3.6) 参照)．

$$\Omega(E, V, N) = V^N K_{3N}(2mE)^{3N/2} \tag{5.1}$$

したがってエントロピーは式 (3.47) を用いて次のようになる．

$$S(E, V, N) = Nk_B \ln V + \frac{3N}{2} k_B \ln\left(\frac{E}{N}\right) + Ns_0 \tag{5.2}$$

ここで K_{3N} について，式 (3.60) を用いた．また s_0 は定数である．

さて，図 5.1 (b) に示すように箱の中央に仕切りを挿入し，気体を 2 つに分けたとしよう．熱力学によればこのような操作は熱や仕事の出入りなしに可逆的に実行できるから，系のエントロピーは変化しないはずである．ところが式 (5.2) を用いて計算すると，エントロピーが変化してしまう．実際，分けた後の 2 つの気体のエントロピーの合計は $2S(E/2, V/2, N/2)$ となるはずであるが，式 (5.2) を用いて計算すると，これは次のようになる．

$$2S\left(\frac{E}{2}, \frac{V}{2}, \frac{N}{2}\right) = S(E, V, N) - Nk_B \ln 2 \tag{5.3}$$

すなわち気体を 2 つの部分に分けると，分ける前に比べてエントロピーは $Nk_B \ln 2$ だけ小さくなってしまう．これは熱力学の結論と矛盾する．

5.2 同種粒子からなる系の状態数の計算

ギブスのパラドックスを解消するにはこれまで行ってきた力学状態の数え方を改めなくてはならない．

古典力学では分子はお互いに区別できるから，仕切りを入れることによって，系のとりうる力学状態の数は確かに減少する．このことをはっきりさせるため，箱の中に2つの分子しか入っていない場合を考えよう．図5.2 (a), (a′) には，このような気体の2つの力学状態を示してある．状態 (a′) は状態 (a) の分子1と2を入れ替えたものである．古典力学では粒子に番号づけができるので，(a) と (a′) は違った状態である．仕切りがない場合には，運動によって (a) の状態にあった系は (a′) の状態をとることも可能であるが，仕切りを入れてしまうと，状態 (b) から状態 (b′) に移ることは不可能となる．すなわち古典力学的には仕切りを入れることによって，系のとりうる状態の数は確かに減少している．式 (5.3) のエントロピーの減少はこの事情を反映している．

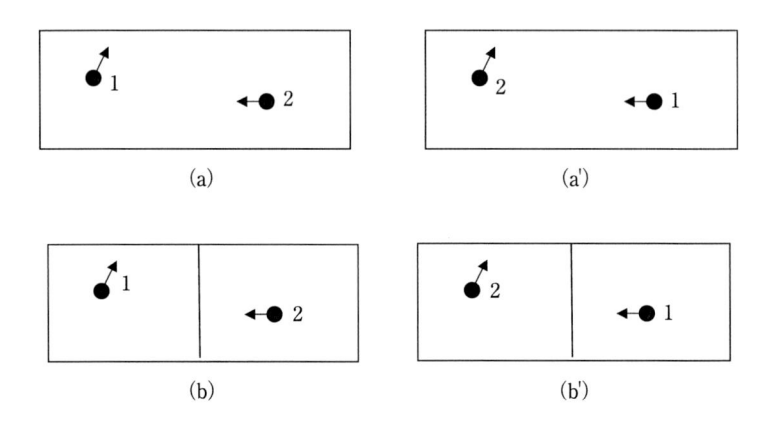

図5.2 ギブスのパラドックス
(a) と (a′) は古典力学的には違った状態であるが，熱力学的には同じ状態として状態数を計算しなくてはならない．

一方，仕切りを入れてもエントロピーが減少しないというのは熱力学の教えるところである．これは熱力学では状態 (b) と (b′) を区別してはいけないということを意味している．熱力学的には，どのような配置に分子がおかれているかが問題であり，どの分子がその状態にあるかは問題ではない．たとえば，2つの粒子があり，片方の粒子の座標と運動量が (r, p) であり，他方の粒子のそれが (r', p') にある状態を考えよう．このとき，熱力学的には，$(r, p), (r', p')$

の状態に粒子があることだけに意味があり，どちらの粒子がその状態にあるかは問題ではない．このような数え方で状態を数えると，今までのやり方で数えた状態の数の半分となる．

一般に N 個の同種粒子からなる系においては，粒子の入れ替えの数は $N!$ あるから，これまでの方法で状態を数えると熱力学的に同等な状態を $N!$ 回重複して数えることになる．したがって熱力学のエントロピーと結びつけられる Ω は次のように計算しなくてはならない．

$$\Omega(E,V,N) = \frac{1}{N!}\int d\Gamma \Theta(E-H(\Gamma)) \tag{5.4}$$

この表式を用いると，単原子理想気体の状態数は次のように書ける．

$$\Omega(E,V,N) = \frac{V^N K_{3N}(2mE)^{3N/2}}{N!} \tag{5.5}$$

これを用いてエントロピーを計算すると次のようになる．

$$S(E,V,N) = Nk_\mathrm{B} \ln\left(\frac{V}{N}\right) + \frac{3Nk_\mathrm{B}}{2}\ln\left(\frac{E}{N}\right) + Ns_0 \tag{5.6}$$

この表式を用いると，5.1 節に示したような不都合はない．

古典統計力学では，粒子は互いに区別できるものとして理論が組み立てられているが，状態数や分配関数から熱力学量を計算する場合には，粒子は互いに区別できないものとして状態を数えなくてはならない．このような取り扱いは釈然としないと感じる読者もいるかもしれない．次章以降で述べる量子統計力学ではこのような問題は生じない．量子力学では，同種の粒子はそもそも区別できないとの前提で理論が組み立てられているので，古典統計力学のような修正を行う必要がない．

古典統計力学の曖昧さを除くには，量子統計力学から出発し，古典極限 (プランク定数 $\hbar$ を 0 とみなす極限) をとり，量子統計力学の表式がどのようになるかを調べればよい．その結果は次のようになる．

$$\Omega = \frac{1}{(2\pi\hbar)^f N!}\int d\Gamma \Theta(E-H(\Gamma)) \tag{5.7}$$

$$Z = \frac{1}{(2\pi\hbar)^f N!}\int d\Gamma e^{-\beta H(\Gamma)} \tag{5.8}$$

ここで f は系の自由度の総数である．$(2\pi\hbar)^f$ の因子は位置と運動量に関する

量子力学的な不確定性原理からきている．$N!$ の因子は，前述のとおり粒子を交換しても量子力学的状態は変わらないということからきている．エントロピー S，自由エネルギー F はこれまでどおり次の式で与えられる．

$$S = k_B \ln \Omega, \qquad F = -k_B T \ln Z \tag{5.9}$$

ここで述べたように，状態数や分配関数から熱力学量を計算するときには $N!$ の因子を考える必要があるが，この因子が必要だからといって気体中の粒子は区別できないと考える必要はない．実際，1 章では気体中の粒子はすべて区別できるものとして考えて，正しい結論を導いてきた．古典粒子系の位相空間の分布を問題にする限り，粒子は区別できるものとして扱ってよく，これまでの考え方を変更する必要はない．粒子を区別できないと考えなくてはならないのは熱力学量を計算するときだけである．このときにだけ $N!$ の因子を考慮すればよい[1]．

5.3　グランドカノニカル分布

4 章のカノニカル分布では，考えている系と環境との間でエネルギーのやりとりがある場合を考えた．この章では，図 5.3 に示すような環境との間にエネルギーだけでなく，粒子のやりとりもある場合を考えることにしよう．

環境系と着目する系を合わせた系全体のエネルギーを E_t，粒子数を N_t としよう．E_t, N_t は一定であるが，着目系のもつエネルギー E，粒子数 N は一定ではない．着目系がエネルギー E，粒子数 N をもつ確率 $P(E, N)$ を考えよう．これは 4 章と同様の議論をすることによって求められる．

着目する系の状態密度を $W(E, N)$，環境系の状態密度を $W'(E', N')$ と表す．着目する系がエネルギー E，粒子数 N をもつとき，環境系はエネルギー $E_t - E$，粒子数 $N_t - N$ をもつから，このようなことが起こる確率は式 (3.25) と同様，次のように書くことができる．

---

[1]　$N!$ の因子を考慮しなければならないのは粒子の位置が入れ替わる可能性のある系についてのみである．結晶中の原子は入れ替わる可能性がないので，$N!$ の因子を考える必要はない．

5.3 グランドカノニカル分布

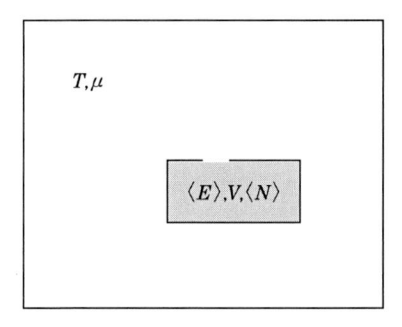

図 5.3 熱・粒子浴の中におかれた系

$$P(E,N) = CW(E,N)W'(E_t - E, N_t - N) \tag{5.10}$$

環境系のエントロピー $S'(E', N') = k_B \ln W'(E', N')$ を用いると，式 (5.10) は次のように書き換えられる．

$$P(E,N) = CW(E,N)e^{S'(E_t - E, N_t - N)/k_B} \tag{5.11}$$

$E_t \gg E,\ N_t \gg N$ であるから $S'(E_t - E, N_t - N)$ は E, N について展開することができる．

$$S'(E_t - E, N_t - N) = S'(E_t, N_t) - E\frac{\partial S'}{\partial E_t} - N\frac{\partial S'}{\partial N_t} \tag{5.12}$$

$\partial S'/\partial E_t, \partial S'/\partial N_t$ は環境系の温度 T と化学ポテンシャル μ を用いて $\partial S'/\partial E_t = 1/T,\ \partial S'/\partial N_t = -\mu/N$ と表すことができる．したがって

$$S'(E_t - E, N_t - N) = S'(E_t, N_t) - \frac{E}{T} + \frac{\mu N}{T} \tag{5.13}$$

よって，式 (5.10) は次のように書くことができる．

$$P(E,N) = CW(E,N)e^{-\beta(E-\mu N)} \tag{5.14}$$

ここで $\beta = 1/k_B T$ であり，C は規格化のための定数である．この分布のことをグランドカノニカル (grand canonical) 分布という．グランドカノニカル分布は環境系の温度 T と環境系にある粒子の化学ポテンシャル μ で特徴づけられる．

力学状態の分布についてもグランドカノニカル分布を考えることができる．

系の中に N 個の粒子が含まれている場合を考える．その力学状態を示す変数を Γ_N とすると，この状態が実現する確率は次のようになる．

$$P(\Gamma_N, N; T, \mu) \propto e^{-\beta(H_N(\Gamma_N) - \mu N)} \tag{5.15}$$

ここで $H_N(\Gamma_N)$ は N 個の粒子に対するハミルトン関数である．

系の中に N 個の粒子を見出す確率 $P(N)$ は次のようになる．

$$P(N) = \int dE\, P(E, N) \propto \int dE\, W(E, N) e^{-\beta(E - \mu N)} \tag{5.16}$$

分配関数

$$Z_N(T) = \int dE\, W(E, N) e^{-\beta E} \tag{5.17}$$

を用いると $P(N)$ は次のようになる．

$$P(N) = \frac{1}{\Xi} Z_N(T) e^{\beta \mu N} \tag{5.18}$$

ここで Ξ は確率の規格化のための定数であり，次の式で与えられる．

$$\Xi(T, \mu) = \sum_{N=0}^{\infty} Z_N(T) e^{\beta \mu N} \tag{5.19}$$

これを大分配関数 (grand partition function) という．$Z_N(T) e^{\beta \mu N}$ はある N の値 (N^*) で最大となる．N^* は次の式で決まる．

$$\frac{\partial \ln Z_N(T)}{\partial N} + \beta \mu = 0 \tag{5.20}$$

この条件は，着目系の化学ポテンシャル $\mu = \partial F_N / \partial N = -k_B T \partial \ln Z_N / \partial N$ が環境の化学ポテンシャル μ と等しいという条件である．

N が大きなときには和を最大項の値で近似できる．すると

$$\Xi = Z_{N^*}(T) e^{\beta \mu N^*} \tag{5.21}$$

N^* は着目する系の中にある平均の粒子数である．巨視的な系では粒子数のゆらぎを無視することができるので，以下，N^* を N と書く．式 (5.21) の対数をとると

$$k_B T \ln \Xi = k_B T \ln Z_N + \mu N = -F + \mu N \tag{5.22}$$

一方，熱力学によれば μN はギブスの自由エネルギー $G = F + PV$ に等しい．

よって式 (5.22) は次のように書くことができる.

$$PV = k_\mathrm{B} T \ln \Xi \tag{5.23}$$

式 (5.18) と大分配関数の定義 (5.19) から次の式を証明することができる.

$$\langle N \rangle = \frac{1}{\beta} \left(\frac{\partial \ln \Xi}{\partial \mu} \right)_{T,V} \tag{5.24}$$

$$\langle (N - \langle N \rangle)^2 \rangle = k_\mathrm{B} T \left(\frac{\partial N}{\partial \mu} \right)_{T,V} \tag{5.25}$$

問題
(1) 式 (5.24), (5.25) を証明せよ.
(2) 温度の等しい 2 つの箱を接触させて穴を開け, 粒子の移動を許したとき, 粒子は化学ポテンシャルが高い方から低い方に移動することを証明せよ (ヒント: $(\partial N/\partial \mu)_{T,V} \geq 0$ であることを示せばよい).

5.4 混合気体

5.4.1 1 成分理想気体の大分配関数

体積 V の箱の中に入った N 個の単原子分子からなる理想気体の分配関数は次のようになる.

$$Z_N(V,T) = \frac{z(V,T)^N}{N!} \tag{5.26}$$

z は分子 1 つの分配関数である.

$$\begin{aligned} z(V,T) &= \frac{1}{(2\pi\hbar)^3} \int d\boldsymbol{r} \int d\boldsymbol{p} \exp\left(-\frac{\boldsymbol{p}^2}{2mk_\mathrm{B}T}\right) \\ &= \frac{V(2\pi m k_\mathrm{B} T)^{3/2}}{(2\pi\hbar)^3} = \frac{V}{\lambda_T^3} \end{aligned} \tag{5.27}$$

ここで

$$\lambda_T = \frac{2\pi\hbar}{\sqrt{2\pi m k_\mathrm{B} T}} \tag{5.28}$$

は長さの次元をもった定数で熱波長と呼ばれる.

大分配関数 Ξ は式 (5.19) により, 次のように計算できる.

$$\Xi(T,\mu) = \sum_{N=0}^{\infty} \frac{z^N}{N!} e^{N\beta\mu} = \sum_{N=0}^{\infty} \frac{(ze^{\beta\mu})^N}{N!} = \exp\left(ze^{\beta\mu}\right) \quad (5.29)$$

ここに現れる量 $e^{\beta\mu}$ は絶対活動度と呼ばれる．式 (5.24), (5.29) より，系の中の粒子数 N は次のように求まる．

$$N = \frac{1}{\beta}\frac{\partial \ln \Xi}{\partial \mu} = ze^{\beta\mu} = \frac{V}{\lambda_T^3}e^{\beta\mu} \quad (5.30)$$

これを μ について解くと

$$e^{\beta\mu} = \frac{N\lambda_T^3}{V}, \qquad \mu = k_B T \ln\left(\frac{N\lambda_T^3}{V}\right) \quad (5.31)$$

式 (5.23) と式 (5.29) を用いると，理想気体の状態方程式が得られる．

$$PV = k_B T z e^{\beta\mu} = N k_B T \quad (5.32)$$

ここで式 (5.30) の関係式を用いた．

分子の数密度 $n = N/V$ を用いると，式 (5.31) の化学ポテンシャルは次のように書くこともできる．

$$\mu = k_B T \ln n + \mu_0(T) \quad (5.33)$$

ここで，$\mu_0(T) = k_B T \ln \lambda_T^3$ は温度のみの関数である．

問題

(1) 式 (5.26) よりヘルムホルツの自由エネルギー $F = -k_B T \ln Z_N$ を求め，これから化学ポテンシャル μ を求めよ．計算した結果が式 (5.31) と一致することを確かめよ．

5.4.2 混合気体の自由エネルギー

空気や溶液など多種類の分子からなっている系を考える．一般に多成分系では，各々の成分の粒子数を $N_1, N_2, \ldots$ とすると，分配関数 Z は古典極限で次のように与えられる．

$$Z = \frac{1}{(2\pi\hbar)^f N_1! N_2! \ldots N_r!} \int d\Gamma e^{-H(\Gamma)/k_B T} \quad (5.34)$$

ここで Γ は，系全体の力学状態を指定するのに必要な座標と運動量の組であり，$H(\Gamma)$ は系のハミルトン関数である．

考えている系が混合気体の場合には，分配関数は簡単に求めることができる．

$$Z = \frac{1}{N_1! N_2! \cdots N_r!} z_1^{N_1} z_2^{N_2} \cdots z_r^{N_r} \quad (5.35)$$

ここで z_i は i 種分子の分配関数であり，前節で示したように体積，温度に次のように依存する．

$$z_i = V y_i(T) \quad (5.36)$$

$y_i(T)$ は分子の質量や形状 (単原子分子か，多原子分子かなど) に依存するが，温度だけの関数である．系全体の自由エネルギーは

$$F = -k_B T \sum_i \ln\left(\frac{z_i^{N_i}}{N_i!}\right) \quad (5.37)$$

で与えられる．式 (5.36) とスターリングの公式を使って計算すると

$$F = -k_B T \sum_i N_i \ln\left(\frac{V e y_i}{N_i}\right) \quad (5.38)$$

となる．これから，系の圧力は

$$P = -\left(\frac{\partial F}{\partial V}\right)_T = k_B T \sum_i \frac{N_i}{V} \quad (5.39)$$

となる．これは，混合気体の圧力に関するドルトン (Dalton) の分圧の法則を表している．

分子の化学ポテンシャルは次のように与えられる．

$$\mu_i = \left(\frac{\partial F}{\partial N_i}\right)_{T,V,N_j, j \neq i} = k_B T \ln\left(\frac{N_i}{V y_i(T)}\right) = \mu_{i0}(T) + k_B T \ln n_i \quad (5.40)$$

ここで $\mu_{i0}(T)$ は温度のみの関数で，

$$n_i = \frac{N_i}{V} \quad (5.41)$$

は分子 i の数密度である．

5.4.3 気体反応

容器の中に水素と窒素を閉じ込めて反応させるとアンモニアができる．この反応は可逆的であり，温度や圧力を変えると窒素と水素からアンモニアができ

たり，逆にアンモニアが分解して窒素と水素になったりする．

$$N_2 + 3H_2 \longleftrightarrow 2NH_3 \tag{5.42}$$

反応が平衡になったとき，気体の組成がどのようになっているかを考えてみよう．

一般に，r_A 個の分子 A と r_B 個の分子 B が反応して r_C 個の分子 C ができる可逆的な反応を考えよう．

$$r_A A + r_B B \longleftrightarrow r_C C \tag{5.43}$$

反応する前に，容器の中に A, B, C の分子がそれぞれ N_{A0}, N_{B0}, N_{C0} 個あったとする．反応後の分子の数は次のように書くことができる．

$$N_A = N_{A0} - r_A \xi$$
$$N_B = N_{B0} - r_B \xi$$
$$N_C = N_{C0} + r_C \xi \tag{5.44}$$

ここで ξ は反応の進行を表すパラメータである．この状態の自由エネルギーを $F(N_A, N_B, N_C; V, T)$ とする．ξ は平衡状態で自由エネルギーが最小になるという条件で決まる．

$$\frac{d}{d\xi} F(N_A, N_B, N_C; V, T) = 0 \tag{5.45}$$

式 (5.44) を用いると，この条件は

$$-r_A \left(\frac{\partial F}{\partial N_A}\right) - r_B \left(\frac{\partial F}{\partial N_B}\right) + r_C \left(\frac{\partial F}{\partial N_C}\right) = 0 \tag{5.46}$$

となる．これは A, B, C の化学ポテンシャル μ_A, μ_B, μ_C を用いると

$$r_A \mu_A + r_B \mu_B = r_C \mu_C \tag{5.47}$$

と書くことができる．これが反応により，分子数が変化するときの平衡条件を与える．

A, B, C すべてが気体である場合には，化学ポテンシャルは式 (5.40) の形で書くことができるので，平衡条件は次のようになる．

$$r_A(k_B T \ln n_A + \mu_{A0}(T)) + r_B(k_B T \ln n_B + \mu_{B0}(T))$$
$$= r_C(k_B T \ln n_C + \mu_{C0}(T)) \tag{5.48}$$

よって

$$\frac{n_A^{r_A} n_B^{r_B}}{n_C^{r_C}} = K(T) \tag{5.49}$$

ここで

$$K(T) = \exp\left[\frac{r_C \mu_{C0}(T) - r_A \mu_{A0}(T) - r_B \mu_{B0}(T)}{k_B T}\right] \tag{5.50}$$

は温度だけの関数であり，平衡定数といわれる．式 (5.49) は化学反応における質量作用の法則といわれる．

問題
(1) $A + B \longleftrightarrow C$ の反応において，容器の体積を大きくすると $C \longrightarrow A + B$ の分解反応が起きることを示せ．

5.5 希薄溶液

5.5.1 希薄溶液とは

溶液とは多成分の物質からなる均一な液体のことである．溶液をつくるときには液体に物質を溶かしてつくるので，もとの液体を溶媒，加える物質を溶質と呼ぶ．たとえば，食塩水は食塩を溶質とし，水を溶媒とする溶液である．希薄溶液とは溶質の濃度が低く，溶質分子間の相互作用が無視できるような溶液のことである．

一般に，液体状態では分子間の相互作用の影響が強いので分配関数を厳密に計算することは難しくなる (8 章参照)．しかし，希薄溶液だけは例外で，厳密な取り扱いが可能である．これは，希薄溶液においては，溶質分子と溶媒分子の相互作用は無視できなくとも，溶質分子間の相互作用を無視することができるからである．

5.5.2 溶質の化学ポテンシャル

N_A 個の溶質分子と N_B 個の溶媒分子からなる 2 成分溶液を考える．簡単のため，それぞれは単原子分子であるとする．溶質分子間の相互作用ポテンシャルを $u_{AA}(\boldsymbol{r})$，溶媒分子間の相互作用ポテンシャルを $u_{BB}(\boldsymbol{r})$，溶質と溶媒の

分子間の相互作用ポテンシャルを $u_{AB}(\boldsymbol{r})$ とすると，系全体のハミルトン関数は次のように与えられる．

$$H(\{\boldsymbol{r}_A\},\{\boldsymbol{p}_A\},\{\boldsymbol{r}_B\},\{\boldsymbol{p}_B\})$$
$$= \sum_{i=1}^{N_A} \frac{\boldsymbol{p}_{Ai}^2}{2m_A} + \sum_{i=1}^{N_B} \frac{\boldsymbol{p}_{Bi}^2}{2m_B} + \sum_{i<j} u_{AA}(\boldsymbol{r}_{Ai}-\boldsymbol{r}_{Aj}) + \sum_{i<j} u_{BB}(\boldsymbol{r}_{Bi}-\boldsymbol{r}_{Bj})$$
$$+ \sum_{i,j} u_{AB}(\boldsymbol{r}_{Ai}-\boldsymbol{r}_{Bj}) \tag{5.51}$$

この系の自由エネルギーを計算するために，図 5.4 に示すような状況を考えてグランドカノニカル分布を用いることにしよう．温度 T，体積 V の溶液の中に N_B 個の溶媒分子が入っており，溶質分子は「特殊な壁」を通して環境系から出入りすることができるものとする (ここで考えている「特殊な壁」は溶質分子のみを通し，溶媒分子を通さない壁である．このような壁は仮想的なものであり，通常の半透膜とは違うことに注意してほしい．通常，半透膜と呼ばれるのは溶媒分子を通すが，溶質分子を通さない膜である)．

溶質分子の化学ポテンシャルを μ_A，着目する溶液に N_A 個の溶質が入っているときの分配関数を Z_{N_A,N_B} とすると，大分配関数は次のように計算される．

$$\Xi = \sum_{N_A=0}^{\infty} Z_{N_A,N_B} e^{\beta\mu_A N_A} = \sum_{N_A=0}^{\infty} Z_{N_A,N_B} \xi_A^{N_A} \tag{5.52}$$

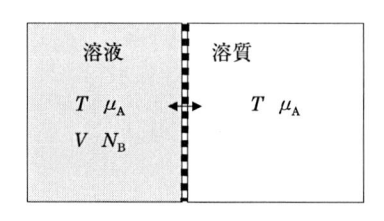

図 5.4 希薄溶液の化学ポテンシャルを計算するために考えられた仮想的な系
溶液と溶質は，溶質のみを通す仮想的半透膜で仕切られている．溶液の状態は温度 T，体積 V，溶質分子の化学ポテンシャル μ_A，および溶媒分子の数 N_B で指定される．

ここで μ_A は溶質分子の化学ポテンシャルであり，$\xi_A = e^{\beta \mu_A}$ である．希薄溶液では，ξ_A は溶質分子の濃度に比例するので，小さな値をとる．したがって式 (5.52) において，ξ_A の 2 次以上の項は無視することができる．そこで，これ以後，ξ_A の 2 次以上の項を無視して計算を進めることにする．この近似においては，大分配関数は次のように書ける．

$$\Xi = Z_{0,N_B} + \xi_A Z_{1,N_B} \tag{5.53}$$

式 (5.24) によれば，系の中にある平均の溶質分子数は次のように計算できる．

$$\langle N_A \rangle = \frac{1}{\beta} \frac{\partial \ln \Xi}{\partial \mu_A} = \frac{1}{\beta} \frac{\partial \xi_A}{\partial \mu_A} \frac{\partial \ln \Xi}{\partial \xi_A} = \xi_A \frac{\partial \ln \Xi}{\partial \xi_A} \tag{5.54}$$

式 (5.53) にこれを適用すると，系の中の溶質分子の平均の数は次のように与えられる．

$$\langle N_A \rangle = \frac{\xi_A Z_{1,N_B}}{Z_{0,N_B} + \xi_A Z_{1,N_B}} = \xi_A \frac{Z_{1,N_B}}{Z_{0,N_B}} + O(\xi_A^2) \tag{5.55}$$

運動量について積分した後の Z_{0,N_B}, Z_{1,N_B} の表式は次のようになる．

$$Z_{0,N_B} = \frac{1}{\lambda_B^{3N_B} N_B!} \int d\{\boldsymbol{r}_B\} \exp\left[-\beta \sum_{i<j} u_{BB}(\boldsymbol{r}_{Bi} - \boldsymbol{r}_{Bj})\right] \tag{5.56}$$

$$Z_{1,N_B} = \frac{1}{\lambda_A^3 \lambda_B^{3N_B} N_B!} \int d\boldsymbol{r}_A \int d\{\boldsymbol{r}_B\}$$

$$\exp\left[-\beta \sum_i u_{AB}(\boldsymbol{r}_A - \boldsymbol{r}_{Bi}) - \beta \sum_{i<j} u_{BB}(\boldsymbol{r}_{Bi} - \boldsymbol{r}_{Bj})\right] \tag{5.57}$$

ここで $\lambda_A = 2\pi\hbar/\sqrt{2\pi m_A k_B T}$, $\lambda_B = 2\pi\hbar/\sqrt{2\pi m_B k_B T}$ である．Z_{1,N_B} の表式において，溶媒分子の座標 $\{\boldsymbol{r}_B\}$ について積分すると，積分の結果は $\boldsymbol{r}_A$ によらないので次のように書くことができる．

$$Z_{1,N_B} = \frac{V}{\lambda_A^3 \lambda_B^{3N_B} N_B!} \int d\{\boldsymbol{r}_B\}$$

$$\exp\left[-\beta \sum_i u_{AB}(\boldsymbol{r}_A - \boldsymbol{r}_{Bi}) - \beta \sum_{i<j} u_{BB}(\boldsymbol{r}_{Bi} - \boldsymbol{r}_{Bj})\right] \tag{5.58}$$

式 (5.55), (5.56), (5.58) より

$$\langle N_\mathrm{A} \rangle = \xi_\mathrm{A} \frac{V}{\lambda_\mathrm{A}^3} q_\mathrm{A}(T, V, N_\mathrm{B}) \tag{5.59}$$

ここで q_A は次式で与えられる.

$$q_\mathrm{A}(T, V, N_\mathrm{B}) = \frac{\int d\{\boldsymbol{r}_\mathrm{B}\} \exp[-\beta \sum_i u_\mathrm{AB}(\boldsymbol{r}_\mathrm{A} - \boldsymbol{r}_{\mathrm{B}i}) - \beta \sum_{i<j} u_\mathrm{BB}(\boldsymbol{r}_{\mathrm{B}i} - \boldsymbol{r}_{\mathrm{B}j})]}{\int d\{\boldsymbol{r}_\mathrm{B}\} \exp[-\beta \sum_{i<j} u_\mathrm{BB}(\boldsymbol{r}_{\mathrm{B}i} - \boldsymbol{r}_{\mathrm{B}j})]} \tag{5.60}$$

q_A は溶質分子が溶媒分子からどのくらい好かれているかを表すパラメータである. 溶質分子が溶媒分子から好かれていれば (すなわち溶質と溶媒の相互作用ポテンシャル $u_\mathrm{AB}(\boldsymbol{r})$ の引力部分が大きければ) q_A は大きく, 溶質は溶媒に溶けやすい. 反対に, 溶質分子が溶媒分子から嫌われていれば q_A は小さく, 溶質は溶媒に溶けにくい.

溶質分子の数濃度を $n_\mathrm{A} = \langle N_\mathrm{A} \rangle / V$ とすれば, 式 (5.59) は次のようになる.

$$n_\mathrm{A} = \frac{q_\mathrm{A} e^{\beta \mu_\mathrm{A}}}{\lambda_\mathrm{A}^3} \tag{5.61}$$

これから溶質分子の化学ポテンシャル μ_A を求めると

$$\mu_\mathrm{A} = k_\mathrm{B} T \left[\ln(n_\mathrm{A}) + \ln\left(\frac{\lambda_\mathrm{A}^3}{q_\mathrm{A}}\right) \right] \tag{5.62}$$

$\lambda_\mathrm{A}^3 / q_\mathrm{A}$ は溶質分子の濃度に依存せず, 温度 T と溶媒分子の数密度 N_B/V だけに依存する. 溶媒 1 分子あたりの体積を $v_\mathrm{B} = V/N_\mathrm{B}$ と書くと, $n_\mathrm{A} = N_\mathrm{A}/(N_\mathrm{B} v_\mathrm{B})$ であるから, 式 (5.62) は次のようになる.

$$\mu_\mathrm{A} = k_\mathrm{B} T \ln\left(\frac{N_\mathrm{A}}{N_\mathrm{B}}\right) + f(T, v_\mathrm{B}) \tag{5.63}$$

v_B は温度と圧力だけの関数であるから, 第 2 項は $\mu_{\mathrm{A}0}(T, P)$ と書くことができる.

$$\mu_\mathrm{A} = k_\mathrm{B} T \ln\left(\frac{N_\mathrm{A}}{N_\mathrm{B}}\right) + \mu_{\mathrm{A}0}(T, P) \tag{5.64}$$

溶質分子のモル分率を x とする. $x = N_\mathrm{A}/(N_\mathrm{A} + N_\mathrm{B}) \simeq N_\mathrm{A}/N_\mathrm{B}$ であるので, 式 (5.64) は

$$\mu_\mathrm{A}(T, P, x) = k_\mathrm{B} T \ln x + \mu_{\mathrm{A}0}(T, P) \tag{5.65}$$

と書くこともできる．

式 (5.65) は希薄溶液を扱うときの基礎となる式である．この式は $x \ll 1$ のときには厳密に成り立つ式である．

5.5.3 溶媒の化学ポテンシャル

溶媒の化学ポテンシャル μ_B は，次の式から求められる．

$$\mu_\mathrm{B} = -k_\mathrm{B} T \frac{\partial \ln \Xi}{\partial N_\mathrm{B}} \tag{5.66}$$

式 (5.53) を代入し，ξ_A について 2 次以上の項を無視すると

$$\mu_\mathrm{B} = -k_\mathrm{B} T \frac{\partial \ln Z_{0,N_\mathrm{B}}}{\partial N_\mathrm{B}} - k_\mathrm{B} T \frac{\partial}{\partial N_\mathrm{B}} \underline{\left(\frac{Z_{1,N_\mathrm{B}} \xi_\mathrm{A}}{Z_{0,N_\mathrm{B}}} \right)} \tag{5.67}$$

第 1 項は純溶媒の化学ポテンシャル μ_B0 を表す．μ_B0 は $T, V/N_\mathrm{B}$ の関数であるが T, P の関数であるとみなすこともできる．第 2 項の下線部は式 (5.55) により，$\langle N_\mathrm{A} \rangle$ に等しい．μ_A, T, P が一定の条件では，溶液の中に溶けている溶質分子の濃度は一定であるから，$\langle N_\mathrm{A} \rangle = x N_\mathrm{B}$ と書けるはずである．よって溶媒の化学ポテンシャルは次のようになる．

$$\mu_\mathrm{B}(T, P, x) = -x k_\mathrm{B} T + \mu_\mathrm{B0}(T, P) \tag{5.68}$$

$x \ll 1$ のときにはこの式も厳密に成り立つ式である．式 (5.68) は溶質に対する化学ポテンシャルの表式 (5.65) から導くこともできる (問題参照)．

問題
(1) ギブス–デュエム (Gibbs–Duhem) の関係式を用いて次の式が成り立つことを示せ．

$$N_\mathrm{A} \frac{\partial \mu_\mathrm{A}}{\partial x} + N_\mathrm{B} \frac{\partial \mu_\mathrm{B}}{\partial x} = 0 \tag{5.69}$$

(2) 式 (5.65) と式 (5.69) から式 (5.68) を導け．

5.5.4 浸透圧

5.3 節の問題に示したように，化学ポテンシャルが空間的に均一でないとき，粒子は化学ポテンシャルが高い領域から低い領域に移動しようとする．式 (5.65) によると，溶質分子の化学ポテンシャルは溶質の濃度の増加とともに増大する．したがって，溶質の濃度が均一でなければ，溶質分子は濃度が高い領域から低

い領域に移動しようとする．一方，溶媒分子の化学ポテンシャルは溶質濃度の増加とともに減少する．よって溶媒分子は，溶質分子の濃度の低いところから高いところに移動しようとする．いずれの効果も，溶質分子の濃度を均一化するように働く．

　溶媒分子を通すけれども溶質分子を通さないような膜を半透膜という．高分子のような巨大分子に対しては，多孔性膜が半透膜となる．小さな溶媒分子は多孔性膜の穴を自由に通り抜けることができるが，高分子は通り抜けることができないからである．

　図 5.5 に示すように，半透膜によって希薄溶液と純溶媒を区切ったとする．溶液側の溶媒分子の化学ポテンシャルは純溶媒の化学ポテンシャルより小さいので，溶媒分子は，純溶媒側から溶液側に流入する．これに伴い，溶液側の液面が上昇する．すると溶液側の圧力が上昇し溶媒分子の浸入を阻止しようとする．溶液側と純溶媒側の圧力差がある値になったところで，溶媒の浸入はとまる．このときの圧力差のことを浸透圧という．平衡が達成されたとき，純溶媒側の圧力を P，溶液側の圧力を P' とすると浸透圧 Π は $P'-P$ で与えられる．

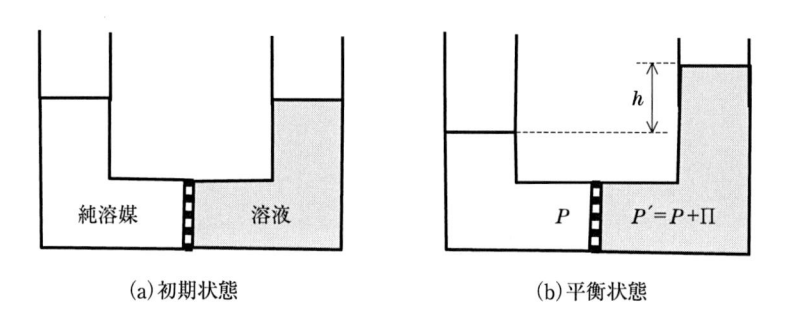

(a) 初期状態　　　　(b) 平衡状態

図 5.5　浸透圧の説明

　半透膜で隔てられた純溶媒と溶液が平衡にあるときには，溶媒分子の化学ポテンシャルは，純溶媒側と溶液側で等しくなくてはならない．溶媒の化学ポテンシャルを $\mu_\mathrm{B}(T,P,x)$ と書くと，浸透圧 Π は次の式で与えられる．

$$\mu_\mathrm{B}(T,P,0)=\mu_\mathrm{B}(T,P+\Pi,x) \tag{5.70}$$

式 (5.68) を用いると，この条件は

$$\mu_{B0}(T, P+\Pi) - \mu_{B0}(T, P) = x k_B T \tag{5.71}$$

と書くことができる．浸透圧 Π があまり大きくないときには左辺をテーラー展開することができる．

$$\mu_{B0}(T, P+\Pi) - \mu_{B0}(T, P) = \frac{\partial \mu_{B0}}{\partial P} \Pi \tag{5.72}$$

$\partial \mu_{B0}(T, P)/\partial P$ は溶媒分子 1 個あたりの体積 v_B に等しい[1]．よって，式 (5.71) は

$$\Pi = \frac{x k_B T}{v_B} \tag{5.73}$$

と書くことができる．すなわち浸透圧は溶質のモル濃度に比例する．これをファントホッフ (van't Hoff) の法則という．

問題
(1) 希薄溶液の浸透圧 Π は溶液の体積を V，溶質分子の数を N_A として次のように表されることを示せ．

$$\Pi = \frac{N_A k_B T}{V} \tag{5.74}$$

この式は理想気体の状態方程式と同じ形をしている．
(2) 分子量 1000 の高分子の 1%溶液の浸透圧は何気圧か計算せよ．液面の差として何 cm か？

5.5.5　沸点上昇

1 気圧のもとで純粋の水は摂氏 100°C で蒸発するが，塩水はもっと高い温度にしないと蒸発しない．一般に，不揮発性の溶質を含む希薄溶液の沸点は，純溶媒の沸点に比べて高くなる．この現象を沸点上昇という．

沸点上昇もこれまでの式を用いて説明することができる．溶媒が蒸発する温

---

[1] 純溶媒のギブス自由エネルギー G_B の微分表式

$$dG_B = -S_B dT + V_B dP + \mu_{B0} dN_B$$

と関係式 $G_B = N_B \mu_{B0}(T, P)$ より

$$d\mu_B = -\frac{S_B}{N_B} dT + \frac{V_B}{N_B} dP$$

が成り立つ．

度 T において，溶媒の液体状態の化学ポテンシャル $\mu_{\mathrm{B}l}$ と気体状態の化学ポテンシャル $\mu_{\mathrm{B}g}$ とが等しくなる．不揮発性の溶質は気体の中にはほとんど存在しないので，気体状態の溶媒の化学ポテンシャルは温度と圧力だけの関数で $\mu_{\mathrm{B}g}(T,P)$ と書くことができる．一方，液体状態の溶媒の化学ポテンシャルは，溶質のモル濃度を x として $\mu_{\mathrm{B}l}(T,P,x) = \mu_{\mathrm{B}l0}(T,P) - xk_\mathrm{B}T$ と書くことができる．純溶媒の蒸発温度 T は次の式で決まる．

$$\mu_{\mathrm{B}g}(T,P) = \mu_{\mathrm{B}l}(T,P,0) \tag{5.75}$$

一方，同じ圧力のもとで溶液から溶媒が蒸発する温度 $T + \Delta T$ は次の式で決まる．

$$\mu_{\mathrm{B}g}(T+\Delta T, P) = \mu_{\mathrm{B}l}(T+\Delta T, P, x) \tag{5.76}$$

式 (5.75), (5.76) より

$$\mu_{\mathrm{B}g}(T+\Delta T, P) - \mu_{\mathrm{B}g}(T,P) = \mu_{\mathrm{B}l}(T+\Delta T, P, 0) - xk_\mathrm{B}T - \mu_{\mathrm{B}l}(T,P,0) \tag{5.77}$$

左辺で ΔT が小さいと仮定し，$\mu_{\mathrm{B}g}(T+\Delta T, P)$ を ΔT で展開すると

$$\mu_{\mathrm{B}g}(T+\Delta T, P) = \mu_{\mathrm{B}g}(T,P) + \frac{\partial \mu_{\mathrm{B}g}}{\partial T}\Delta T = \mu_{\mathrm{B}g}(T,P) - s_g \Delta T \tag{5.78}$$

ここで s_g は気体状態の溶媒分子 1 つあたりのエントロピーである．$\mu_{\mathrm{B}l}(T+\Delta T, P, 0)$ についても同様の展開をすると式 (5.77) は次のようになる．

$$(s_g - s_l)\Delta T = xk_\mathrm{B}T \tag{5.79}$$

$s_g - s_l$ が蒸発熱 q と $q = T(s_g - s_l)$ と関係づけられていることを用いると，ΔT は次のようになる．

$$\Delta T = \frac{xk_\mathrm{B}T}{s_g - s_l} = \frac{xk_\mathrm{B}T^2}{q} \tag{5.80}$$

蒸発熱 q は正であるから，沸点は溶けている溶質の量に比例して上昇することになる．これが沸点上昇の起源である．

同様の議論を凝固点の変化に適用することもできる．1 気圧のもとで水は 0°C で凍るが，塩水は凍らない．氷の中には塩が析出しないとすると，上と同様に凝固点の変化は

$$\Delta T = \frac{x k_B T}{s_s - s_l} = -\frac{x k_B T^2}{q} \tag{5.81}$$

ここで，s_s は溶媒の固体状態 (水の例でいえば氷) のエントロピーである．q は固体から液体になるときの潜熱である $(q = T(s_l - s_s))$．潜熱は正であるから，溶液の凝固点は純溶媒に比べて下がることになる．これを凝固点降下という．

問題
(1) 温度 T において純溶媒の蒸気圧が P_0 であったとする．この溶媒に不揮発性の溶質をモル濃度 x だけ溶かしたとき，溶媒の蒸気圧は $P_0(1-x)$ となることを証明せよ (これはラウール (Raoult) によって実験的に見出された法則であり，ラウールの法則と呼ばれている)．
(2) 氷の融解熱は 1g あたり 333.5 J/g である．水 1 kg に 1 モルの溶質が溶けたときの氷点の降下を求めよ．

5.5.6 解離平衡

水の中に酢酸 CH_3COOH を加えると酢酸の一部は CH_3COO^- と H^+ の 2 つのイオンに分かれる．

$$CH_3COOH \longleftrightarrow CH_3COO^- + H^+ \tag{5.82}$$

解離平衡についても気体反応と同様の考えを適用することができる．一般に

$$r_A A \longleftrightarrow r_B B + r_C C \tag{5.83}$$

という解離平衡が成り立つ条件は

$$r_A \mu_A = r_B \mu_B + r_C \mu_C \tag{5.84}$$

である．加えた溶質の濃度が低ければ，すべての成分について希薄溶液の式を用いることができるので，各成分の化学ポテンシャルは次のように書ける．

$$\mu_i = \mu_{i0}(T, P) + k_B T \ln x_i, \qquad i = A, B, C \tag{5.85}$$

よって，解離平衡の条件は式 (5.49) と同様の式で表すことができる．

$$\frac{x_B^{r_B} x_C^{r_C}}{x_A^{r_A}} = K(T, P) \tag{5.86}$$

希薄溶液ではモル分率 x_i は物質のモル濃度 c_i (mol/ℓ) に比例するから式 (5.86) は

$$\frac{c_B^{r_B} c_C^{r_C}}{c_A^{r_A}} = \widetilde{K}(T,P) \tag{5.87}$$

と書くこともできる．$\widetilde{K}(T,P)$ は解離平衡定数と呼ばれる．

問題

(1) モル濃度 $0.1\,\mathrm{mol}/\ell$ の酢酸水溶液において何%の酢酸が解離しているか？ 酢酸の解離定数 $\widetilde{K}(T,P)$ を $1.8\times 10^{-5}\,\mathrm{mol}/\ell$ であるとして計算せよ．またこのときのpHを求めよ（$1\,\mathrm{kg}$ の溶液の中に 10^{-n} モルの水素イオンが含まれているとき，その溶液の pH は n であるという）．

章末問題

(1) 大分配関数の定義 (5.19) と式 (5.23) を用いて，以下の問に答えよ．
 (1.1) 次の式を証明せよ．
$$\left(\frac{\partial P}{\partial \mu}\right)_{T,V} = \frac{N}{V} \tag{5.88}$$
 (1.2) 式 (5.25) より次の関係式を証明せよ．
$$\langle (N-\langle N\rangle)^2 \rangle = -k_B T \left(\frac{N}{V}\right)^2 \left(\frac{\partial V}{\partial P}\right)_{T,N} \tag{5.89}$$
（ヒント：式 (5.25) の右辺を $k_B T(\partial \mu/\partial N)_{T,V}^{-1}$ と書いて熱力学の関係式を用いよ．）

(2) 数密度 c の理想気体の中に体積 v の小領域を考え，この中に n 個の分子が入っている確率 P_n をグランドカノニカル分布を用いて求めよ．これが 1.2 節で与えたポアッソン分布に等しくなっていることを確かめよ．

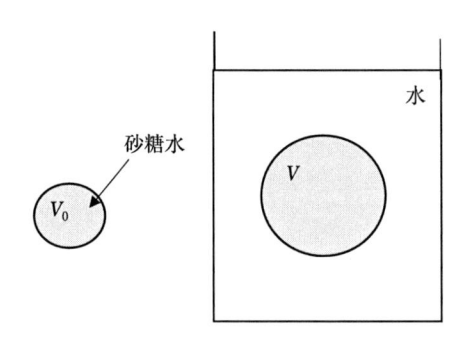

図 5.6
半透膜でできた風船を砂糖水で満たし，水の中に入れると，風船の中に水が入り込み風船は膨らむ．

(3) 図 5.6 に示すような，半透膜でできた膜で風船をつくり，砂糖水を入れて口を閉じたのち，全体を水の中につけたところ風船が膨らんだ．もとの砂糖水の体積を V_0，圧力を P_0，砂糖のモル濃度を x_0 とする．風船内の圧力 P と体積 V は $P = P_0 + k(V - V_0)$ の式で表されるものと仮定して，平衡に達したときの風船の体積 V を求めよ．

第6章
量子統計

　これまでの章では，古典力学に基づいて，熱平衡系の物理量をどのように計算するかを述べてきた．この章と次の章では量子力学に基づいて，同じ問題を考える．

　この2つの章の内容を理解するには，量子力学の知識が必須である．量子力学は，20世紀の初頭に古典力学で説明のつかない様々な実験事実に直面した物理学者が，苦闘の末に到達した新しい力学の体系である．それは論理も数学表現も，古典力学とまったく違ったものである．しかし，一方で量子力学は古典力学と深いところで結びついている．量子力学は，古典力学の拡張としてつくられたものであり，古典力学を一つの極限として内包しているものである．本章ではこのような対応を中心にして量子力学について簡単に復習した後，量子統計の原理を定式化しておく．

6.1　量子力学における状態の記述

　古典力学によると系の力学状態は，構成粒子の座標と運動量によって指定することができる．ある時刻の座標と運動量がわかれば，その後の座標と運動量はハミルトンの運動方程式を解いて予言することができる．一方，量子力学において，系の力学状態を指定するものは波動関数である．ある時刻の波動関数がわかれば，その後の波動関数はシュレディンガー (Schrödinger) 方程式を解いて予言することができる．簡単な力学系についてこのことを具体的にみてみる．

6.1 量子力学における状態の記述

ポテンシャル $U(x)$ の中を 1 次元運動する粒子を考える．古典力学では，系の力学的特性はハミルトン関数で完全に記述され，次のように与えられる．

$$H(x,p) = \frac{p^2}{2m} + U(x) \tag{6.1}$$

古典力学において，系の状態は (x,p) で指定され，その時間変化はハミルトンの運動方程式で記述される．

$$\frac{dp}{dt} = -\frac{\partial H}{\partial x}$$
$$\frac{dx}{dt} = \frac{\partial H}{\partial p} \tag{6.2}$$

一方，量子力学によれば，系の状態を記述するものは波動関数 $\psi(x;t)$ である．波動関数の時間変化は次のシュレディンガー方程式によって与えられる．

$$i\hbar \frac{\partial \psi}{\partial t} = \widehat{H}\psi \tag{6.3}$$

ここで $\widehat{H}$ はハミルトン演算子と呼ばれるもので，ハミルトン関数の p を $\hat{p} = -i\hbar \partial/\partial x$ で置き換えたものである．

$$\widehat{H} = -\frac{\hbar^2}{2m}\frac{\partial^2}{\partial x^2} + U(x) \tag{6.4}$$

波動関数 $\psi(x;t)$ は時刻 t において，対象とする系について我々が知りうるすべての情報を含んだものである．波動関数が $\psi(x;t)$ であるとわかっている系に対して物理量を測定しても，一般には確定した値が得られない．たとえば粒子の位置の測定を行ったとしよう．測定誤差のない理想的な測定装置を用いたとしても，測定結果はばらついてしまう．これは粒子の状態についての我々の情報が不足しているのではなく，力学状態が確定しても，位置という物理量は確定しないという量子力学の原理に基づくものである．

位置測定の結果はばらついたとしても，結果の分布は波動関数から知ることができる．$\psi(x;t)$ の状態の粒子について位置測定の実験を行うと，粒子を位置 x と $x+dx$ の範囲に見出す確率は $|\psi(x;t)|^2 dx$ で与えられる．したがって，粒子の平均位置は次の式で与えられる．

$$\langle x \rangle = \int_{-\infty}^{\infty} dx\, x|\psi(x)|^2 = \int_{-\infty}^{\infty} dx\, \psi^*(x) x \psi(x) = \langle \psi | x | \psi \rangle \tag{6.5}$$

ここで，$|\psi\rangle$ は波動関数 $\psi(x)$ を意味し，$\langle\phi|\psi\rangle$ は波動関数 $\phi(x)$ と $\psi(x)$ の内積を意味する．

$$\langle\phi|\psi\rangle = \int_{-\infty}^{\infty} dx\, \phi^*(x)\psi(x) \tag{6.6}$$

古典力学では，任意の物理量は x, p の関数として $A(x,p)$ のように表されるが，量子力学では，物理量は一般に波動関数に対する線形の演算子 $\widehat{A}$ で表される．$\widehat{A}$ は $\widehat{H}$ と同じく，$A(x,p)$ の p を $\hat{p} = -i\hbar\partial/\partial x$ で置き換えたもので与えられる．力学状態 $\psi(x)$ において物理量 A の平均は，次式によって計算される．

$$\langle\psi|\widehat{A}|\psi\rangle = \int_{-\infty}^{\infty} dx\, \psi^*(x)\widehat{A}\psi(x) \tag{6.7}$$

6.2 エネルギー固有状態

ハミルトン演算子 $\widehat{H}$ の固有関数をエネルギー固有関数といい，$|n\rangle$ と書くことにする．

$$\widehat{H}|n\rangle = E_n|n\rangle \tag{6.8}$$

ここで n は，固有関数を区別する変数をまとめたものである．E_n は実数で，エネルギー固有値と呼ばれる．E_n は状態 $|n\rangle$ において，系がもつエネルギーを表す．$|n\rangle$ は一定のエネルギーをもった力学状態を表すので，固有状態とも呼ばれる．

エネルギー固有関数 $|n\rangle$ は，完全直交系を構成するよう選ぶことができる．このように選んだとき，任意の状態 $|\psi\rangle$ はエネルギー固有関数で展開できる．

$$|\psi\rangle = \sum_n a_n |n\rangle \tag{6.9}$$

また係数は次の式で与えられる．

$$a_n = \langle n|\psi\rangle \tag{6.10}$$

式 (6.9) と式 (6.10) をまとめると，任意の状態 $|\psi\rangle$ について次の恒等式が成り立つ．

$$|\psi\rangle = \sum_n |n\rangle\langle n|\psi\rangle \tag{6.11}$$

これは記号的に書くと次の式を意味する．

$$\sum_n |n\rangle\langle n| = 1 \tag{6.12}$$

式 (6.7) と式 (6.9) より，波動関数 $|\psi\rangle$ で記述される力学状態における物理量 A の平均は次のように書くことができる．

$$\langle\psi|\widehat{A}|\psi\rangle = \sum_{n,m}\langle\psi|n\rangle\langle n|\widehat{A}|m\rangle\langle m|\psi\rangle = \sum_{n,m} a_n^* a_m A_{nm} \tag{6.13}$$

ここで A_{nm} は

$$A_{nm} = \langle n|\widehat{A}|m\rangle \tag{6.14}$$

で定義される．式 (6.9) は，波動関数 $|\psi\rangle$ は $\{a_n\} = (a_1, a_2, \ldots)$ で表されるベクトルに対応していることを表している．同様に，式 (6.13) は，演算子 $\widehat{A}$ が $\{A_{nm}\}$ で表される行列に対応していることを示している．

例題　1次元の箱に閉じ込められた自由粒子のエネルギー固有値

長さ L の箱の中に閉じ込められた1次元自由粒子のエネルギー固有関数とエネルギー固有値を求めよ．

解答

1次元自由粒子のハミルトン演算子は，式 (6.4) において $U(x) = 0$ とおいたもので与えられる．したがって，固有関数を決める式 (6.8) は次のようになる．

$$\frac{-\hbar^2}{2m}\frac{\partial^2 \psi}{\partial x^2} = E\psi \tag{6.15}$$

粒子は箱の外に出ることができないので，箱の外側では波動関数 $\psi(x)$ は 0 である．波動関数は連続であるので，箱の境界 $x = 0, L$ において，$\psi(x)$ は 0 とならなくてはならない．

$$\psi(0) = 0, \qquad \psi(L) = 0 \tag{6.16}$$

ここで E が与えられたものであるなら微分方程式 (6.15) と境界条件 (6.16) を満たす $\psi(x)$ は 0 しかない．しかし，E が特別な値をとったときには，式 (6.15)，(6.16) を満足する 0 でない解が存在する．エネルギー固有値を求めるとは，そのような E を求めることである．

$E<0$ の範囲には固有値がないことはすぐにわかる．$E<0$ のときには微分方程式 (6.15) の一般解は $\psi(x)=Ae^{-\kappa x}+Be^{\kappa x}$ (ここで $\kappa^2=-2mE/\hbar^2$) となるが，これを式 (6.16) に代入すると，κ をどのように選んでも $A=B=0$ の解しかないことがわかる．

そこで $E>0$ の範囲で解を探すことにする．$k^2=2mE/\hbar^2$ とおくと，式 (6.15) の一般解は $\psi(x)=A\sin kx+B\cos kx$ と書ける．$x=0$ の境界条件から $B=0$ であることがわかる．よって固有関数は

$$\psi(x)=A\sin kx \tag{6.17}$$

と書くことができる．$x=L$ の境界条件より

$$A\sin kL=0 \tag{6.18}$$

$A=0$ とすると $\psi(x)=0$ となってしまうので，$A\neq 0$ である．よって $\sin kL=0$ である．これを満たす k は $kL=0,\pm 1\pi,\pm 2\pi,\ldots$ である．$kL=0$ の解は $\psi(x)=0$ となってしまうので，固有関数として適当ではない．また $\sin(-kx)=-\sin(kx)$ であるので，$kL=-n\pi$ の解と $kL=n\pi$ の解は固有関数としては同じものである．よって，固有関数として適当なものは $k_n=n\pi/L,(n=1,2,3,\ldots)$ に限られる．$E_n=\hbar^2 k_n^2/2m$ であるのでエネルギー固有値は次のように求められる．

$$E_n=\frac{\hbar^2\pi^2}{2mL^2}n^2, \qquad n=1,2,3,\ldots \tag{6.19}$$

対応するエネルギー固有状態の波動関数は

$$\psi_n(x)=\sqrt{\frac{2}{L}}\sin\left(\frac{n\pi x}{L}\right), \qquad n=1,2,3,\ldots \tag{6.20}$$

ここで $\psi_n(x)$ は $\langle\psi_n|\psi_n\rangle=1$ を満たすように係数を選んだ．

問題

(1) 1次元の自由運動する粒子に対して，式 (6.16) の代わりに次の境界条件

$$\left.\frac{d\psi}{dx}\right|_{x=0}=0, \qquad \left.\frac{d\psi}{dx}\right|_{x=L}=0 \tag{6.21}$$

のもとで固有値方程式 (6.15) を解き，完全直交系の固有関数とエネルギー固有値を求めよ．

(2) 1次元の自由運動する粒子に対して，式 (6.16) の代わりに次の周期境界条件

6.3 カノニカル分布

$$\psi(x) = \psi(x+L) \qquad (6.22)$$

のもとで固有値方程式 (6.15) を解き，完全直交系の固有関数とエネルギー固有値が次のようになることを示せ．

$$\psi_n(x) = \sqrt{\frac{1}{L}} \exp\left(i\frac{2n\pi x}{L}\right), \qquad E_n = \frac{4\pi^2 \hbar^2}{2mL^2} n^2,$$
$$n = 0, \pm 1, \pm 2, \ldots \qquad (6.23)$$

ここでは $n<0$ の解も許されていることに注意してほしい[1]．

(3) 式 (6.12) を用いて次の公式を導け．

$$\frac{2}{L} \sum_{n=1}^{\infty} \sin\left(\frac{n\pi x}{L}\right) \sin\left(\frac{n\pi y}{L}\right) = \delta(x-y) \qquad (6.24)$$

$$\frac{1}{L} + \frac{2}{L} \sum_{n=1}^{\infty} \cos\left(\frac{n\pi x}{L}\right) \cos\left(\frac{n\pi y}{L}\right) = \delta(x-y) \qquad (6.25)$$

$$\frac{1}{L} \sum_{n=-\infty}^{\infty} \exp\left[i\frac{2n\pi(x-y)}{L}\right] = \delta(x-y) \qquad (6.26)$$

$L \to \infty$ で式 (6.26) は式 (1.40) を与える．

6.3 カノニカル分布

古典統計によると，温度 T の熱浴の中で熱平衡にある系が力学状態 Γ にある確率は，次のカノニカル分布で与えられる．

$$P(\Gamma) = \frac{1}{Z} e^{-\beta H(\Gamma)} \qquad (6.27)$$

ここで $\beta = 1/k_\mathrm{B} T$ である．

これに対応する問題を量子力学で考えよう．温度 T の熱浴の中で熱平衡にある量子系を考える．量子力学では任意の力学状態はエネルギー固有状態の重ね合わせで書けるので，系があるエネルギー固有状態 $|n\rangle$ にある確率 P_n がわか

---

[1] n と $-n$ は同じエネルギー固有値を与えるから，固有関数としては $\psi_n(x)$ と $\psi_{-n}(x)$ の任意の1次結合が許される．たとえば固有関数として，次のような組を与えても正解である．

$$\psi_{cn}(x) = \sqrt{\frac{2}{L}} \cos\left(\frac{2n\pi x}{L}\right), \qquad \psi_{sn}(x) = \sqrt{\frac{2}{L}} \sin\left(\frac{2n\pi x}{L}\right)$$

ればよい.式 (6.27) の自然な拡張として,これは次の式で与えられる.

$$P_n = \frac{1}{Z} e^{-\beta E_n} \tag{6.28}$$

これが量子系のカノニカル分布を与える.

式 (6.28) における規格化定数 Z は次の式で与えられる.

$$Z = \sum_n e^{-\beta E_n} \tag{6.29}$$

ここで和は系のとりうるすべてのエネルギー固有状態についてとるものとする.

式 (6.28), (6.29) は一般の量子系について成り立つ.古典統計と同様,Z は系の自由エネルギー F と次の関係にある.

$$F = -k_{\mathrm{B}} T \ln Z \tag{6.30}$$

式 (6.28)–(6.30) が量子統計力学の基本原理である.量子統計力学といっても,特に新しい原理を持ち込んでいるわけではない.古典力学と熱力学を結ぶときに用いた考え方を量子系に適用したものが量子統計力学である.

式 (6.27) と式 (6.28) を比べてみると,古典統計力学と量子統計力学の違いはエネルギーが離散化されているか否かの違いだけのように見えるかもしれないが,事情はそう単純ではない.力学状態をどのように記述するかという点について,量子力学と,古典力学では根本的に違う点がいくつかあり,それが統計力学にも反映されている.以下の章で,いろいろな問題に量子統計力学を適用した場合と古典統計力学を適用した場合の違いについて比較をするが,この違いは,量子力学と古典力学の違いに由来するものである.

問題

(1) 水素原子のエネルギーは $E_n = -R/n^2$ ($n = 1, 2, \ldots$, $R = 2.18 \times 10^{-18}$ J) で与えられる.式 (6.28) を用いて,常温で水素原子が励起状態にある確率を見つもれ.また,水素原子が熱エネルギーによってイオン化する温度はどのくらいか?

(2) カノニカル分布 (6.28) より,系の平均のエネルギー $\langle E \rangle$ およびそのゆらぎ $\langle (E - \langle E \rangle)^2 \rangle$ が次のように与えられることを示せ.

$$\langle E \rangle = -\frac{\partial \ln Z}{\partial \beta} \tag{6.31}$$

$$\langle (E - \langle E \rangle)^2 \rangle = k_{\mathrm{B}} T^2 \frac{\partial \langle E \rangle}{\partial T} \tag{6.32}$$

6.4 調和振動子

量子統計の簡単な応用として調和振動子の比熱を考えよう．調和振動子のハミルトン関数は次のように与えられる．

$$H(x,p) = \frac{1}{2m}p^2 + \frac{1}{2}m\omega^2 x^2 \tag{6.33}$$

このときのエネルギー固有値は次の固有値問題の解で与えられる．

$$\left[-\frac{\hbar^2}{2m}\frac{\partial^2}{\partial x^2} + \frac{1}{2}m\omega^2 x^2\right]\psi(x) = E\psi(x) \tag{6.34}$$

この固有値問題を解くには長い計算が必要であるので，ここでは省略する．結果として得られるエネルギー固有値は次のようになる．

$$E_n = \hbar\omega\left(n + \frac{1}{2}\right), \qquad (n = 0, 1, 2, \ldots) \tag{6.35}$$

したがって分配関数は次のように計算できる．

$$Z = \sum_n e^{-\beta\hbar\omega(n+1/2)} \tag{6.36}$$

右辺は等比級数になっているので簡単に計算できて

$$Z = \frac{e^{-\beta\hbar\omega/2}}{1 - e^{-\beta\hbar\omega}} \tag{6.37}$$

右辺の $\hbar \to 0$ の極限をとると

$$Z \to \frac{1}{\beta\hbar\omega} \tag{6.38}$$

一方，古典統計によれば分配関数は次のように計算される（式 (5.8) 参照）．

$$Z_{cl} = \frac{1}{2\pi\hbar}\int_{-\infty}^{\infty}dx\int_{-\infty}^{\infty}dp\exp\left(-\frac{\beta}{2m}p^2 - \frac{\beta}{2}m\omega^2 x^2\right) = \frac{1}{\beta\hbar\omega} \tag{6.39}$$

となり，確かに式 (6.38) と一致する．

式 (6.37) によれば，系のエネルギーの平均値は次のようになる．

$$\langle E \rangle = -\frac{\partial \ln Z}{\partial \beta} = \hbar\omega\left(\frac{1}{2} + \frac{1}{e^{\beta\hbar\omega} - 1}\right) \tag{6.40}$$

また比熱は

$$C = \frac{d\langle E \rangle}{dT} = k_\mathrm{B}(\beta\hbar\omega)^2 \frac{e^{\beta\hbar\omega}}{(e^{\beta\hbar\omega}-1)^2} \tag{6.41}$$

となる.

比熱を温度の関数として図 6.1 に示した. 図からわかるように比熱は低温で 0 であり, 温度とともに増大し, 高温で一定値 k_B をとる. 低温で比熱が 0 となるのは, エネルギーが離散的な値をとっているためである. 式 (6.28) からわかるように, $T \to 0$ の低温では, 系はエネルギーの一番低い状態 (基底状態) にある. 温度を上げて調和振動子が励起状態になるには, 励起エネルギー $E_1 - E_0 = \hbar\omega$ が必要である. 熱エネルギー $k_\mathrm{B}T$ がこのエネルギーに比べて小さければ, 系は基底状態にとどまっている. この場合温度を上げても, 平均のエネルギー $\langle E \rangle$ は基底状態の値のままであるため, 比熱は 0 となる. 一方, 熱エネルギー $k_\mathrm{B}T$ が励起エネルギーを上回るほど温度を高くすれば, 系は高い励起状態に移るので正の比熱が現れる. 十分な高温では, 比熱は古典極限と一致し k_B に等しくなる.

この結果は, 4.5.2 項で述べた古典統計力学のもっている問題点の一つを解消するものである. 古典統計力学によると, バネで結合された 2 原子分子は剛体 2 原子分子に比べ, 分子 1 つあたり k_B だけ大きな比熱をもつ. 古典統計力学に

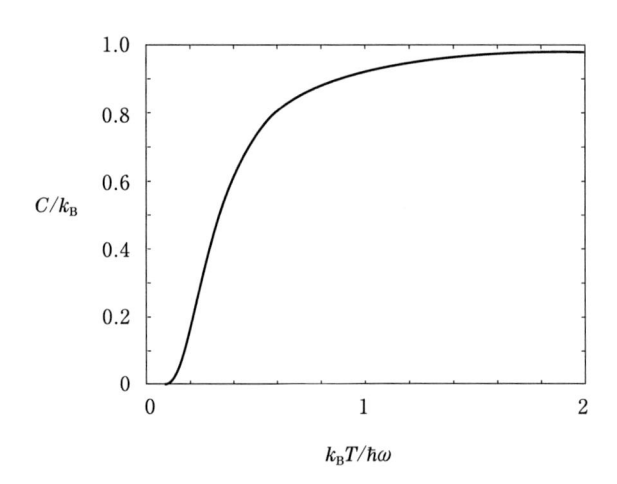

図 6.1 量子的振動子の比熱

よればこの比熱の違いは，バネに伸縮の自由度があるかないかによって生じる．すなわち，バネの伸縮の自由度は，あるか，ないかのどちらかであり，その違いにより比熱が k_B だけ異なっている．一方，量子統計力学によれば，伸縮の自由度があるかないかはバネ定数と温度に依存する．バネ定数が小さく $\hbar\omega/k_B T \ll 1$ の場合には，伸縮の自由度は比熱に k_B の寄与を与える．一方，バネ定数が大きく $\hbar\omega/k_B T \gg 1$ の場合には，バネは基底状態にとどまるので，伸縮の自由度は凍結され，比熱に寄与しない．したがって，量子統計力学によれば，バネ結合モデルと剛体モデルは，連続的につながっている．

6.5 状態数，状態密度

2.6節において，古典系を特徴づける量として $\Omega(E)$ を導入した．$\Omega(E)$ は式 (2.50) で定義され，位相空間の中で，E より低いエネルギーをもつ領域の体積を表す．同様な量を量子系に対しても定義しよう．量子系の状態数 $\Omega(E)$ は，E より低いエネルギー固有状態の数である．

$$\Omega(E) = \sum_n \Theta(E - E_n) \tag{6.42}$$

$\Omega(E)$ の E についての微分を状態密度と呼び，$W(E)$ で表す．

$$W(E) = \frac{d\Omega(E)}{dE} = \sum_n \delta(E - E_n) \tag{6.43}$$

$W(E)dE$ は，E と $E+dE$ の範囲にエネルギー固有値をもつ状態の数を表す．

古典系と同様，分配関数 (6.29) は，状態密度 $W(E)$ を用いて次のように表される．

$$Z = \int dE\, W(E) e^{-\beta E} \tag{6.44}$$

図 6.2 (a) に調和振動子の状態数を E の関数として示した．調和振動子の場合 $\Omega(E)$ は一定の間隔 $\hbar\omega$ ごとに 1 だけ増える階段のような関数である．これを連続曲線で近似すると，図 6.2 (a) の点線で示したような傾き $1/\hbar\omega$ の直線が得られる．この直線は，式 (2.52) を使って計算したものと一致している．実際，式 (2.52) を用いると

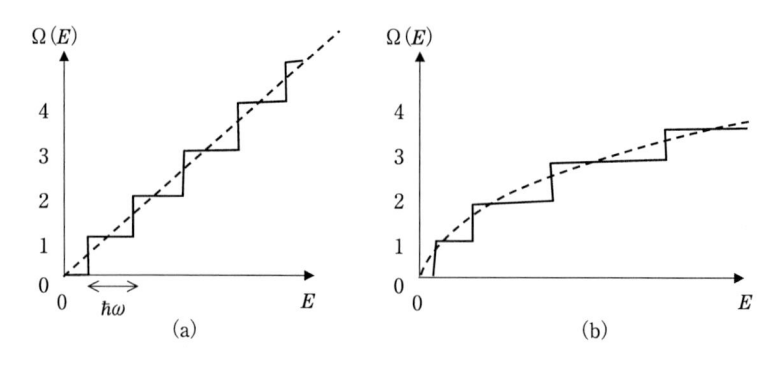

図 6.2 (a) 調和振動子の状態数，(b) 箱の中の自由粒子の状態数
点線は古典極限を表す．

$$\widetilde{\Omega}(E) = \frac{1}{2\pi\hbar} \int dx \int dp \Theta\left(E - \frac{p^2}{2m} - \frac{1}{2}m\omega^2 x^2\right) \tag{6.45}$$

積分は 2 次元平面上の楕円の面積を表す．

$$\widetilde{\Omega}(E) = \frac{1}{2\pi\hbar} \pi \left(2mE \frac{2E}{m\omega^2}\right)^{1/2}$$

$$= \frac{E}{\hbar\omega} \tag{6.46}$$

これは，図 6.2 (a) に点線で示した直線を表す．

一般に，式 (6.42) を使って計算した状態数と対応する古典系の状態数とは E が大きなところで一致する．

別の例として図 6.2 (b) には，1 次元の箱の中に閉じ込められた粒子の状態数を表している．6.2 節に示したように，この問題のエネルギー固有値は境界条件によって異なってくる．しかし，どのような境界条件を用いたとしても，E が大きなところの状態数はすべて同じ関数に漸近し，共通に古典的に計算した状態数と一致する．次の例題でこれを示す．

例題　3 次元の箱の中の自由粒子の状態数
長さ L の立方体の箱に閉じ込められている自由粒子に対し，周期境界条件を用いて状態数と状態密度を求めよ．

解答

固有値関数を $\psi(x,y,z)$ とすると，エネルギー固有値方程式は

$$\frac{-\hbar^2}{2m}\left(\frac{\partial^2}{\partial x^2}+\frac{\partial^2}{\partial y^2}+\frac{\partial^2}{\partial z^2}\right)\psi = E\psi \tag{6.47}$$

$\psi(x,y,z)$ は次の周期境界条件を満たす．

$$\psi(x+L,y,z)=\psi(x,y,z), \qquad \psi(x,y+L,z)=\psi(x,y,z),$$
$$\psi(x,y,z+L)=\psi(x,y,z) \tag{6.48}$$

x,y,z 方向の運動は独立であるから固有関数は次のように書ける (p.100 の問題 (2) 参照)．

$$\psi_{n_x,n_y,n_z}(x,y,z) = \frac{1}{L^{3/2}}\exp\left[\frac{2\pi i}{L}(n_x x + n_y y + n_z z)\right] \tag{6.49}$$

ここで，n_x, n_y, n_z は整数 $(0, \pm 1, \pm 2, \ldots)$ である．固有関数は3つの量子数 (n_x, n_y, n_z) で指定される．(n_x, n_y, n_z) の代わりに次のような成分をもつ波数ベクトル $\boldsymbol{k}$ を導入する．

$$\boldsymbol{k} = \left(\frac{2\pi n_x}{L}, \frac{2\pi n_y}{L}, \frac{2\pi n_z}{L}\right) \tag{6.50}$$

すると固有関数は次のように書くことができる．

$$\psi_{\boldsymbol{k}}(\boldsymbol{r}) = \frac{1}{L^{3/2}}e^{i\boldsymbol{k}\cdot\boldsymbol{r}} \tag{6.51}$$

この状態のエネルギー固有値は

$$E_{\boldsymbol{k}} = \frac{\hbar^2 \boldsymbol{k}^2}{2m} \tag{6.52}$$

で与えられる．状態数 $\Omega(E)$ は次の式から計算される．

$$\Omega(E) = \sum_{n_x=-\infty}^{\infty}\sum_{n_y=-\infty}^{\infty}\sum_{n_z=-\infty}^{\infty} \Theta(E - E_{\boldsymbol{k}}) \tag{6.53}$$

L が大きいとき，n_x についての和は積分で置き換えられる．

$$\sum_{n_x=-\infty}^{\infty}\cdots = \int_{-\infty}^{\infty} dn_x \cdots = \frac{L}{2\pi}\int_{-\infty}^{\infty} dk_x \cdots \tag{6.54}$$

これを用いると，式 (6.53) は次のように計算できる．

$$\Omega(E) = \left(\frac{L}{2\pi}\right)^3 \int d\boldsymbol{k}\,\Theta\left(E - \frac{\hbar^2 \boldsymbol{k}^2}{2m}\right) \tag{6.55}$$

積分は半径 $(2mE/\hbar^2)^{1/2}$ の球の体積を与えるので

$$\Omega(E) = \left(\frac{L}{2\pi}\right)^3 \frac{4\pi}{3} \left(\frac{2mE}{\hbar^2}\right)^{3/2} \tag{6.56}$$

$$= \frac{V}{6\pi^2} \frac{(2m)^{3/2}}{\hbar^3} E^{3/2} \tag{6.57}$$

これより状態密度 $W(E)$ は次のように求められる.

$$W(E) = \frac{V}{4\pi^2} \frac{(2m)^{3/2}}{\hbar^3} E^{1/2} \tag{6.58}$$

問題

(1) 3辺の長さが L_x, L_y, L_z の直方体の箱に閉じ込められている自由粒子に対し, 周期境界条件のもとでエネルギー固有値と状態数を求め, 状態数は箱の体積にのみ依存し, 形状には依存しないことを確かめよ.

(2) 長さ L の立方体の箱に閉じ込められている自由粒子に対し, 境界で波動関数が 0 になるという境界条件のもとで, エネルギー固有値と波動関数を求めよ. また, 状態数を計算し, これが式 (6.57) と一致することを確かめよ.

(3) 式 (6.58) を用いて自由粒子の分配関数を計算し, これが次の形になることを示せ.

$$Z = \frac{V}{\lambda_T^3} \tag{6.59}$$

ここで $\lambda_T = (2\pi\hbar^2/mk_{\rm B}T)^{1/2}$ は熱波長である.

(4) 式 (6.59) は古典統計力学で与えられるものと同じである. この式が成り立つのは $L \gg \lambda_T$ の場合であることを示せ.

6.6 密度行列

6.3 節で述べた量子統計力学の基本原理をもう少し一般的な形で書いておこう.

温度 T の熱浴と平衡にある量子系を考える. 系が状態 $|n\rangle$ にある確率は $P_n = e^{-\beta E_n}/Z$ で与えられる. このとき, 物理量 A の平均は式 (6.7) により $\langle n|\widehat{A}|n\rangle$ で与えられる. よって, 温度 T の熱平衡状態において物理量 A の平均は次のように書くことができる.

6.6 密度行列

$$\langle A \rangle = \sum_n P_n \langle n|\widehat{A}|n\rangle = \frac{1}{Z}\sum_n e^{-\beta E_n}\langle n|\widehat{A}|n\rangle \tag{6.60}$$

$\widehat{H}|n\rangle = E_n|n\rangle$ であることを用いると，式 (6.60) は次のように書ける．

$$\langle A \rangle = \frac{1}{Z}\sum_n \langle n|\widehat{A}e^{-\beta\widehat{H}}|n\rangle \tag{6.61}$$

ここで任意の演算子 $\widehat{A}$ に対してトレース (trace) を次のように定義する．

$$\mathrm{Tr}\,\widehat{A} = \sum_n \langle n|\widehat{A}|n\rangle \tag{6.62}$$

すると式 (6.61) は次のように書くことができる．

$$\langle A \rangle = \frac{1}{Z}\mathrm{Tr}\left(\widehat{A}e^{-\beta\widehat{H}}\right) \tag{6.63}$$

ここで演算子 $\hat{\rho}$ を次のように定義する．

$$\hat{\rho} = \frac{1}{Z}e^{-\beta\widehat{H}} \tag{6.64}$$

$\hat{\rho}$ は密度演算子 (または密度行列) と呼ばれる．$\hat{\rho}$ を用いて式 (6.61) は次のように表される．

$$\langle A \rangle = \mathrm{Tr}\,\hat{\rho}\widehat{A} \tag{6.65}$$

また分配関数は次のように書くこともできる．

$$Z = \mathrm{Tr}\left(e^{-\beta\widehat{H}}\right) \tag{6.66}$$

式 (6.65), (6.66) において $|n\rangle$ は任意の完全直交系であればよく，$\widehat{H}$ の固有関数である必要はないことに注意しよう．

一般に，トレースの定義式 (6.62) において $|n\rangle$ は完全直交系であればどのような直交系を用いてもよい．これを示すために，別の完全直交系 $|p\rangle$ を用いて $\mathrm{Tr}\,\widehat{A}$ を計算してみよう．式 (6.12) を繰り返し用いることにより

$$\sum_p \langle p|\widehat{A}|p\rangle = \sum_{p,n,m}\langle p|n\rangle\langle n|\widehat{A}|m\rangle\langle m|p\rangle \tag{6.67}$$

$$= \sum_{p,n,m}\langle m|p\rangle\langle p|n\rangle\langle n|\widehat{A}|m\rangle \tag{6.68}$$

ここで

$$\sum_p \langle m|p\rangle\langle p|n\rangle = \langle m|n\rangle = \delta_{mn} \tag{6.69}$$

を用いると

$$\sum_p \langle p|\widehat{A}|p\rangle = \sum_n \langle n|\widehat{A}|n\rangle \tag{6.70}$$

となり，$\operatorname{Tr}\widehat{A}$ が直交系のとり方によらないことが証明された．

問題

(1) 次の式を証明せよ．

$$\operatorname{Tr}(\widehat{A}\widehat{B}) = \operatorname{Tr}(\widehat{B}\widehat{A}) \tag{6.71}$$

6.7 グランドカノニカル分布

これまでは，カノニカル分布に対して量子統計を議論してきたが，グランドカノニカル分布に対しても同様の議論を展開することができる．温度 T の熱浴の中におかれ，熱浴との間でエネルギーと粒子の交換を行っている系を考える．この系が N 個の粒子を含み，その量子力学的状態が $|n\rangle$ であるような状態が実現する確率は次のように書ける．

$$P_{n,N} = \frac{1}{\Xi} e^{-\beta(E_{n,N} - \mu N)} \tag{6.72}$$

ここで $E_{n,N}$ は系のエネルギー固有値，μ は粒子の化学ポテンシャルである．Ξ は大分配関数で次の式で与えられる．

$$\Xi = \sum_{N=0}^{\infty} \sum_n e^{-\beta(E_{n,N} - \mu N)} \tag{6.73}$$

また密度行列 $\hat{\rho}$ は次の式で与えられる．

$$\hat{\rho} = \frac{1}{\Xi} e^{-\beta(\widehat{H} - \mu \widehat{N})} \tag{6.74}$$

問題

(1) 式 (6.73) より出発し，系の平均のエネルギー $\langle E \rangle$，平均の粒子数 $\langle N \rangle$ が次のように与えられることを示せ．

$$\langle E \rangle = -\frac{\partial \ln \Xi}{\partial \beta} \tag{6.75}$$

$$\langle N \rangle = \frac{1}{\beta}\frac{\partial \ln \Xi}{\partial \mu} \tag{6.76}$$

(2) 次の不等式を証明せよ．
$$\frac{\partial \langle E \rangle}{\partial T} \geq 0, \qquad \frac{\partial \langle N \rangle}{\partial \mu} \geq 0 \tag{6.77}$$

(3) エントロピー S が次の式で与えられることを示せ．
$$S = -k_{\rm B}\sum_{N,n} P_{n,N}\ln P_{n,N} = -k_{\rm B}\,{\rm Tr}(\hat{\rho}\ln\hat{\rho}) \tag{6.78}$$

付　録

付録1　古典極限

量子力学は $\hbar \to 0$ の極限で古典力学に移行する．統計力学においても，$\hbar \to 0$ の極限をとれば，量子統計の分配関数は古典統計の分配関数に移行するはずである．このことを，簡単な1自由度系の場合に見ておこう．

ハミルトン演算子が
$$\widehat{H}(x,p) = \frac{1}{2m}\hat{p}^2 + U(x) \tag{6.79}$$

で与えられる1次元系を考える．完全直交系として周期 L の周期境界条件を満たす自由粒子の波動関数を考える．
$$\psi_k(x) = \frac{1}{\sqrt{L}}e^{ikx} \tag{6.80}$$

ここで k は次のような値をとる．
$$k = \frac{2\pi n}{L}, \qquad n = 0, \pm 1, \pm 2, \dots \tag{6.81}$$

すると式 (6.66) は次のように計算できる．
$$Z = \sum_k \langle k|e^{-\beta \widehat{H}}|k\rangle \tag{6.82}$$

ここで
$$\langle k|e^{-\beta\widehat{H}}|k\rangle = \frac{1}{L}\int dx\,\psi_k^*(x)e^{-\beta\widehat{H}}\psi_k(x) \tag{6.83}$$

$e^{-\beta\widehat{H}}\psi_k(x)$ を計算するのは一般に難しい．それは，運動量演算子 $\hat{p} = -i\hbar\partial/\partial x$ と位置演算子 $\hat{x} = x$ とが交換しないからである．

$$[\hat{p}, \hat{x}] = \hat{p}\hat{x} - \hat{x}\hat{p} = -i\hbar \tag{6.84}$$

しかし，$\hbar \to 0$ の極限においては，$\hat{p}$ と $\hat{x}$ が交換するとみなしてよい．このようなときには次のような演算が可能となる．

$$\exp\left[-\beta\left(\frac{\hat{p}^2}{2m} + U(x)\right)\right] \simeq \exp\left[-\beta U(x)\right] \exp\left(-\beta\frac{\hat{p}^2}{2m}\right) \tag{6.85}$$

すると，

$$e^{-\beta \hat{H}}\psi_k(x) = e^{-\beta U(x)} \exp\left(-\beta\frac{\hat{p}^2}{2m}\right)\psi_k(x)$$

$$= e^{-\beta U(x)} \exp\left(-\beta\frac{\hbar^2 k^2}{2m}\right)\psi_k(x) \tag{6.86}$$

よって，式 (6.83) は次のようになる．

$$Z = \sum_k \frac{1}{L} \int dx\, e^{-\beta U(x)} \exp\left(-\frac{\beta \hbar^2 k^2}{2m}\right) \tag{6.87}$$

L が大きなときには，k についての和 $\sum_k$ を積分で置き換えることができる．

$$\sum_k \to \frac{L}{2\pi} \int dk \tag{6.88}$$

さらに積分変数を k から $p = \hbar k$ に置き換えると，式 (6.87) は最終的に次の形を与える．

$$Z = \frac{1}{2\pi\hbar} \int dx\, dp\, \exp\left[-\beta\left(\frac{p^2}{2m} + U(x)\right)\right] \tag{6.89}$$

これは，古典極限の分配関数を与える．

章末問題

(1) 3 次元空間の調和振動子のハミルトン関数は次の式で与えられる．

$$H = \frac{\boldsymbol{p}^2}{2m} + \frac{1}{2}m\omega^2 \boldsymbol{r}^2 \tag{6.90}$$

この系のエネルギー固有値と状態数を求めよ（ヒント：直交座標を用いよ）．

(2) 質量 m_e の粒子がクーロンポテンシャル $-\alpha/r$ $(\alpha > 0)$ の中で運動している粒子のエネルギー固有値は 3 つの量子数 (n, l, m) で指定され，次のように与えられることが知られている．

$$E_{n,l,m} = -\frac{m_e \alpha^2}{2\hbar^2 n^2}, \qquad n = 1, 2, 3, \ldots \tag{6.91}$$

ここで n は $1, 2, \ldots$ をとり，l は $0, 1, \ldots, n-1$ をとり，m は $-l, -l+1, \ldots, l$ の値をとる．次の問いに答えよ．

(2.1) 各々の固有状態は n^2 に縮退していることを示せ．

(2.2) 状態数 $\Omega(E)$ を求めよ．

(2.3) 式 (2.52) を用いて状態数を求め，上記の結果と一致することを示せ．

第 7 章

フェルミ分布とボーズ–アインシュタイン分布

前章で温度 T の熱平衡状態において，ある量子状態 $|n\rangle$ が実現する確率 P_n は次式で与えられることを示した．

$$P_n = \frac{1}{Z} e^{-\beta E_n} \tag{7.1}$$

この式だけをみると，古典系と量子系の違いはエネルギー順位が飛び飛びであるか否かの違いだけのように見える．しかし，古典系と量子系の違いはそれだけではない．粒子のとりうる状態について，量子力学は古典力学にはない様々な概念を含んでいる．これらの概念は状態 $|n\rangle$ が何を意味するかに集約されるといってもよい．式 (7.1) の意味を正確に理解するためには，状態 $|n\rangle$ が何を意味するかを正確に理解しておく必要がある．本章では最初に，スピン自由度，粒子の交換対称性，パウリ (Pauli) の原理など，古典力学にはない量子力学の概念を復習しておく．その上で，理想気体における量子効果について述べる．

7.1 スピン自由度

古典力学は，質点の概念から出発している．質点は大きさをもたない理想化された粒子であり，並進の自由度だけをもっている．実際の粒子は大きさをもっており，並進とともに，自転 (自分の重心の周りの回転) の自由度をもっている．しかし古典力学は，粒子の大きさを 0 にする極限をとると，自転運動の効果は無視することができると考えるのである．一方，量子力学では，大きさを

もたない粒子であっても，自転の自由度が無視できないと考える (そのように考えなければならない実験事実があった).

量子力学では，粒子のもつ自転の自由度のことをスピンという．スピンは角運動量演算子で記述され，その大きさは粒子の種類ごとに定まっている．たとえば電子のスピン角運動量の大きさは $\hbar/2$ である．このとき電子のスピンの大きさは $1/2$ であるという．スピンの大きさ S の粒子は，$2S+1$ 個の状態をとることができる．電子のスピンは 2 つの状態をとり ($2 = 2 \times (1/2) + 1$)，各々の状態は，スピンの角運動量ベクトルの向きが上向きか下向きかに対応している．

スピンという粒子の自転の自由度も考慮すると，粒子の波動関数はスピンの状態も記述しなくてはならない．1 次元運動する粒子の場合，これを $\psi(x, \sigma)$ と書く．ここで σ はスピン変数と呼ばれる変数で大きさ $1/2$ のスピンについては 1 または -1 の 2 つの値をとる．$|\psi(x, 1)|^2$ は粒子が位置 x にあって上向きのスピンをもつ確率を表し，$|\psi(x, -1)|^2$ は粒子が位置 x にあって下向きのスピンをもつ確率を表す．以下，粒子の位置を表す変数 x とスピン変数 σ とを一つにまとめて ξ と表すことにする ($\xi = (x, \sigma)$)．

7.2 同種の粒子からなる系の波動関数

同種粒子からなる体系を考える．古典的な粒子であれば，同じ種類の粒子であっても，それぞれの粒子に番号をつけて，区別することができる．しかし，量子力学は，このような番号づけは原理的に不可能であると主張する．そのように主張する根拠は不確定性原理である．

話を簡単にするため，1 次元の箱の中を運動する 2 つの粒子を考えよう．古典的粒子であれば，最初に左側の粒子に 1，右側の粒子に 2 と番号づけをし，その後の粒子の運動を追跡すれば，任意の時刻において，右側の粒子が 1 であるか 2 であるかを答えることができる．しかし，波動性をもつ量子力学的な粒子についてはこのような番号づけを行うことはできない．位置と運動量をもつ古典的な粒子に対応するものは，量子力学では波束である．波束が離れた位置に存在すれば，それぞれに番号 1, 2 をつけて区別することができる．しかし，波束が近づき，互いに重なり合っている状態では，どれが粒子 1 に対応する波束

かを答えることはできない．したがって，量子力学的な粒子に番号をつけることはできない．

この立場に立つなら，2つの粒子からなる系について，波動関数 $\Psi(\xi_1, \xi_2)$ の表す力学状態と波動関数 $\Psi(\xi_2, \xi_1)$ の表す力学状態は同じであると考えなくてはならない．同じ状態を表す波動関数はある複素定数因子 c の違いがあるだけであるから，次の式が成り立つ．

$$\Psi(\xi_1, \xi_2) = c\Psi(\xi_2, \xi_1) \tag{7.2}$$

この関係式を2度用いると

$$\Psi(\xi_1, \xi_2) = c\Psi(\xi_2, \xi_1) = c^2 \Psi(\xi_1, \xi_2) \tag{7.3}$$

よって定数 c は1または -1 である．定数 c は粒子の種類ごとに決まっており，$c = -1$ の粒子をフェルミ (Fermi) 粒子，またはフェルミオン (fermion)，$c = 1$ の粒子をボーズ (Bose) 粒子，またはボゾン (boson) という．すなわち波動関数 $\Psi(\xi_1, \xi_2)$ は粒子の交換に対して次の対称性をもつ．

$$\text{フェルミ粒子に対しては} \quad \Psi(\xi_2, \xi_1) = -\Psi(\xi_1, \xi_2) \tag{7.4}$$

$$\text{ボーズ粒子に対しては} \quad \Psi(\xi_2, \xi_1) = \Psi(\xi_1, \xi_2) \tag{7.5}$$

大きさが半整数 $(1/2, 3/2, \ldots)$ のスピンをもつ粒子はフェルミ粒子であることが知られている．電子，陽子，中性子などはフェルミ粒子である．一方，大きさが整数 $(0, 1, 2, \ldots)$ のスピンをもつ粒子はボーズ粒子である．原子核のように，陽子と中性子からなる複合粒子で整数スピンをもつ粒子 (たとえば通常の液体ヘリウムの構成要素である ^{4}He) はボーズ粒子である．

7.3　2つの同種粒子からなる系

2つの同種粒子からなる系のエネルギー固有状態を考えよう．粒子の間には相互作用がないと考える．この系のハミルトン演算子は次のように書ける．

$$\widehat{H}(\xi_1, \xi_2) = \hat{h}(\xi_1) + \hat{h}(\xi_2) \tag{7.6}$$

$$\hat{h}(\xi) = \frac{-\hbar^2}{2m} \frac{\partial^2}{\partial x^2} + U(x) \tag{7.7}$$

$\hat{h}(\xi)$ の固有関数を $\psi_i(\xi)$, 固有値を ϵ_i と書く.

$$\hat{h}\psi_i(\xi) = \epsilon_i \psi_i(\xi) \tag{7.8}$$

関数 $\Psi_{i,j}(\xi_1,\xi_2) = \psi_i(\xi_1)\psi_j(\xi_2)$ は全系のハミルトン演算子 $\hat{H}(\xi_1,\xi_2)$ の固有関数である. なぜなら

$$\begin{aligned}
\hat{H}\psi_i(\xi_1)\psi_j(\xi_2) &= [\hat{h}(\xi_1) + \hat{h}(\xi_2)]\psi_i(\xi_1)\psi_j(\xi_2) \\
&= [\hat{h}(\xi_1)\psi_i(\xi_1)]\psi_j(\xi_2) + \psi_i(\xi_1)[\hat{h}(\xi_2)\psi_j(\xi_2)] \\
&= E_{i,j}\psi_i(\xi_1)\psi_j(\xi_2)
\end{aligned} \tag{7.9}$$

ここで $E_{i,j}$ は次の式で与えられる.

$$E_{i,j} = \epsilon_i + \epsilon_j \tag{7.10}$$

しかし, 波動関数 $\psi_i(\xi_1)\psi_j(\xi_2)$ は式 (7.2) を満たさない. 波動関数が式 (7.2) を満たすようにするには, $\psi_i(\xi_1)\psi_j(\xi_2)$ の代わりに次のような関数を考えればよい.

フェルミ粒子については $\quad \Psi_{i,j}(\xi_1,\xi_2) = \dfrac{1}{\sqrt{2}}[\psi_i(\xi_1)\psi_j(\xi_2) - \psi_i(\xi_2)\psi_j(\xi_1)]$
$$\tag{7.11}$$

ボーズ粒子については $\quad \Psi_{i,j}(\xi_1,\xi_2) = \dfrac{1}{\sqrt{2}}[\psi_i(\xi_1)\psi_j(\xi_2) + \psi_i(\xi_2)\psi_j(\xi_1)]$
$$\tag{7.12}$$

1粒子のエネルギー固有状態 $\psi_i(\xi)$ を軌道と呼ぶことにする. 固有状態 $\Psi_{i,j}(\xi_1,\xi_2)$ は軌道 i と j に1つずつ粒子がある状態を表す. フェルミ粒子の場合, $i=j$ のとき波動関数は0となる. これは同一の軌道に2つの粒子が入ることができないというパウリ (Pauli) の原理 (パウリの排他律) を表している.

問題

(1) $\psi_i(x)$ が規格化直交条件

$$\langle \psi_i | \psi_j \rangle = \delta_{ij} \tag{7.13}$$

を満たすとき, 式 (7.11), (7.12) で表される波動関数が規格化直交条件を満たすことを示せ.

7.4 粒子数表示

前節で示したように，2粒子系の固有状態は軌道を表す2つの量子数の組 (i,j) によって指定できる．しかし，固有状態は別の方法でも表記することができる．

粒子のとりうる軌道に $1,2,3,\ldots$，のように番号づけしておく．すると，それぞれの軌道に入っている粒子の個数を指定することで，固有状態を指定することができる．たとえば，図7.1 (a) に示すような固有状態は，軌道1と3に1つずつ粒子が入っている状態であるので，これを $|1,0,1,0,\ldots\rangle$ と表すことができる．同様に図7.1 (b) に示す固有状態は軌道1に2つの粒子が入っている状態であるので $|2,0,0,0,\ldots\rangle$ と表すことができる ((b) の状態はボーズ粒子については許されるが，フェルミ粒子についてはパウリの原理により許されない)．このような表示を粒子数表示と呼ぶ．粒子数表示とは，それぞれの軌道に入っている粒子数により，固有状態を指定する方法である．

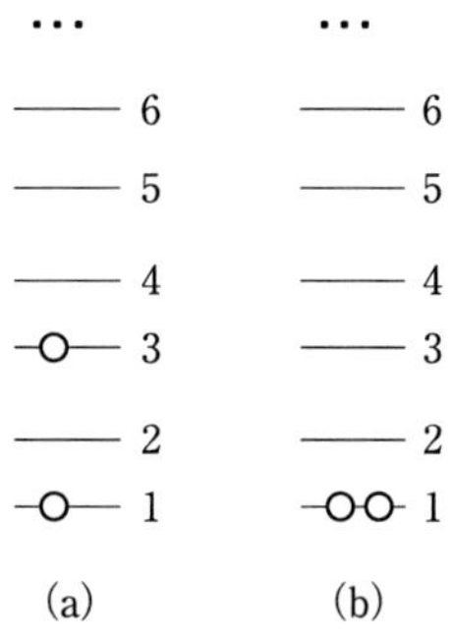

図 7.1 2つの独立な粒子からなる系のエネルギー固有状態

以上の議論を一般化すると次のようになる．N個の同種粒子からなる系の波動関数を $\Psi(\xi_1,\xi_2,\ldots,\xi_N)$ とする．ここでξは，1つの粒子の波動関数を表すのに必要な変数をまとめたものである (たとえば，3次元空間を運動する粒子なら，位置を表す変数 (x,y,z) とスピン変数 σ をまとめたものを表す)．

$\Psi(\xi_1,\xi_2,..\xi_N)$ の任意の2つの引数を入れ替えたものは同じ状態を表すので，

次の式を満たさなくてはならない.

$$\Psi(\ldots\xi_i,\ldots\xi_j,\ldots) = c\Psi(\ldots\xi_j,\ldots\xi_i,\ldots) \tag{7.14}$$

ここで c はフェルミ粒子については -1, ボーズ粒子については 1 を表す.

この系のエネルギー固有状態は, 粒子数表示により $|n_1, n_2, \ldots\rangle$ と表すことができる. ここで n_i は, 軌道 i を占めている粒子の数を表し,

$$N = \sum_{i=1}^{\infty} n_i \tag{7.15}$$

を満たす. このときのエネルギーは

$$E_{n_1,n_2,\ldots} = \sum_{i=1}^{\infty} n_i \epsilon_i \tag{7.16}$$

と書くことができる. このような状態が実現される確率は

$$P_{n_1,n_2,\ldots} = \frac{1}{Z_N} e^{-\beta \sum_i n_i \epsilon_i} \tag{7.17}$$

となる. ここで Z_N は N 個の粒子からなる系の分配関数である.

$$Z_N = \sum_{\text{all states}} \exp\left(-\beta \sum_{i=1}^{\infty} n_i \epsilon_i\right) \tag{7.18}$$

ここで $\sum_{\text{all states}}$ は系のとりうるすべての量子状態についての和である. ボーズ粒子であれば, これは式 (7.15) を満たすすべての $n_1, n_2, \ldots$ の組についての和を表す. フェルミ粒子であれば, これは式 (7.15) を満たし, 0 または 1 であるようなすべての $n_1, n_2, \ldots$ の組についての和を表す.

7.5　フェルミ分布とボーズ-アインシュタイン分布

温度 T で熱平衡状態にある独立な粒子系を考える. ある軌道 i に着目し, この軌道に入っている粒子の数 n_i を考えよう. 軌道 i には粒子が出たり入ったりし, 熱平衡状態にあるので, グランドカノニカル分布を適用することができる. 軌道 i に n_i 個の粒子が入ったときのエネルギーは $n_i \epsilon_i$ であるので, この状態が実現する確率は次のように書ける.

$$P_{n_i} = \frac{1}{\Xi_i} e^{-\beta(n_i \epsilon_i - n_i \mu)} \tag{7.19}$$

ここで Ξ_i は規格化定数である．Ξ_i は軌道 i の大分配関数に相当する．粒子がフェルミ粒子であれば，n_i は 0 または 1 の値しかとりえないから Ξ_i は次のように与えられる．

$$\Xi_i = \sum_{n_i=0,1} e^{-\beta(n_i\epsilon_i - n_i\mu)} = 1 + e^{-\beta(\epsilon_i-\mu)} \tag{7.20}$$

したがって，n_i の平均値は式 (6.76) を用いて次のように計算される．

$$\langle n_i \rangle = \frac{1}{\beta}\frac{\partial \ln \Xi_i}{\partial \mu} = \frac{1}{e^{\beta(\epsilon_i-\mu)}+1} \tag{7.21}$$

この分布をフェルミ (Fermi) 分布といい，関数

$$f(\epsilon) = \frac{1}{e^{\beta(\epsilon-\mu)}+1} \tag{7.22}$$

をフェルミ分布関数という．

粒子がボース粒子であれば，n_i は 0 から ∞ までの任意の整数をとることができるから，Ξ_i は次のようになる．

$$\Xi_i = \sum_{n_i=0}^{\infty} e^{-\beta n_i(\epsilon_i-\mu)} = \frac{1}{1-e^{-\beta(\epsilon_i-\mu)}} \tag{7.23}$$

式 (6.76), (7.23) より，n_i の平均値は次のように計算される．

$$\langle n_i \rangle = \frac{1}{e^{\beta(\epsilon_i-\mu)}-1} \tag{7.24}$$

この分布をボース–アインシュタイン (Bose–Einstein) 分布という．

化学ポテンシャル μ は，粒子の密度から決まる．系に含まれる粒子の数を N とすれば，フェルミ粒子の場合，μ は次の式で決まる．

$$N = \sum_i \frac{1}{e^{\beta(\epsilon_i-\mu)}+1} \tag{7.25}$$

以後の計算のために，1 粒子に対する状態数 $N(\epsilon)$ と状態密度 $D(\epsilon)$ を導入しておく．$N(\epsilon)$ は ϵ よりも小さなエネルギーをもつ 1 粒子固有状態の数である．

$$N(\epsilon) = \sum_i \Theta(\epsilon-\epsilon_i) \tag{7.26}$$

状態密度 $D(\epsilon)$ は次の式で与えられる．

$$D(\epsilon) = \frac{dN(\epsilon)}{d\epsilon} \tag{7.27}$$

$D(\epsilon)d\epsilon$ は ϵ と $\epsilon+d\epsilon$ の間にエネルギー固有値をもつ1粒子固有状態の数である ($D(\epsilon)$ は6章で導入された状態密度 $W(E)$ と似たものであるが，$W(E)$ は系全体の状態密度であるのに対して，$D(\epsilon)$ は1粒子に対する状態密度である点に注意してほしい).

$D(\epsilon)$ を用いると式 (7.25) は次のように書ける．

$$N = \int d\epsilon D(\epsilon) f(\epsilon) \tag{7.28}$$

7.6 フェルミ粒子の統計

7.6.1 フェルミ粒子からなる気体の量子効果

質量 m，スピン 1/2 のフェルミ粒子からなる理想気体を考えよう．フェルミ粒子であっても，$\hbar \to 0$ の極限を考えれば，古典的な粒子と同じになるはずである．いったいどのような条件が満たされたとき，フェルミ粒子は古典粒子とみなせるであろうか？

箱の中に1つの粒子しかない場合には，p.108 の問題 (4) でみたように，熱波長 $\lambda_T \simeq \hbar/\sqrt{mk_B T}$ が箱の大きさ L に比べて十分小さければ古典統計を用いることができる．L は巨視的な大きさであるから，この条件はいつでも満たされる．しかし，箱の中にたくさんの粒子がある場合には話が違ってくる．

たくさんの粒子がある場合，熱波長と比べるべき長さは箱の大きさではなく，粒子間の平均距離である．箱の体積を V，粒子数を N とすると，粒子間の平均距離は $(V/N)^{1/3}$ となる．この長さが λ_T に比べて十分大きければ量子力学的な効果は無視できる．すなわち

$$\frac{V}{N} \gg \lambda_T^3 \tag{7.29}$$

であるなら，古典統計を用いることができる．熱波長と比べるべき長さが粒子間距離であるのは，量子的粒子は，たとえ相互作用がなくとも，粒子の交換に関する対称性の要請から完全に独立ではないからである．たとえばフェルミ粒子の場合には，パウリの排他律により，2つの粒子が同じ軌道を占めることは許されない．これが，理想気体における量子力学効果である．

式 (7.29) は

$$\frac{N}{V} \ll \frac{(mk_{\rm B}T)^{3/2}}{\hbar^3} \tag{7.30}$$

と書ける．したがって，密度が十分低ければ，あるいは温度が高ければ，系を古典的理想気体として扱ってよい．

7.6.2 低密度の理想フェルミ気体

上に述べたことを低密度のフェルミ粒子系で実際にみてみよう．体積 V の箱の中に閉じ込められた自由粒子の状態密度は，6.5 節の例題で計算されている．ただし，6.5 節の例題ではスピンの自由度が考慮されていなかった．スピン自由度を考慮すると，状態密度 $D(\epsilon)$ は式 (6.58) で与えられるものの 2 倍になる（なぜなら各軌道に対して，スピンの上向きの状態と下向きの状態の 2 つの状態があるからである）．よって

$$D(\epsilon) = \frac{V}{2\pi^2} \frac{(2m)^{3/2}}{\hbar^3} \epsilon^{1/2} \tag{7.31}$$

式 (7.28) と式 (7.31) から，化学ポテンシャル μ を N の関数として求めることができる．

最初に低密度の極限を考えて，式 (7.30) が成り立っているとしよう．5 章で示したように低密度では $e^{\beta\mu} \ll 1$ となるのでフェルミ分布関数 $f(\epsilon)$ は $f(\epsilon) = e^{-\beta(\epsilon-\mu)}$ と近似できる．よって，式 (7.28) は次のように書くことができる．

$$N = \int_0^\infty d\epsilon D(\epsilon) e^{-\beta(\epsilon-\mu)} \tag{7.32}$$

式 (7.31) を用いて計算すると

$$N = \frac{2V(mk_{\rm B}T)^{3/2}}{(2\pi)^{3/2}\hbar^3} e^{\beta\mu} = \frac{2V}{\lambda_T^3} e^{\beta\mu} \tag{7.33}$$

これより，低密度極限の化学ポテンシャルが次のように求められる．

$$\mu = k_{\rm B}T \ln\left(\frac{N\lambda_T^3}{2V}\right) \tag{7.34}$$

これは，古典統計で与えた式 (5.31) と $k_{\rm B}T \ln 2$ だけ違う．この違いは古典統計で考慮されていないスピンの内部自由度の違いである．

式 (7.33) より低密度極限では，

7.6 フェルミ粒子の統計

$$e^{-\beta\mu} \gg 1 \tag{7.35}$$

であることがわかる.

一方,理想フェルミ気体の大分配関数の対数は次のように計算される.

$$\ln\Xi = \sum_i \ln\Xi_i = \sum_i \ln[1+e^{-\beta(\epsilon_i-\mu)}] = \int d\epsilon D(\epsilon) \ln[1+e^{-\beta(\epsilon-\mu)}] \tag{7.36}$$

式 (5.23) を用いると,理想フェルミ気体の圧力は次のように与えられる.

$$PV = k_B T \int_0^\infty d\epsilon D(\epsilon) \ln[1+e^{-\beta(\epsilon-\mu)}] \tag{7.37}$$

低密度の極限では $e^{-\beta(\epsilon-\mu)} \ll 1$ であるから,式 (7.37) は次のように近似できる.

$$PV = k_B T \int_0^\infty d\epsilon D(\epsilon) e^{-\beta(\epsilon-\mu)} \tag{7.38}$$

式 (7.32) を用いると

$$PV = Nk_B T \tag{7.39}$$

となり,古典的な状態方程式が得られる.

問題

(1) 系のエネルギー E は

$$E = \int_0^\infty d\epsilon D(\epsilon) f(\epsilon) \epsilon \tag{7.40}$$

で与えられる.低密度極限では,これが $3Nk_B T/2$ となることを示せ.

7.6.3 高密度の理想フェルミ気体

次に反対の極限として粒子密度が高い場合を考えよう.この条件は

$$\frac{N}{V} \gg \frac{(mk_B T)^{3/2}}{\hbar^3} \tag{7.41}$$

と書くことができる.式 (7.41) より,高密度の極限は低温の極限とも考えることができる.

最初に絶対 0 度 ($\beta \to \infty$) の場合を考えよう.このときには,フェルミ分布関数は図 7.2 (c) に示すような階段型となる.

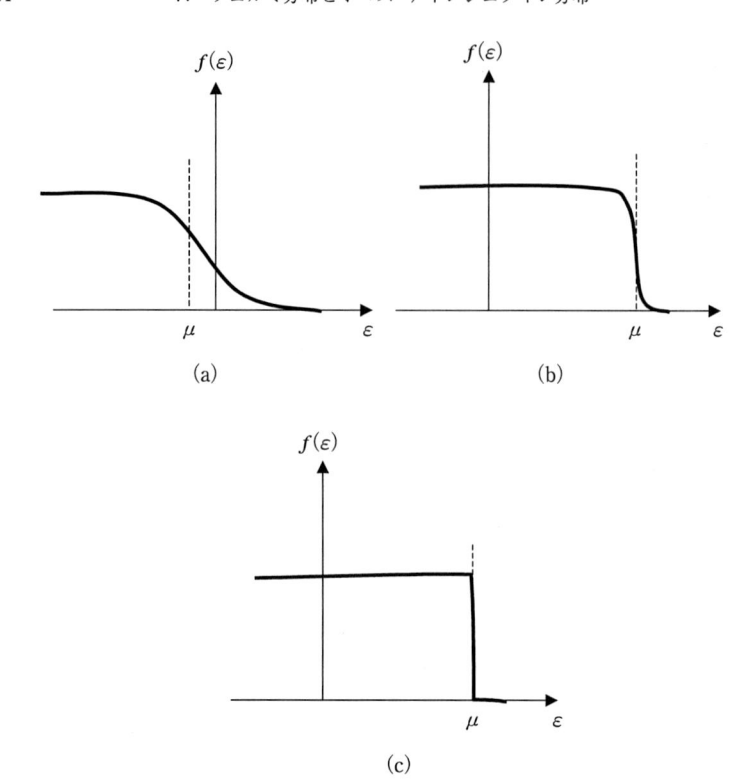

図 7.2 独立フェルミ粒子に対するフェルミ分布の形
(a) 低密度の場合, (b) 高密度の場合, (c) 高密度極限 (または絶対 0 度) の場合.

$$\lim_{\beta \to \infty} f(\epsilon) = \Theta(\mu - \epsilon) \tag{7.42}$$

よって, 式 (7.28) は次のように計算される.

$$N = \int_0^\mu d\epsilon D(\epsilon) = N(\mu) = 2\frac{V}{(2\pi\hbar)^3}\frac{4\pi}{3}(2m\mu)^{3/2} \tag{7.43}$$

これより, μ を求めると

$$\mu = \frac{\hbar^2}{2m}\left(\frac{3\pi^2 N}{V}\right)^{2/3} \tag{7.44}$$

絶対 0 度のときの化学ポテンシャルをフェルミエネルギーといい, ϵ_F と書く.

7.6 フェルミ粒子の統計

$$\epsilon_F = \frac{\hbar^2}{2m}\left(\frac{3\pi^2 N}{V}\right)^{2/3} \tag{7.45}$$

このときのエネルギー E は次のようになる．

$$E = \int_0^\mu d\epsilon D(\epsilon)\epsilon = \frac{3}{5}N\epsilon_F \tag{7.46}$$

これから圧力 P を求めると

$$P = -\frac{\partial E}{\partial V} = \frac{2}{5}N\epsilon_F = \frac{(3\pi^2)^{2/3}}{5}\frac{\hbar^2}{m}\left(\frac{N}{V}\right)^{5/3} \tag{7.47}$$

したがって，圧力は密度 N/V の 5/3 乗に比例して増大する．

次に絶対 0 度でなく，有限温度の場合を考えよう．このときにはフェルミ分布関数は図 7.2 (b) に示すように丸みをおびた階段関数となる．このような場合には，付録に示すように，$f(\epsilon)$ を次のように近似できる．

$$f(\epsilon) = \Theta(\epsilon-\mu) - \frac{\pi^2}{6\beta^2}\delta'(\epsilon-\mu) \tag{7.48}$$

式 (7.48) を用いると，式 (7.25) は次のようになる．

$$N = \int_0^\infty d\epsilon D(\epsilon)\Theta(\epsilon-\mu) - \frac{\pi^2}{6\beta^2}\int_0^\infty d\epsilon D(\epsilon)\delta'(\epsilon-\mu)$$
$$= N(\mu) + \frac{\pi^2}{6}(k_{\mathrm{B}}T)^2 D'(\mu) \tag{7.49}$$

$N = N(\epsilon_F)$ であることを用いると，

$$N(\mu) - N(\epsilon_F) + \frac{\pi^2}{6}(k_{\mathrm{B}}T)^2 D'(\mu) = 0 \tag{7.50}$$

$\mu - \epsilon_F$ が小さいから

$$N(\mu) - N(\epsilon_F) = D(\epsilon_F)(\mu - \epsilon_F), \qquad D'(\mu) = D'(\epsilon_F) \tag{7.51}$$

と近似することができる．よって式 (7.50) から，温度 T での化学ポテンシャルが次のように与えられる．

$$\mu = \epsilon_F - \frac{\pi^2}{6}\frac{D'(\epsilon_F)}{D(\epsilon_F)}(k_{\mathrm{B}}T)^2 \tag{7.52}$$

自由粒子の系では式 (7.31) を用いると

$$\mu = \epsilon_F - \frac{\pi^2}{12}\frac{(k_{\mathrm{B}}T)^2}{\epsilon_F} \tag{7.53}$$

問題

(1) 絶対 0 度の理想フェルミ気体のモデルとして次のようなものを考える．各々の粒子は体積 V/N の立方体の中に閉じ込められて，外側に出られないものとする．このとき，粒子の基底状態のエネルギー ϵ_s，および壁にかかる圧力 P_s を求めよ．これと上に求めたフェルミエネルギー ϵ_F，および絶対 0 度における圧力 P とを比較せよ．

(2) 式 (7.48) を用いて，温度 T のときのフェルミ粒子系のエネルギーが次のように書けることを示せ．

$$E(T) = E_0 + \frac{\pi^2}{4} D(\epsilon_F)(k_B T)^2 \tag{7.54}$$

また，このときの比熱を求めよ．

7.7 金属・半導体

身近な系でフェルミ粒子の理想気体に近いものは金属の中の電子である．金属中の原子の外殻にある電子（価電子）は，原子から離れ，金属中を自由に動き回ることができる．価電子を失った原子はイオンとして結晶格子をつくる．個々の自由電子はイオンや他の自由電子からの力を受けながら運動する．そこで簡単なモデルとして自由電子の運動は独立であり，その運動は次のハミルトン関数で記述されるものと考えよう．

$$H = \frac{p^2}{2m} + u(\boldsymbol{r}) \tag{7.55}$$

ここで $u(\boldsymbol{r})$ は，イオンや他の自由電子によってつくられるポテンシャルを表す．$u(\boldsymbol{r})$ は結晶と同じ周期構造をもつ．

もっとも簡単な近似として，$u(\boldsymbol{r})$ が場所によらず一定であるとしよう．

$$u(\boldsymbol{r}) = -u_0 = \text{一定} \tag{7.56}$$

すると自由電子は前節の理想フェルミ気体で近似することができる．金属中の電子の数密度は $10^{23}/\text{cm}^3$ 程度であるから，常温 ($T = 300\,\text{K}$) において熱波長は $4\,\text{nm}$ 程度である．一方自由電子の間隔 $(V/N)^{1/3}$ は，結晶の原子間隔の程度であるから $0.1\,\text{nm}$ 程度である．したがって，金属においては量子効果が非常に強い．フェルミエネルギー ϵ_F は数 eV 程度となる．これは温度に換算すると

$T_F = \epsilon_F/k_B = 10^4$ K の程度である．温度 T において熱励起されている自由電子の数は T/T_F の程度である．常温の場合これは 1% 以下である．

金属の自由電子模型は，ドルーデ (Drude) やローレンツ (Lorentz) により 20 世紀の初頭に提案されて，多くの実験事実を説明したが，この模型は比熱を説明できないという欠点があった．自由電子の中で，動きうるものは T/T_F の程度であるということが量子統計により示され，この矛盾が解消されたのである．

上の議論では自由電子は平坦なポテンシャルの中を運動していると考えたが，実際には自由電子は，結晶と同じ周期構造をもった，でこぼこしたポテンシャルの中を動いている．与えられた結晶について，ポテンシャルをどのように決めるのか，また，どのように固有値問題を解くかという問題は本書の範囲を超えるので，ここでは述べない．平衡状態の統計力学に関する限り，重要な量は電子の状態密度 $D(\epsilon)$ だけである．

量子力学の計算によると，結晶中の電子の状態密度 $D(\epsilon)$ は一般に図 7.3 に示すようなバンド構造をもっている．すなわち，$D(\epsilon)$ はあるエネルギーの帯域 (エネルギーバンド) に限って正の値をもつ．これ以外の領域では状態密度は 0 となる．この領域を禁止帯という．

結晶が電気を通すか通さないかは，状態密度の形とフェルミエネルギーの位

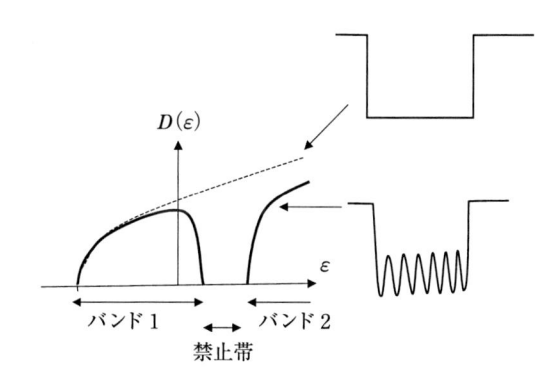

図 7.3 平坦なポテンシャルの中の電子の状態密度 (点線) および周期的なポテンシャル中の状態密度 (実線)

置で決まる．電場によって電子に与えられるエネルギーは小さいので，電場をかけたとき，加速される電子は，フェルミエネルギー近傍の電子だけである．このようなことが起こるためには，フェルミエネルギーがエネルギーバンドの中になくてはならない．

金属では，図 7.4 (a) に示すようにフェルミエネルギーはバンドの中にあるので高い導電性を示す．一方，絶縁体では，図 7.4 (b) のように，電子はバンドの上まで詰まっている．このような場合，通常の大きさの電場では，電子を高いエネルギー状態に移すことができないので，電子は加速されず，電流は流れない．

絶縁体であっても，図 7.4 (c) のように不純物を加えて，空のエネルギーバンドの近くに状態をつくってやれば，熱励起により，空のバンドに一定の電子が存在するようになる．このような物質を半導体という．空のバンドに存在する電子は，電場によって加速されるので電気伝導に寄与する．電気伝導に寄与

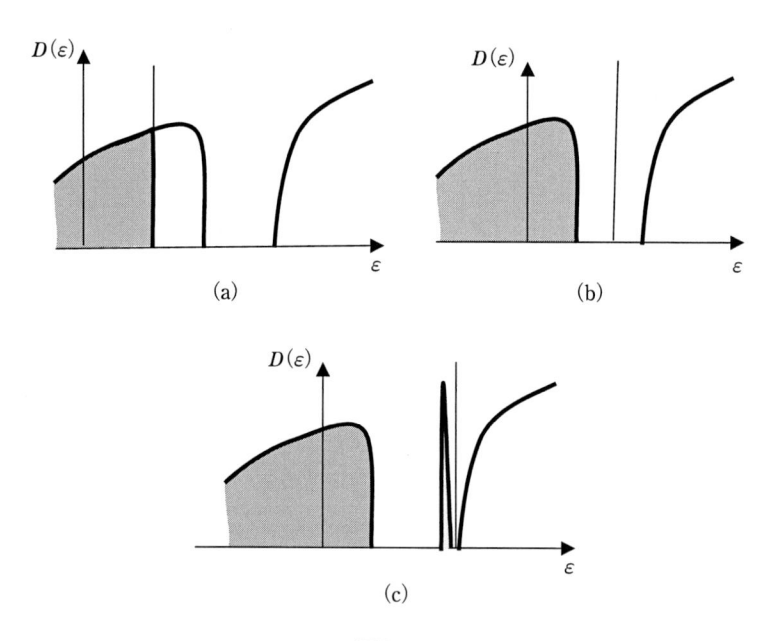

図 7.4
周期的なポテンシャルに対する状態密度と電子分布を金属，絶縁体，半導体の場合について示した．(a) 金属，(b) 絶縁体，(c) 半導体．

する電子を含むバンドを伝導帯という．

例題　半導体の不純物原子の電子の熱励起

Si, Ge などの 4 価の元素の結晶に 5 価の元素（電子を供給するのでドナーと呼ばれる）を加えてつくられた不純物半導体の状態密度を図 7.4 (c) に示した．式で表せば

$$D(\epsilon) = N_d \delta(\epsilon + \epsilon_d) + A\sqrt{\epsilon} \tag{7.57}$$

ここで N_d はドナーの数，$-\epsilon_d$ は加えられたドナーに束縛された電子のエネルギー（ドナー順位）であり，A は電子の質量で決まる定数である．絶対 0 度ですべての電子はドナー順位にあるとする．温度 T においてドナー順位から，伝導帯に熱励起されている電子の数を求めよ．$\beta\epsilon_d > 1$ としてよい．

解答

伝導帯にある電子の数を N_c とすれば，ドナー順位にある電子の数は $N_d - N_c$ である．電子の化学ポテンシャルを μ とすれば，式 (7.28) より

$$N_d - N_c = \frac{N_d}{e^{-\beta(\epsilon_d + \mu)} + 1} \tag{7.58}$$

$$N_c = \int_0^\infty d\epsilon \frac{A\sqrt{\epsilon}}{e^{\beta(\epsilon - \mu)} + 1} \tag{7.59}$$

ここで $e^{-\beta\mu} \gg 1$ であるとすると

$$N_c = \int_0^\infty d\epsilon A\sqrt{\epsilon}\, e^{-\beta(\epsilon - \mu)} = \frac{A\pi^{1/2}}{2\beta^{3/2}} e^{\beta\mu} \tag{7.60}$$

式 (7.58), (7.62) より，$e^{-\beta\mu}$ を消去すると，

$$\frac{N_c^2}{N_d - N_c} = \frac{A\pi^{1/2}}{2\beta^{3/2}} e^{-\beta\epsilon_d} \tag{7.61}$$

$\beta\epsilon_d > 1$ のときには $N_c \ll N_d$ である．よって

$$\frac{N_c}{N_d} = \sqrt{\frac{A\pi^{1/2}}{2N_d \beta^{3/2}}} e^{-\beta\epsilon_d/2} \tag{7.62}$$

伝導体に熱励起される電子の数は $e^{-\beta\epsilon_d/2}$ に比例する．

7.8 ボーズ粒子の統計

ボーズ粒子においても,フェルミ粒子と同様,粒子密度が低い場合には量子効果は効かず,粒子は古典的な理想気体のように振る舞う.量子効果が重要となるのは式 (7.41) が満たされる高密度または低温の場合である.フェルミ粒子の場合には,金属の自由電子モデルのように量子効果が重要になる系が身近に存在する.しかしボーズ粒子の場合には,量子効果が重要となるのは特別な場合に限られてしまう.それは,ボーズ粒子として存在する現実の粒子が電子に比べてずっと大きな質量をもっているからである (たとえば,ヘリウムの質量は電子の 8000 倍である.そのため,式 (7.41) が満たされるのは非常な低温か非常な高密度の場合に限られてしまう).

しかし,低温におけるボーズ粒子の振る舞いは,理論的に興味深い.ボーズ粒子は一つの軌道にいくつもの粒子が入ることができるので,絶対 0 度では,すべての粒子がもっともエネルギーが低い軌道に入ることになる.興味深い点は,この変化が,連続的に起こるのではなく,ある特徴的な温度を境にして始まるという点である.

体積 V の箱の中に入ったスピン 0 の理想ボーズ粒子を考えよう.スピンの多重度がないから,状態密度は式 (6.58) で与えられる.運動エネルギー 0 の状態をエネルギーの基準にとったとき,化学ポテンシャルは負 (または 0) でなくてはならないことに注意しよう.なぜなら,式 (7.24) で与えられる $\langle n_i \rangle$ は正でなくてはならないからである.

化学ポテンシャル μ の値は次の式で決まる.

$$N = \int_0^\infty d\epsilon D(\epsilon) \frac{1}{e^{\beta(\epsilon-\mu)}-1} = \frac{V(2m)^{3/2}}{4\pi^2\hbar^3} \int_0^\infty d\epsilon \frac{\epsilon^{1/2}}{e^{\beta(\epsilon-\mu)}-1} \quad (7.63)$$

$\alpha = \beta\mu$, $x = \beta\epsilon$ とおくと,式 (7.63) は次のようになる.

$$\int_0^\infty dx \frac{x^{1/2}}{e^{x-\alpha}-1} = \frac{\sqrt{2}\pi^2\hbar^3}{(mk_\mathrm{B}T)^{3/2}} \frac{N}{V} \quad (7.64)$$

この方程式の解を調べるために,左辺を α の関数とみて

7.8 ボーズ粒子の統計

$$I(\alpha) = \int_0^\infty dx \frac{x^{1/2}}{e^{x-\alpha}-1} \tag{7.65}$$

とおく．$I(\alpha)$ は $\alpha < 0$ の領域で α の増加関数であり，$\alpha \to 0$ で次の極限値に近づく．

$$I(0) = \int_0^\infty dx \frac{x^{1/2}}{e^x-1} = \frac{\sqrt{\pi}}{2}\zeta\left(\frac{3}{2}\right) \tag{7.66}$$

式 (7.64) の左辺は $I(0)$ より必ず小さい．一方，式 (7.64) の右辺は温度を下げてゆくといくらでも大きくなるので，ある温度 T_c 以下では式 (7.64) を満たす α が存在しなくなる．このような低温では，$\epsilon = 0$ の最低エネルギー状態に巨視的な数の粒子が入るようになる．これをボーズ-アインシュタイン (Bose-Einstein) 凝縮という．ボーズ-アインシュタイン凝縮が起こる温度 T_c は，次の式で決まる．

$$\frac{\sqrt{2}\,\pi^2\hbar^3}{(mk_B T_c)^{3/2}}\frac{N}{V} = I(0) \tag{7.67}$$

$T < T_c$ では，最低エネルギー状態に巨視的な数の粒子が入るので，化学ポテンシャル μ は 0 となる．励起状態にある粒子の数は

$$N' = \int_0^\infty d\epsilon D(\epsilon)\frac{1}{e^{\beta\epsilon}-1} = \frac{V(mk_B T)^{3/2}}{\sqrt{2}\,\pi^2\hbar^3}I(0) \tag{7.68}$$

で与えられる．式 (7.67) を用いると，この式は次のように書ける．

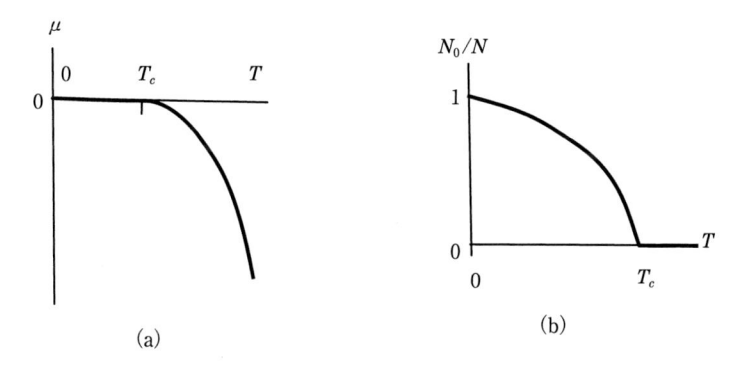

図 7.5 (a) 理想ボーズ粒子の化学ポテンシャル μ，(b) 全粒子のうち最低エネルギー状態にある粒子の割合 N_0/N

$$N' = N \left(\frac{T}{T_c}\right)^{3/2} \tag{7.69}$$

$T < T_c$ では $N_0 = N - N'$ 個の粒子が最低エネルギー状態に入る．図 7.5 (a) にボーズ気体の化学ポテンシャルを温度の関数として示した．図 7.5 (b) には最低エネルギー状態に入っている粒子の割合を示した．

7.9 フォノンとフォトン

7.9.1 振動量子

6.4 節で調和振動子の比熱を，カノニカル分布に基づいて計算したが，これを別の観点から眺めてみる．角振動数 ω で振動する調和振動子のエネルギー固有値は

$$E_n = \hbar\omega\left(n + \frac{1}{2}\right), \qquad n = 0, 1, 2, \ldots \tag{7.70}$$

で与えられる．したがって系が n で指定される固有状態にある確率は次のようになる．

$$P_n = \frac{e^{-\beta E_n}}{\sum_{m=0}^{\infty} e^{-\beta E_m}} \tag{7.71}$$

$x = e^{-\beta\hbar\omega}$ とおくと，

$$P_n = \frac{x^n}{\sum_{m=0}^{\infty} x^m} = x^n(1-x) \tag{7.72}$$

よって n の平均は次のようになる．

$$\begin{aligned}
\langle n \rangle &= \sum_{n=0}^{\infty} n x^n (1-x) \\
&= x(1-x)\frac{\partial}{\partial x}\sum_{n=0}^{\infty} x^n \\
&= \frac{x}{1-x} \\
&= \frac{1}{e^{\beta\hbar\omega} - 1}
\end{aligned} \tag{7.73}$$

$\epsilon = \hbar\omega$ とおけば，式 (7.73) はボーズ–アインシュタイン分布 (7.24) において

$\mu=0$ とおいたものに他ならない．そこで，振動子の状態を記述するのに，「振動量子」という粒子を考えることにする．振動子が固有状態 $|n\rangle$ にあるという代わりに，n 個の振動量子があると考えるのである．各々の振動量子は $\hbar\omega$ のエネルギーをもっているので，n 個の振動量子がある状態のエネルギーは $n\hbar\omega$ である．

振動の状態を振動量子で表すと，物質中の光や音波を量子的粒子の集合と考えることができる．古くプランク (Planck) やアインシュタイン (Einstein) は，光が粒子であると考え，熱輻射や光電効果を説明した．彼らの考えは光の振動を振動量子と考えることに相当している．

以下，このような見方で，格子振動や光の振動の問題を考える．

7.9.2 格子振動

結晶中の原子は熱運動をしている．古典統計によると，4 章の付録の問題に示したように，f 個の自由度をもつ振動子系の比熱は fk_B である．したがって結晶中の原子の数を N とすると，比熱は温度によらず $3Nk_B$ となるはずである．一方，実験によると，結晶の比熱は温度に依存し，特に低温では非常に小さな値をもつ．この実験事実は古典統計力学では説明できないことであった．

前章に説明したように，振動の量子性を考慮するとこの矛盾は解決できる．結晶の中の原子の振動はいくつかの基準振動の重ね合わせで表すことができる．角振動数 ω をもつ基準振動は $\hbar\omega/k_B$ より低い温度では凍結しており，比熱には寄与しない．特に絶対 0 度ではすべての基準振動が凍結されているので比熱は 0 である．温度を上げるにつれ，比熱に寄与する基準振動の数が多くなるので，比熱は増大する．デバイ (Debye) はこのような考えに基づいて結晶の比熱の温度依存性を説明した．この考えに従って，格子振動による結晶の比熱を考える．

線形の方程式で記述される振動運動はいくつかの基準振動の重ね合わせで表すことができる．それぞれの基準振動は固有の振動モードと固有の角振動数をもっている．N 個の原子からなる固体結晶には $3N$ 個の基準振動がある[1]．そ

---

1) 正確には $3N$ 個の自由度のうち，格子全体の並進と回転は振動と無関係であるので，基準振動の数は $3N-6$ である．$N \gg 1$ であるからこの違いは問題にならない．

れぞれの基準振動の振動量子はフォノン (phonon) と呼ばれる．格子振動はいろいろな基準振動を表すフォノンの集まりで記述される．固有角振動数 ω_i に対応するフォノンは $\epsilon_i = \hbar\omega_i$ のエネルギーをもつ．

温度 T の熱平衡状態にある固体結晶において，固有角振動数 ω をもつフォノンの平均の数は式 (7.73) で与えられる．よって格子振動の全エネルギーの平均値は，次のように書くことができる．

$$E = \sum_i \langle n_i \rangle \hbar\omega_i$$

$$= \sum_i \frac{\hbar\omega_i}{e^{\beta\hbar\omega_i} - 1} \tag{7.74}$$

ここで基底状態のエネルギーをエネルギーの基準にとった．ω より低い固有角振動数をもつ基準振動の数を $N(\omega)$，その微分を $D(\omega)$ と書く．

$$N(\omega) = \sum_i \Theta(\omega - \omega_i) \tag{7.75}$$

$$D(\omega) = \frac{dN(\omega)}{d\omega} \tag{7.76}$$

$D(\omega)$ はフォノンの状態密度を表す．$D(\omega)$ を用いると式 (7.74) は次のようになる．

$$E = \int d\omega D(\omega) \frac{\hbar\omega}{e^{\beta\hbar\omega} - 1} \tag{7.77}$$

$D(\omega)$ を求めるには，固体結晶の基準振動を計算しなくてはならない．この計算は一般に複雑である．しかし，固体を連続体とみなすと，$D(\omega)$ について簡単な近似式を導くことができる．

連続弾性体における基準振動は弾性波に相等する．等方的な連続弾性体においては，3 つの弾性波がある．1 つは縦波で，残りの 2 つは横波である．これらの弾性波を σ ($\sigma = 1, 2, 3$) で区別することにする．連続弾性体の基準振動は，波数ベクトル $\boldsymbol{k}$ と σ で特徴づけられる．モード σ の弾性波の音速を c_σ とすると，波の角振動数は次のように書ける．

$$\omega_{\boldsymbol{k},\sigma} = c_\sigma |\boldsymbol{k}| \tag{7.78}$$

$N(\omega)$ を，ω より小さな固有角振動数をもつ固有振動の数とすると

$$N(\omega) = \sum_{\bm{k},\sigma} \Theta(\omega - \omega_{\bm{k},\sigma}) \tag{7.79}$$

ここで，式 (6.54) と同じように $\bm{k}$ についての和を積分で置き換える．

$$\sum_{\bm{k}} = \frac{V}{(2\pi)^3} \int d\bm{k} \tag{7.80}$$

すると

$$N(\omega) = \sum_{\sigma=1,2,3} \frac{V}{(2\pi)^3} \int d\bm{k}\, \Theta(\omega - c_\sigma |\bm{k}|)$$

$$= \frac{V}{(2\pi)^3} \sum_{\sigma=1,2,3} \frac{4\pi}{3} \left(\frac{\omega}{c_\sigma}\right)^3 \tag{7.81}$$

ここで

$$\frac{1}{c^3} = \frac{1}{3} \sum_\sigma \frac{1}{c_\sigma^3} \tag{7.82}$$

とおくと，$N(\omega)$ は次のように書くことができる．

$$N(\omega) = \frac{V}{2\pi^2} \left(\frac{\omega}{c}\right)^3 \tag{7.83}$$

基準振動の総数は $3N$ に等しくなくてはならないので，ω には最大値があると考え，最大値 ω_D を次の式で決める．

$$N(\omega_D) = 3N \tag{7.84}$$

基準振動の振動数密度 $D(\omega)$ は $D(\omega) = dN(\omega)/d\omega$ で与えられるから，次のようになる．

$$D(\omega) = \begin{cases} \dfrac{3V}{2\pi^2 c^3} \omega^2 & \omega < \omega_D \\ 0 & \omega > \omega_D \end{cases} \tag{7.85}$$

$D(\omega)$ に対する，このように簡略化した模型をデバイ模型という．最大値 ω_D は格子振動の最大固有振動数に対応する．ω_D に対応する温度

$$T_D = \frac{\hbar \omega_D}{k_B} \tag{7.86}$$

はデバイ温度と呼ばれる．

格子振動のエネルギーは式 (7.77) で与えられるから，比熱 $C(T)$ は次のようになる．

$$C(T) = \frac{dE}{dT} = k_B \int d\omega \frac{D(\omega)(\beta\hbar\omega)^2 e^{\beta\hbar\omega}}{(e^{\beta\hbar\omega}-1)^2} \tag{7.87}$$

式 (7.85) を用いて整理すると

$$C(T) = 9Nk_B \left(\frac{T}{T_D}\right)^3 \int_0^{T_D/T} dx \frac{x^4 e^x}{(e^x-1)^2} \tag{7.88}$$

となる．

$T \ll T_D$ の場合には式 (7.88) の積分の上限を無限大で置き換え，公式

$$\int_0^\infty dx \frac{x^4 e^x}{(e^x-1)^2} = \frac{4\pi^2}{15} \tag{7.89}$$

を用いると

$$C(T) = \frac{12\pi^2}{5} Nk_B \left(\frac{T}{T_D}\right)^3 \tag{7.90}$$

となる．一方，$T \gg T_D$ の場合には，式 (7.88) の被積分関数を $x^4 e^x/(e^x-1)^2 \simeq x^2$ と近似することができる．すると

$$C(T) = 3Nk_B \tag{7.91}$$

となる．

格子振動による比熱が古典論で与えられるのは温度がデバイ温度 T_D に比べて十分高いときである．$T \ll T_D$ の場合には式 (7.89) で示されるように，格子の比熱は古典論で与えられるものに比べてずっと小さくなる．

7.9.3 熱輻射

鉄を熱すると，光を出す．光の色は鉄の温度によって変わる．低い温度では鉄は赤銅色の光を出すが，温度を高くすると青白く輝くようになる．同じことはろうそくの炎にもみられる．ろうそくの炎の中心は温度が低く，赤い色をしているが，周辺の温度が高いところは白い光を出している．

熱せられた物体が光を出すのは，原子と光の相互作用の結果である．物体を構成する原子は光を吸収して高いエネルギー状態に移ったり，光を放出して，低いエネルギー状態に移ったりする．この素過程は，原子ごとに異なっており

複雑である．しかし，相互作用の結果，物体と光が熱平衡状態にあるものとすると，光の強さの分布は物体と無関係に温度だけから決めることができる．

弾性波と同様，光の基準振動は，波数ベクトル $\bm{k}$ と波のモードを表すパラメータ σ で表すことができる．σ は光の偏光方向に対応し，$\sigma=1,2$ の 2 つの値をとる．これらの基準振動に対応する光の量子はフォトン (photon) と呼ばれる．フォトンは波数ベクトル $\bm{k}$ と σ で区別される．波数ベクトル $\bm{k}$ のフォトンの角振動数は $\omega = c|\bm{k}|$，エネルギーは $\hbar\omega = \hbar c|\bm{k}|$ である (c は光の速度)．

温度 T の壁に囲まれた空間に充満する光を考える．熱平衡状態においては波数ベクトル $\bm{k}$，偏光 σ をもつフォトンの数の平均 $n_{\bm{k},\sigma}$ は式 (7.73) によって与えられ，次のようになる．

$$n_{\bm{k},\sigma} = \frac{1}{e^{\beta\hbar c|\bm{k}|} - 1} \tag{7.92}$$

光が充満している空間の体積を V とする．この空間の中で ω より小さな角振動数をもつフォトンの数 $Q(\omega)$ は次のようになる．

$$\begin{aligned}
Q(\omega) &= \sum_{\bm{k},\sigma} n_{\bm{k},\sigma} \Theta(\omega - c|\bm{k}|) \\
&= 2\frac{V}{(2\pi)^3} \int d\bm{k} \frac{\Theta(\omega - c|\bm{k}|)}{e^{\beta\hbar c|\bm{k}|} - 1} \\
&= \frac{V}{\pi^2 c^3} \int_0^\omega d\omega' \frac{\omega'^2}{e^{\beta\hbar\omega'} - 1}
\end{aligned} \tag{7.93}$$

振動数が ω と $\omega + d\omega$ の範囲にある光の単位体積あたりのエネルギー密度を $\epsilon(\omega)d\omega$ とすると

$$\epsilon(\omega)d\omega = \frac{\hbar\omega}{V}[Q(\omega + d\omega) - Q(\omega)] = \frac{\hbar\omega}{V}\frac{dQ}{d\omega}d\omega \tag{7.94}$$

よって

$$\epsilon(\omega) = \frac{\hbar}{\pi^2 c^3} \frac{\omega^3}{e^{\beta\hbar\omega} - 1} \tag{7.95}$$

これをプランクの放射公式という．

$\epsilon(\omega)$ は $\omega \simeq k_B T/\hbar$ で最大となる．すなわち，エネルギースペクトルが最大となる光の振動数は温度とともに増大する．このため，温度を上げると鉄の色は赤から青白い色に変化するのである．

エネルギースペクトルが最大になる光の振動数があるのは量子効果である．実際 $\hbar \to 0$ の極限をとると，$\epsilon(\omega)$ は ω とともに単調に減少するだけの関数になってしまう．プランクは，古典論で与えられる光のスペクトルと実験の矛盾を説明するために，光のエネルギーに量子性があると考え，今日の量子力学の発端となった理論をつくったのである．

問題

(1) 波長が λ と $\lambda+d\lambda$ にある光のエネルギー強度は単位体積あたり，次のように書けることを示せ．

$$u(\lambda)d\lambda = \frac{16\pi^2 \hbar c}{\lambda^5} \frac{1}{e^{2\pi\beta\hbar c/\lambda} - 1} d\lambda \tag{7.96}$$

付　　録

付録1　低温のフェルミ分布に対する近似式

式 (7.48) を示すには任意の連続関数 $g(\epsilon)$ に対して，次の積分公式が成り立つことを示せばよい．

$$\int_0^\infty d\epsilon\, g(\epsilon) f(\epsilon) = G(\mu) + \frac{\pi^2}{6\beta^2} g'(\mu) \tag{7.97}$$

ここで $G(\epsilon)$ は $g(\epsilon)$ の積分関数，

$$G(\epsilon) = \int_0^\epsilon d\epsilon\, g(\epsilon) \tag{7.98}$$

また $g'(\epsilon)$ は $g(\epsilon)$ の一階微分を表す．

証明　式 (7.97) の左辺で，$g = dG/d\epsilon$ とおき，部分積分を行うと

$$\int_0^\infty d\epsilon\, g(\epsilon) f(\epsilon) = \int_0^\infty d\epsilon \frac{dG(\epsilon)}{d\epsilon} f(\epsilon) \tag{7.99}$$

$$= -\int_0^\infty d\epsilon\, G(\epsilon) \frac{df(\epsilon)}{d\epsilon} \tag{7.100}$$

$df(\epsilon)/d\epsilon$ は $\epsilon = \mu$ に鋭いピークをもつ関数であるから，$G(\epsilon)$ を $\epsilon = \mu$ の周りでテーラー展開して積分を計算する．

$$G(\epsilon) = G(\mu) + (\epsilon - \mu)G'(\mu) + \frac{1}{2}(\epsilon - \mu)^2 G''(\mu) \tag{7.101}$$

最初の2つの項の積分は簡単に実行できる．

$$\int_0^\infty d\epsilon \frac{df(\epsilon)}{d\epsilon} = -1 \tag{7.102}$$

$$\int_0^\infty d\epsilon (\epsilon - \mu) \frac{df(\epsilon)}{d\epsilon} = 0 \tag{7.103}$$

最後の積分は $x = \beta(\epsilon - \mu)$ とおくと次のように書ける.

$$\int_0^\infty d\epsilon (\epsilon - \mu)^2 \frac{df}{d\epsilon} = \frac{I}{\beta^2} \tag{7.104}$$

ここで

$$I = \int_{-\infty}^\infty dx\, x^2 \frac{d}{dx}\left(\frac{1}{e^x+1}\right) = 2\int_0^\infty dx\, x^2 \frac{d}{dx}\left(\frac{1}{e^x+1}\right) \tag{7.105}$$

部分積分を行うと

$$I = -\int_0^\infty dx\, 4x \frac{1}{e^x+1} \tag{7.106}$$

$1/(e^x+1)$ を e^{-x} について展開して,各項ごとに積分を行うと

$$I = \sum_{p=1}^\infty (-1)^p \int_0^\infty dx\, 4x e^{-px}$$

$$= 4\sum_{p=1}^\infty (-1)^p \frac{1}{p^2}$$

$$= \frac{\pi^2}{3} \tag{7.107}$$

式 (7.102), (7.103), (7.107) の公式を用い,式 (7.97) が証明される.

章末問題

(1) $(i_1, i_2, ..., i_N)$ で指定される固有関数のあらわな表式は次のようになる.ボーズ粒子については

$$\Psi_{i_1, i_2, ..., i_N}(\xi_1, \xi_2, ..., \xi_N)$$
$$= \frac{1}{\sqrt{N!}} \sum_{\text{all permutation}} \psi_{i_1}(\xi_{p_1}) \psi_{i_2}(\xi_{p_2}) ... \psi_{i_N}(\xi_{p_N}) \tag{7.108}$$

ここで $(p_1, p_2, ..., p_N)$ は $(1, 2, ..., N)$ の置換を表し,和はすべての置換についてとるものとする.フェルミ粒子の場合には,固有関数は次のスレーター (Slater) 行列式で表される.

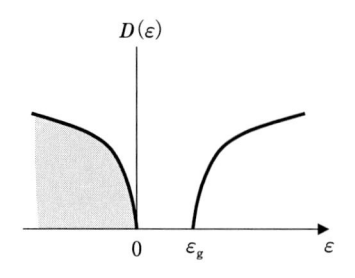

図7.6 真性半導体

$$\Psi_{i_1,i_2,\ldots,i_N}(\xi_1,\xi_2,\ldots,\xi_N)$$
$$= \frac{1}{\sqrt{N!}} \begin{vmatrix} \psi_{i_1}(\xi_1), & \psi_{i_1}(\xi_2), & \ldots & \psi_{i_1}(\xi_N) \\ \psi_{i_2}(\xi_1), & \psi_{i_2}(\xi_2), & \ldots & \psi_{i_2}(\xi_N) \\ \cdot & \cdot & \ldots & \cdot \\ \psi_{i_N}(\xi_1), & \psi_{i_N}(\xi_2), & \ldots & \psi_{i_N}(\xi_N) \end{vmatrix} \qquad (7.109)$$

これらの波動関数が規格化直交条件を満たすことを示せ.

(2) フェルミ気体やボーズ気体の圧力が次の式で与えられることを証明せよ.

$$PV = \int_0^\infty d\epsilon N(\epsilon) f(\epsilon) \qquad (7.110)$$

これを用いて式 (7.47) を導け.

(3) 真性半導体の状態密度は図 7.6 に示すような形になる.

$$D(\epsilon) = \begin{cases} A\sqrt{-\epsilon} & \epsilon < 0 \\ 0 & 0 < \epsilon < \epsilon_g \\ B\sqrt{\epsilon - \epsilon_g} & \epsilon_g < \epsilon \end{cases} \qquad (7.111)$$

絶対 0 度において, $\epsilon < 0$ の状態は電子で完全に占められ, $\epsilon > \epsilon_g$ の状態には電子がまったく存在しないとする. 有限温度において化学ポテンシャル μ および, $\epsilon > \epsilon_g$ の状態に励起される電子数を求めよ.

(4) ボーズ気体において, $T < T_c$ では, 圧力 P は体積によらず温度 T だけの関数となり, $P \propto T^{5/2}$ となることを示せ.

(5) 2次元の理想ボーズ気体はボーズ–アインシュタイン凝縮を起こさないことを示せ.

第8章
相互作用のある系

　これまでの章では，理想気体や理想フェルミ気体など，独立な要素からなる系を扱ってきた．この章では要素の間の相互作用が無視できない場合を考える．実をいえば，理想気体などこれまでの章で扱ってきた物質は，例外的な物質である．現実の物質においては，ほとんどの場合，要素の間の相互作用が重要である．たとえば，水は液体 (水)，固体 (氷)，気体 (水蒸気) など多様な物質形態をとっているが，このような多様性はすべて水分子の間の相互作用から生まれるものである．

　分子間の相互作用を考えると，問題はとたんに難しくなり，分配関数を厳密に計算することができなくなる．そのため相互作用のある系を扱うには，何らかの近似を導入するか，計算機を用いた数値計算が必要となる．数値計算は汎用性のある強力な方法であるが，解の全体的な振る舞いを調べるには，解析計算の方が便利である．本章では，相互作用のある系を扱う典型的な近似法をいくつか述べる．

8.1　相互作用系の分配関数

　問題を明確にするために，球形分子からなる流体 (気体または液体) を考える．分子は質点で表されるものとし，2つの分子の間には距離 r に依存した分子間力が働くものとする．分子 i の位置座標を $\boldsymbol{r}_i$ とすると，i,j 分子の間の距離は $r_{ij} = |\boldsymbol{r}_i - \boldsymbol{r}_j|$ と書け，その間に働く力は相互作用ポテンシャル $u(r_{ij})$ を

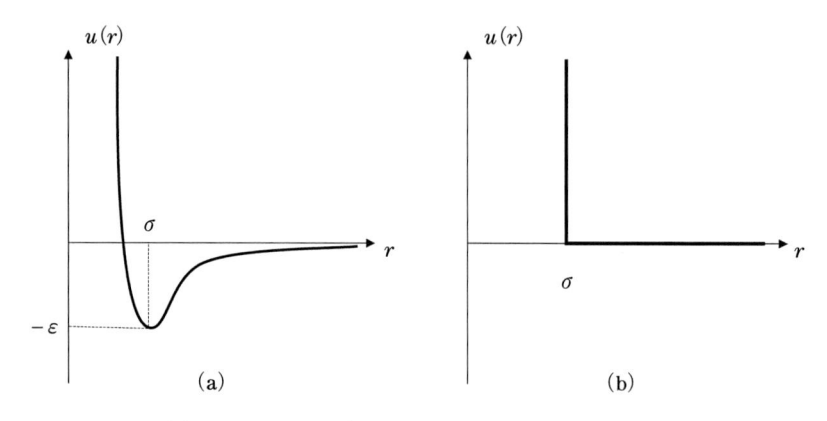

図 8.1 (a) 中性分子に対する分子間ポテンシャル $u(r)$ の典型的な形, (b) 剛体球状分子の分子間ポテンシャル

用いて表すことができる.

電荷も双極子ももたないような中性分子の間に働く相互作用ポテンシャルの一般形を図 8.1 に示した. 中性分子の分子間力は r の大きなところで引力となり, r の小さなところで斥力となる. r の大きなところで働く引力は, 分子のもつ双極子モーメントのゆらぎに起因するファンデアワールス (van–der Waals) 力であり, r^{-6} に比例する. このような分子間力を表現するモデルとしてよく用いられるのは, 次のレナード–ジョーンズ (Lennard–Jones) ポテンシャルである.

$$u_{LJ}(r) = \epsilon \left[\left(\frac{\sigma}{r}\right)^{12} - 2\left(\frac{\sigma}{r}\right)^{6} \right] \tag{8.1}$$

ここで, $-\epsilon$ は $u(r)$ の最小値であり, σ は相互作用ポテンシャルが最小となるときの距離である. σ は分子の直径にほぼ対応する長さである.

相互作用ポテンシャルの効果を考慮すると, 系のハミルトン関数は次のようになる.

$$H = K + U \tag{8.2}$$

$$K = \sum_{i=1}^{N} \frac{\bm{p}_i^2}{2m} \tag{8.3}$$

$$U = \sum_{i<j} u(\bm{r}_i - \bm{r}_j) \tag{8.4}$$

ここで $\sum_{i<j}$ は, $i<j$ という条件を満たすすべての i,j について和をとることを意味する. 系の分配関数は次の式で計算される.

$$Z = \frac{1}{(2\pi\hbar)^{3N}N!} \int d\{\boldsymbol{r}\}d\{\boldsymbol{p}\}e^{-\beta(K+U)} \tag{8.5}$$

ここで $\{\boldsymbol{r}\}$ は $(\boldsymbol{r}_1, \boldsymbol{r}_2, ..., \boldsymbol{r}_N)$ を表し, $d\{\boldsymbol{r}\}$ はそれらすべての座標についての積分を表す.

式 (8.5) の運動量に関する積分は直ちに実行できる. 積分した結果は次のように書くことができる.

$$Z = \frac{Q}{\lambda_T^{3N}N!} \tag{8.6}$$

ここで $\lambda_T = (2\pi\hbar^2/mk_BT)^{1/2}$ は 5 章で導入された熱波長であり (式 (5.28) 参照), Q は次のように定義される.

$$Q = \int d\{\boldsymbol{r}\}e^{-\beta U} \tag{8.7}$$

式 (8.6) は, 物質が気体であっても液体であっても適用できるものである. しかし, Q の積分は正確には計算できないので, 近似が必要となる. 近似を行うにあたっては, 物質が気体であるか液体であるかを考慮する必要がある.

8.2 密度展開の方法

最初に物質が気体である場合を考えよう. 分子間の相互作用があったとしても, 気体の密度が低ければ, 分子の衝突がまれにしか起こらないので, その効果は小さい. 分子の数密度を $n = N/V$ としよう. $n \to 0$ の極限では, 理想気体のモデルが厳密に正しいものとなる. n が有限であっても小さい場合には, 相互作用の効果を摂動的に取り扱うことができる. このような扱いを密度展開という.

密度展開の方法では, 理想気体からのずれを密度のべき級数で表す. たとえば, 中性分子からなる系では, 圧力 P は次のように書くことができる.

$$P = \frac{Nk_BT}{V}\left[1 + B_2(T)n + B_3(T)n^2 + ...\right] \tag{8.8}$$

これをビリアル展開という. $B_2(T), B_3(T)$ は温度だけの関数であり, それぞ

れ第2ビリアル係数，第3ビリアル係数と呼ばれる．密度展開はいつでも可能なわけではない．たとえば本章の最後に示す電荷をもつ粒子からなる系では，理想気体からのずれは式 (8.8) のように書くことはできない．

　密度展開を行うには，カノニカル分布よりグランドカノニカル分布を用いる方が便利である．グランドカノニカル分布の大分配関数の表式 (5.19)

$$\Xi = \sum_{N=0}^{\infty} Z_N(T) e^{N\beta\mu} \tag{8.9}$$

は $e^{\beta\mu}$ についてのべき級数とみることができる．理想気体においては，式 (5.30) でみたように $e^{\beta\mu}$ は分子の数密度 n に比例するので，大分配関数の表式 (8.9) はほぼ密度に関するべき展開であるとみなすことができる．

　以下の計算を簡単にするために，

$$\xi = e^{\beta\mu} \tag{8.10}$$

とおく．理想気体では ξ が密度 n に比例するので，理想気体からのずれが小さい場合は式 (8.9) を利用して，n についての展開を実行することができる．

　式 (8.9) において，右辺の ξ^3 以上の項を無視すると大分配関数は次のようになる．

$$\Xi(T,\mu) = 1 + Z_1 \xi + Z_2 \xi^2 \tag{8.11}$$

気体中の平均分子数 $\langle N \rangle$ は式 (5.24) より $\xi \partial \ln \Xi / \partial \xi$ で与えられる．ξ^2 までの項を考慮するとこれは次のようになる．

$$\langle N \rangle = \xi \frac{Z_1 + 2Z_2 \xi}{1 + Z_1 \xi + Z_2 \xi^2} = \xi Z_1 \left[1 + \left(\frac{2Z_2}{Z_1} - Z_1 \right) \xi \right] \tag{8.12}$$

ここで $Z_1 = V/\lambda_T^3$ であり，$2Z_2/Z_1 - Z_1$ は次のように計算される．

$$\frac{2Z_2}{Z_1} - Z_1 = \frac{1}{V\lambda_T^3} \int d\boldsymbol{r}_1 d\boldsymbol{r}_2 e^{-\beta u(\boldsymbol{r}_1 - \boldsymbol{r}_2)} - \frac{V}{\lambda_T^3} \tag{8.13}$$

$$= \frac{1}{V\lambda_T^3} \int d\boldsymbol{r}_1 d\boldsymbol{r}_2 \left[e^{-\beta u(\boldsymbol{r}_1 - \boldsymbol{r}_2)} - 1 \right] \tag{8.14}$$

ポテンシャル $u(\boldsymbol{r})$ は $|\boldsymbol{r}|$ の増加とともに急激に小さくなるので，$e^{-\beta u(\boldsymbol{r}_1 - \boldsymbol{r}_2)} - 1$ を $\boldsymbol{r}_2$ について積分した結果は $\boldsymbol{r}_1$ によらない．よって

8.2 密度展開の方法

$$b = \int d\boldsymbol{r}[e^{-\beta u(\boldsymbol{r})} - 1] \tag{8.15}$$

とおくと，$2Z_2/Z_1 - Z_1$ は b/λ_T^3 となり，式 (8.12) は次のようになる．

$$\langle N \rangle = \xi \frac{V}{\lambda_T^3} \left[1 + \frac{b}{\lambda_T^3} \xi \right] \tag{8.16}$$

気体の密度は $n = \langle N \rangle/V$ で与えられるので，式 (8.12) を ξ について解くと

$$\xi = n\lambda_T^3 (1 - bn) + O(n^3) \tag{8.17}$$

一方，気体の圧力は式 (5.23) と式 (8.11) より

$$\begin{aligned} PV &= k_\mathrm{B} T \ln(1 + Z_1 \xi + Z_2 \xi^2) \\ &= k_\mathrm{B} T Z_1 \xi \left[1 + \left(\frac{Z_2}{Z_1} - \frac{Z_1}{2} \right) \xi \right] \end{aligned} \tag{8.18}$$

$$= k_\mathrm{B} T Z_1 \xi \left[1 + \frac{b}{2\lambda_T^3} \xi \right] \tag{8.19}$$

式 (8.17) を用いて左辺を密度 n のべきで表せば次の式を得る．

$$PV = N k_\mathrm{B} T \left(1 - \frac{b}{2} n \right) \tag{8.20}$$

式 (8.15) と式 (8.8) より，$B_2(T)$ は次式で与えられることがわかる．

$$B_2(T) = -\frac{1}{2} \int d\boldsymbol{r}[e^{-\beta u(\boldsymbol{r})} - 1] \tag{8.21}$$

同様の計算を繰り返すと (長い計算の結果)，$B_3(T)$ は次のように与えられることがわかる．

$$B_3(T) = -\frac{1}{3} \int d\boldsymbol{r}_1 d\boldsymbol{r}_2 f(\boldsymbol{r}_1) f(\boldsymbol{r}_2) f(\boldsymbol{r}_1 - \boldsymbol{r}_2) \tag{8.22}$$

ここで

$$f(\boldsymbol{r}) = e^{-\beta u(\boldsymbol{r})} - 1 \tag{8.23}$$

である．

問題
(1) 直径が σ の剛体球状の分子については，ポテンシャルエネルギーが次の式で与えられる (図 8.1 (b) 参照)．

$$u(r) = \begin{cases} \infty & r < \sigma \\ 0 & r > \sigma \end{cases} \tag{8.24}$$

このとき，$B_2(T)$ を計算せよ．

(2) ポテンシャルエネルギーが次の式で与えられる系について $B_2(T)$ を計算せよ．

$$u(r) = \begin{cases} \infty & r < \sigma_1 \\ -\epsilon & \sigma_1 < r < \sigma_2 \\ 0 & \sigma_2 < r \end{cases} \tag{8.25}$$

このとき，ある温度 T_B で $B_2(T)$ は 0 となり，圧力は理想気体の状態方程式に従う．T_B を求めよ (T_B のことをボイル温度という)．

(3) 多成分の希薄気体において，圧力のビリアル展開の表式を求め，第 2 ビリアル係数の表式を求めよ．

8.3 分布関数の方法

8.3.1 2体分布関数

前節で紹介した密度展開は高次の項を計算しようとすると急に計算が複雑となり，液体のような密度の高い系を扱うのには適していない．液体を扱うには密度展開に代わる方法として，2 体分布関数を用いる方法がある．

2 体分布関数 $n_2(\boldsymbol{r})$ とは，図 8.2 に示すように，ある 1 つの分子に着目し，その分子から $\boldsymbol{r}$ だけ離れた点の平均数密度を表す関数である．着目する分子を i とすれば，$n_2(\boldsymbol{r})$ は $\boldsymbol{r}_i + \boldsymbol{r}$ における平均の分子密度を表す関数である．これ

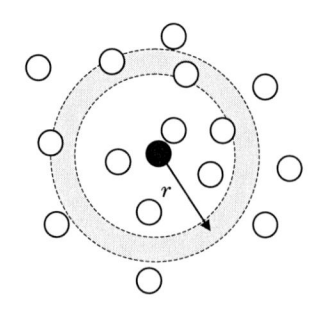

図 8.2
2 体分布関数 $n_2(r)$ は図の球殻状の領域における分子の平均密度を表す．

は次のように書くことができる (例題参照).

$$n_2(\boldsymbol{r}) = \sum_{j; j \neq i} \langle \delta(\boldsymbol{r}_i + \boldsymbol{r} - \boldsymbol{r}_j) \rangle \tag{8.26}$$

ここで $\langle ... \rangle$ は, 重み $e^{-\beta H}$ のカノニカル分布についての平均である. i は任意の分子でよいから, 式 (8.27) は次のように書くこともできる.

$$n_2(\boldsymbol{r}) = \frac{1}{N} \sum_{i,j; i \neq j} \langle \delta(\boldsymbol{r}_i + \boldsymbol{r} - \boldsymbol{r}_j) \rangle \tag{8.27}$$

$n_2(\boldsymbol{r})$ を解析的に求めることは簡単ではないが, 計算機シミュレーションや種々の近似理論で求めることができる. またX線や中性子を用いた散乱実験によっても求めることができる. 以下の節に示すように $n_2(\boldsymbol{r})$ が求まったとすると, エネルギー, 圧力など, ほとんどの熱力学量が $n_2(\boldsymbol{r})$ を使って表すことができる. このため, 液体を扱う理論において 2 体分布関数は中心的な役割を果たしている.

例題

位置 $\boldsymbol{r}$ における分子の瞬間的な密度 $\hat{n}(\boldsymbol{r})$ を次のように定義する.

$$\hat{n}(\boldsymbol{r}) = \sum_i \delta(\boldsymbol{r} - \boldsymbol{r}_i) \tag{8.28}$$

次の関係式を証明せよ.

$$\langle \hat{n}(\boldsymbol{r}) \rangle = n \tag{8.29}$$

$$\langle \hat{n}(\boldsymbol{r}) \hat{n}(\boldsymbol{r}') \rangle = n[\delta(\boldsymbol{r} - \boldsymbol{r}') + n_2(\boldsymbol{r} - \boldsymbol{r}')] \tag{8.30}$$

解答

系は均一であるから $\langle \hat{n}(\boldsymbol{r}) \rangle$ は $\boldsymbol{r}$ によらない. よって

$$\langle \hat{n}(\boldsymbol{r}) \rangle = \frac{1}{V} \int d\boldsymbol{r} \langle \hat{n}(\boldsymbol{r}) \rangle = \frac{1}{V} \int d\boldsymbol{r} \sum_i \langle \delta(\boldsymbol{r} - \boldsymbol{r}_i) \rangle \tag{8.31}$$

ここで

$$\int d\boldsymbol{r} \langle \delta(\boldsymbol{r} - \boldsymbol{r}_i) \rangle = \left\langle \int d\boldsymbol{r} \, \delta(\boldsymbol{r} - \boldsymbol{r}_i) \right\rangle = 1 \tag{8.32}$$

であるから

$$\langle \hat{n}(\boldsymbol{r}) \rangle = \frac{N}{V} = n \tag{8.33}$$

式 (8.28) を用いると

$$\langle \hat{n}(\boldsymbol{r})\hat{n}(\boldsymbol{r}') \rangle = \sum_{i,j} \langle \delta(\boldsymbol{r}-\boldsymbol{r}_i)\delta(\boldsymbol{r}'-\boldsymbol{r}_j) \rangle$$

$$= \sum_{i} \langle \delta(\boldsymbol{r}-\boldsymbol{r}_i)\delta(\boldsymbol{r}'-\boldsymbol{r}_i) \rangle + \sum_{i \neq j} \langle \delta(\boldsymbol{r}-\boldsymbol{r}_i)\delta(\boldsymbol{r}'-\boldsymbol{r}_j) \rangle \tag{8.34}$$

式 (8.34) 右辺の第 1 項は

$$\sum_{i} \langle \delta(\boldsymbol{r}-\boldsymbol{r}_i)\delta(\boldsymbol{r}'-\boldsymbol{r}_i) \rangle = \delta(\boldsymbol{r}-\boldsymbol{r}') \sum_{i} \langle \delta(\boldsymbol{r}-\boldsymbol{r}_i) \rangle = n\delta(\boldsymbol{r}-\boldsymbol{r}') \tag{8.35}$$

となる. 式 (8.34) 右辺の第 2 項は, 系が並進対称性をもつため, 任意のベクトル $\boldsymbol{R}$ について $\langle \hat{n}(\boldsymbol{r}+\boldsymbol{R})\hat{n}(\boldsymbol{r}'+\boldsymbol{R}) \rangle = \langle \hat{n}(\boldsymbol{r})\hat{n}(\boldsymbol{r}') \rangle$ が成り立つことを用いると, 次のようになる.

$$\langle \delta(\boldsymbol{r}-\boldsymbol{r}_i)\delta(\boldsymbol{r}'-\boldsymbol{r}_j) \rangle = \frac{1}{V} \int d\boldsymbol{R} \langle \delta(\boldsymbol{r}-\boldsymbol{r}_i+\boldsymbol{R})\delta(\boldsymbol{r}'-\boldsymbol{r}_j+\boldsymbol{R}) \rangle$$

$$= \frac{1}{V} \langle \delta(\boldsymbol{r}-\boldsymbol{r}_i+\boldsymbol{r}_j-\boldsymbol{r}') \rangle \tag{8.36}$$

式 (8.36) と式 (8.27) より

$$\sum_{i \neq j} \langle \delta(\boldsymbol{r}-\boldsymbol{r}_i)\delta(\boldsymbol{r}'-\boldsymbol{r}_j) \rangle = nn_2(\boldsymbol{r}-\boldsymbol{r}') \tag{8.37}$$

式 (8.34), (8.35), (8.37) より式 (8.30) が示された.

問題

(1) X 線や中性子の散乱実験により求められる散乱関数 $S(\boldsymbol{q})$ は次のように定義される.

$$S(\boldsymbol{q}) = \frac{1}{N} \sum_{j,k} \langle e^{i\boldsymbol{q}\cdot(\boldsymbol{r}_j-\boldsymbol{r}_k)} \rangle$$

$S(\boldsymbol{q})$ は, $n_2(\boldsymbol{r})$ と次の関係があることを示せ.

$$S(\boldsymbol{q}) = \int d\boldsymbol{r}\, n_2(\boldsymbol{r}) e^{i\boldsymbol{q}\cdot\boldsymbol{r}} \tag{8.38}$$

8.3.2 熱力学量の表式

平均のエネルギー

2体分布関数を用いて表される熱力学量の例として，エネルギー E を考える．E は分配関数 $Z(\beta)$ から次の式で計算できる．

$$E = -\frac{\partial \ln Z}{\partial \beta} = \langle K \rangle + \langle U \rangle \tag{8.39}$$

エネルギー等分配則により，運動エネルギーの平均 $\langle K \rangle$ は $(3/2)Nk_\mathrm{B}T$ で与えられる．位置エネルギーの平均 $\langle U \rangle$ は次のように表される．

$$\langle U \rangle = \left\langle \sum_{i<j} u(\boldsymbol{r}_i - \boldsymbol{r}_j) \right\rangle = \frac{1}{2} \left\langle \sum_{i \neq j} u(\boldsymbol{r}_i - \boldsymbol{r}_j) \right\rangle \tag{8.40}$$

ここで

$$u(\boldsymbol{r}_i - \boldsymbol{r}_j) = \int d\boldsymbol{r}\, u(\boldsymbol{r}) \delta(\boldsymbol{r}_i - \boldsymbol{r}_j - \boldsymbol{r}) \tag{8.41}$$

を用いると，式 (8.40) は次のように書くことができる．

$$\langle U \rangle = \frac{1}{2} \int d\boldsymbol{r}\, u(\boldsymbol{r}) \sum_{i \neq j} \langle \delta(\boldsymbol{r}_i - \boldsymbol{r}_j - \boldsymbol{r}) \rangle = \frac{N}{2} \int d\boldsymbol{r}\, u(\boldsymbol{r}) n_2(\boldsymbol{r}) \tag{8.42}$$

以上をまとめると

$$E = \frac{3}{2} N k_\mathrm{B} T + \frac{N}{2} \int d\boldsymbol{r}\, n_2(\boldsymbol{r}) u(\boldsymbol{r}) \tag{8.43}$$

圧 力

カノニカル分布を用いると，圧力 P は分配関数 Z より，

$$P = k_\mathrm{B} T \frac{\partial \ln Z}{\partial V} \tag{8.44}$$

によって求められる．しかし，分配関数の体積微分は前項の温度微分のように簡単に計算することができない．V は分配関数の積分の境界として入っているだけで，Z の表式の中にあらわに入っていないからである．Z の V 依存性をあらわにするために系は一辺の長さ $L = V^{1/3}$ の立方体の箱に入っているとし，座標 $\boldsymbol{r}$ の代わりに $\tilde{\boldsymbol{r}} = \boldsymbol{r}/L$ を用いる．すると分配関数の座標に関する積分 (8.7) は次のように書ける．

$$Q = L^{3N} \int d\{\tilde{\boldsymbol{r}}\} \exp\left[-\frac{\beta}{2}\sum_{i\neq j} u(L|\tilde{\boldsymbol{r}}_i - \tilde{\boldsymbol{r}}_j|)\right] \qquad (8.45)$$

$\tilde{\boldsymbol{r}}$ の積分範囲は単位立方体であり，体積にはよらない．Q の対数の L についての微分は次のようになる．

$$\frac{\partial \ln Q}{\partial L} = \frac{3N}{L} - \frac{\frac{\beta}{2}\int d\{\tilde{\boldsymbol{r}}\} \sum_{i\neq j} u'(L|\tilde{\boldsymbol{r}}_i - \tilde{\boldsymbol{r}}_j|)|\tilde{\boldsymbol{r}}_i - \tilde{\boldsymbol{r}}_j| e^{-\beta U}}{\int d\{\tilde{\boldsymbol{r}}\} e^{-\beta U}}$$

$$= \frac{3N}{L} - \frac{1}{2}\beta \left\langle \sum_{i\neq j} u'(L|\tilde{\boldsymbol{r}}_i - \tilde{\boldsymbol{r}}_j|)|\tilde{\boldsymbol{r}}_i - \tilde{\boldsymbol{r}}_j| \right\rangle \qquad (8.46)$$

ここで $u'(r)$ は $du(r)/dr$ を表す．上の式は，$n_2(\boldsymbol{r})$ を用いて次のように表される．

$$\frac{\partial \ln Q}{\partial L} = \frac{3N}{L} - \frac{N}{2L}\beta \int d\boldsymbol{r}\, n_2(\boldsymbol{r}) u'(r) r \qquad (8.47)$$

L についての微分を，$\partial/\partial L = 3L^2 \partial/\partial V$ の関係を用いて V についての微分に置き換えると

$$\frac{\partial \ln Q}{\partial V} = \frac{N}{V} - \frac{N}{6V}\beta \int d\boldsymbol{r}\, n_2(\boldsymbol{r}) u'(r) r \qquad (8.48)$$

左辺は $\partial \ln Z/\partial V = \beta P$ に等しいので，最終的に次の式が得られる．

$$\frac{PV}{Nk_\mathrm{B}T} = 1 - \frac{1}{6}\int d\boldsymbol{r}\, r\frac{du(r)}{dr} n_2(\boldsymbol{r}) \qquad (8.49)$$

問題
(1) 希薄気体を考える．原点に分子がある場合，位置 $\boldsymbol{r}$ にある分子は原点にある分子のつくるポテンシャル $u(\boldsymbol{r})$ を受けてボルツマン分布していると考えると，2体分布関数は次の式で与えられる．

$$n_2(\boldsymbol{r}) = n e^{-\beta u(\boldsymbol{r})} \qquad (8.50)$$

式 (8.49), (8.50) を用いて第 2 ビリアル係数の表式 (8.21) を導け．

8.3.3 多体効果

図 8.3 に，様々な密度における剛体分子系の 2 体分布関数の形を示した．密度が低い場合には 2 体分布関数は $n_2(\boldsymbol{r}) = n e^{-\beta u(\boldsymbol{r})}$ と表すことができる．剛体球に対してはこれは図 8.3 (a) に示すような階段関数となる．

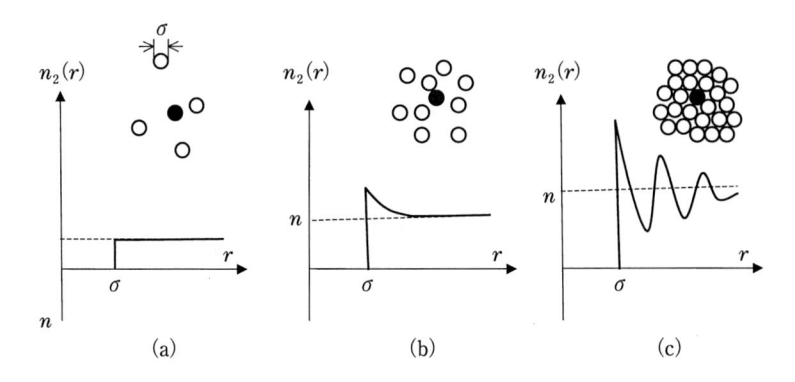

図 8.3 直径 a の剛体球分子からなる流体の 2 体分布関数
(a) 低密度, (b) 中密度, (c) 高密度.

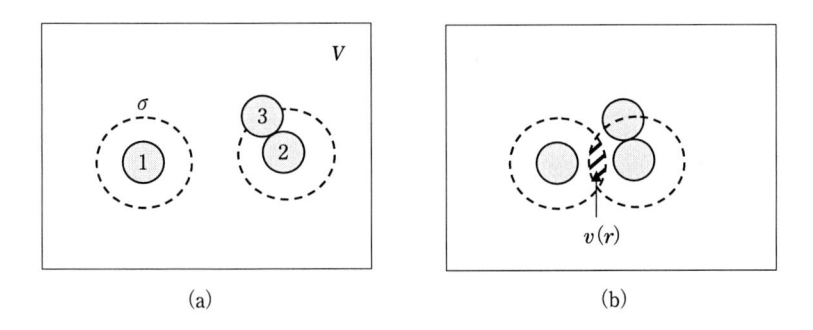

図 8.4 2 体分布関数 $n_2(r)$ に対する多体効果

密度を上げると図 8.3 (b) に示すように $n_2(r)$ は $r=\sigma$ にピークをもつようになる. これは第 3 番目の分子により剛体球の間に見かけ上の引力が働くからである. このことをみるために, 図 8.4 のように系の中に 3 個しか分子がない場合を考えてみよう. 分子 1 を原点においたとき, 位置 r_2, r_3 に分子を見出す確率は次のようになる.

$$P(\boldsymbol{r}_2, \boldsymbol{r}_3) = Ce^{-\beta[u(\boldsymbol{r}_2)+u(\boldsymbol{r}_3)+u(\boldsymbol{r}_2-\boldsymbol{r}_3)]} \tag{8.51}$$

したがって, $n_2(\boldsymbol{r})$ は次の式で与えられる.

$$n_2(\boldsymbol{r}) = \int d\boldsymbol{r}' P(\boldsymbol{r},\boldsymbol{r}') = C\int d\boldsymbol{r}' e^{-\beta[u(\boldsymbol{r})+u(\boldsymbol{r}')+u(\boldsymbol{r}-\boldsymbol{r}')]}$$
$$= Ce^{-\beta u(\boldsymbol{r})} I(\boldsymbol{r}) \tag{8.52}$$

ここで $I(\boldsymbol{r})$ は

$$I(\boldsymbol{r}) = \int d\boldsymbol{r}' e^{-\beta[u(\boldsymbol{r}')+u(\boldsymbol{r}-\boldsymbol{r}')]} \tag{8.53}$$

である.さて,剛体球の場合,$I(r)$ は分子 3 を分子 1, 2 と重ならないようにおいたとき,その重心が動きうる体積に等しくなる.図 8.4 (a) のように r が十分大きなときには $I(r)$ は $V - 2\times(4\pi/3)\sigma^3$ に等しくなる(ここで σ は分子の直径).しかし,図 8.4 (b) のように,分子 1, 2 によって排除される領域が重なるようになると,$I(r)$ はこれより増大する.したがって,$n_2(r)$ は $r=\sigma$ のところに極大をもつようになる.すなわち,第 3 の剛体分子の存在により,2 つの剛体分子の間には実効的な引力が生じることになる.このことはコロイド粒子系で実験的に確かめられている.

密度がさらに高くなると図 8.3 (c) に示すように 2 体分布関数はいくつかの極大と極小をもつようになる.これは,分子密度を上げようとすると,分子を規則的に配置せざるをえないという事情による.実際,分子密度をさらに上げると,分子は液体状態から結晶状態に転移する.この転移のことをアルダー (Alder) 転移という.

分子間ポテンシャルが与えられたとき,多体効果を取り入れて 2 体分配関数を正確に計算することはできないが,多くの有用な近似式が提案されている.

問題

(1) 図 8.4 (b) に示した,分子 1, 2 の排除する領域の重なり部分の体積 $v(r)$ を分子間距離 r の関数として求めよ.
(2) 密度が n の希薄気体においては $n_2(\boldsymbol{r})$ が次のように書けることを示せ.
$$n_2(\boldsymbol{r}) = n\Theta(r-\sigma)e^{nv(r)} \tag{8.54}$$

8.4 格子モデル

相互作用のある粒子系の特徴を研究するために,しばしば簡単化したモデル

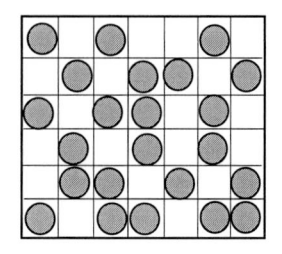

図 8.5 高密度の気体 (または液体) に対する格子モデル

が用いられている．その中の一つが図 8.5 に示す格子モデルである．このモデルでは，空間を分子が 1 つ入る程度の大きさのセルに分け，分子がセルに入っているか否かだけで，系の微視的状態を表す．セルに番号をつけ，それぞれのセルに変数 σ_i を定義する．σ_i はセル i に分子がいるときに 1，いないときに 0 をとる変数である．分子の配置は $(\sigma_1, \sigma_2, ..., \sigma_M)$ を指定することで一意的に指定できる．ここで M はセルの総数であり，系の体積を V，セルの体積を v とすると，

$$M = \frac{V}{v} \tag{8.55}$$

で与えられる．

隣り合うセルに入っている分子の間にはレナード–ジョーンズポテンシャル (8.1) の引力部分に対応した負の相互作用のエネルギー $-\epsilon$ があるとしよう．すると全系のエネルギーは次のように書ける．

$$U = -\epsilon \sum_{<i,j>} \sigma_i \sigma_j \tag{8.56}$$

ここで $<i,j>$ は隣接するセルの組を表し，$\sum_{<i,j>}$ は隣接するすべての組について和をとることを表す．

格子モデルは，1 つのセルの中に 1 つの分子しか入れないと仮定することにより，相互作用ポテンシャルの斥力部分の効果を考慮している．また，隣り合った分子の間には $-\epsilon$ のエネルギーがあると仮定することで，引力部分の効果を考えている．

格子モデルの分配関数は次の式で計算される．

$$Q = \sum_{\text{すべての状態}} e^{-\beta U} \tag{8.57}$$

これは分配関数の式 (8.5) の中の，粒子座標に関する積分の部分を表したものと理解すべきである．真の分配関数 Z は，運動量積分の部分も考慮して次のようになる．

$$Z = \frac{1}{\lambda_T^{3N}} Q \tag{8.58}$$

(格子モデルの計算では，格子上の分子配置だけを問題にしており，分子を区別していないので，$N!$ の因子はいらない．)

分子の総数が N であるから σ_i は

$$\sum_i \sigma_i = N \tag{8.59}$$

を満たさなくてはならない．

以上のような簡単化を行っても，分配関数 (8.57) を正確に計算することはできない．そこで次のような近似をおく．式 (8.57) のエネルギー U は分子の配置によっていろいろな値をとるが，これを代表的な平均エネルギー $\overline{U}$ で置き換える．

$$\overline{U} = -\epsilon \sum_{<i,j>} \overline{\sigma_i \sigma_j} \tag{8.60}$$

さらに $\overline{\sigma_i \sigma_j}$ を $\bar{\sigma}_i \bar{\sigma}_j$ で置き換える．ここで $\bar{\sigma}_i$ はセル i が分子で占められている確率である．M 個のセルのうち N 個が分子で占められているので，格子点が分子で占められている確率は $\bar{\sigma}_i = N/M$ である．以下の計算の便宜のためこれを ϕ とおく．

$$\phi = \frac{N}{M} \tag{8.61}$$

すると $\overline{\sigma_i \sigma_j} = \phi^2$ である．1 つのセルに隣接するセルの総数を z としよう (z は配位数と呼ばれる)．隣接するセル $<i,j>$ の組は $zM/2$ 個あるので，$\overline{U}$ は次のように計算できる．

$$\overline{U} = -\epsilon \frac{Mz}{2} \phi^2 \tag{8.62}$$

$\overline{U}$ は定数であるので，式 (8.57) は次のように近似される．

8.4 格子モデル

$$Q = e^{-\beta \overline{U}} \times (\text{すべての配置の数}) \tag{8.63}$$

配置の数は，M 個のセルに N 個の分子を配置するやり方の数に等しいので，$M!/N!(M-N)!$ に等しい．よって，式 (8.63) は次のように計算される．

$$Q = \exp\left[\frac{\beta M \epsilon z \phi^2}{2}\right] \times \frac{M!}{N!(M-N)!} \tag{8.64}$$

系の自由エネルギー $F = -k_B T \ln Q$ は，次のように与えられる．

$$F = -\frac{M\epsilon z \phi^2}{2} - k_B T \ln\left(\frac{M!}{N!(M-N)!}\right) \tag{8.65}$$

スターリングの公式

$$\ln N! = N(\ln N - 1) \tag{8.66}$$

を用いて計算をすると，最終的に次の式が得られる．

$$F = -M\frac{\epsilon z}{2}\phi^2 + M k_B T [\phi \ln \phi + (1-\phi)\ln(1-\phi)] \tag{8.67}$$

圧力 P は $-\partial F/\partial V = -(1/v)\partial F/\partial M$ で与えられる．$\phi = N/M$ に注意して，式 (8.67) の M についての偏微分を計算すると，

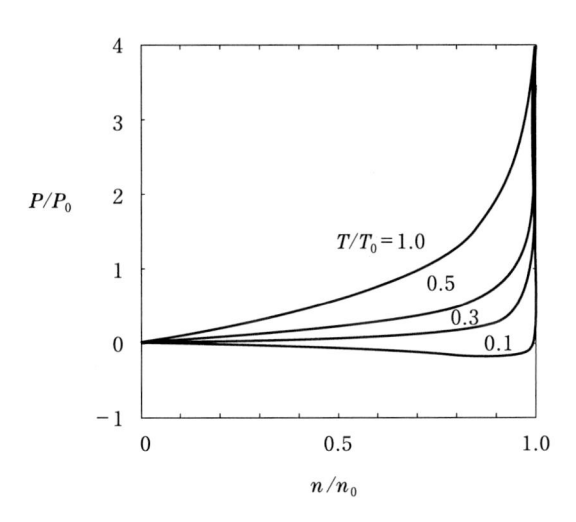

図 **8.6** 様々な温度について，格子モデルの圧力を密度の関数としてプロットしたもの（$P_0 = k_B T/v$, $n_0 = 1/v$, $T_0 = \epsilon/k_B$）

$$\frac{Pv}{k_\mathrm{B}T} = -\ln(1-\phi) - \frac{\epsilon z}{2k_\mathrm{B}T}\phi^2 \qquad (8.68)$$

圧力と密度のプロットを図 8.6 に示す．$\phi \ll 1$ の場合には式 (8.68) は $Pv = \phi k_\mathrm{B} T$ となり，理想気体の状態方程式を与える．高温では，圧力は理想気体に比べて高い．これは主に分子の排除体積の効果である．特に，分子が最密充填の状態 ($\phi = 1$ の状態) に近づくと圧力は急に大きくなる．一方，低温では，圧力は理想気体に比べて低くなる場合がある．これは分子の間の引力の効果である．特に温度が低いと，密度の増加に伴い圧力が減少する領域がみられるようになる．このような領域では，気体は熱力学的に安定ではなくなり液体に相転移する．これについては次章で議論する．

問題
(1) 式 (8.67) より式 (8.68) を導け．
(2) 式 (8.67) より，気体の化学ポテンシャルを導き，密度 ϕ の関数としてプロットせよ．

8.5 電解質溶液

水などの溶媒に溶けたとき，イオンに解離する物質を電解質という．電解質溶液においては，解離したイオンはクーロン力によってお互いに相互作用している．クーロン力はファンデアワールス力に比べて遠くまで届く長距離力である．クーロン力のこの特性を反映して，電解質における相互作用は，中性分子の間の相互作用と異なった様相を示す．

体積 V の溶媒の中に，陽イオンと陰イオンがそれぞれ N 個ずつ溶け込んでいる電解質溶液を考える．それぞれのイオンのもつ電荷を $q, -q$ とする．溶媒は誘電率 ϵ をもつ連続的な媒質だと考えることにする．

図 8.7 に示すように電解質溶液の中のある陽イオンに着目し，これを原点においたときの周りのイオン分布を考えよう．陽イオンが溶媒中に孤立して存在すれば，その周りにできる電場ポテンシャルは $q/4\pi\epsilon r$ であるが，実際には，図 8.7 に示すように，原点の周りに陰イオンは引き寄せられ，陽イオンは遠ざけられるので，電場ポテンシャルはこれとは違ったものになる．電解質溶液におい

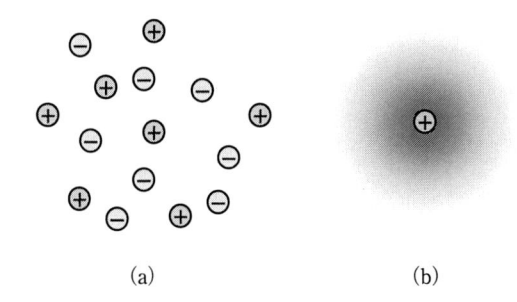

8.5 電解質溶液

図 8.7
(a) 電解質溶液において陽イオンの周りには相対的に陰イオンが集まる.
(b) 陽イオンを中心としたときの陰イオン分布.

て，陽イオンの周りの電場分布を求めてみよう．

原点から r だけ離れた点の陽イオンと陰イオンの平均密度を $n_+(r)$, $n_-(r)$ とする．場所 r の電荷密度 $\rho(r)$ は

$$\rho(r) = q\delta(r) + q(n_+(r) - n_-(r)) \tag{8.69}$$

で与えられる．左辺の第 1 項は原点においた陽イオンの電荷密度を表す．電荷密度 $\rho(r)$ がつくる電場ポテンシャル $\phi(r)$ は次のポアッソン方程式で与えられる．

$$\epsilon \nabla^2 \phi(r) = -\rho(r) \tag{8.70}$$

周りのイオンの分布は $\phi(r)$ のつくる場の中で平衡分布をしていると考えると

$$n_+(r) = ne^{-\beta q \phi(r)}$$
$$n_-(r) = ne^{\beta q \phi(r)} \tag{8.71}$$

式 (8.69), (8.70), (8.71) は $\phi(r)$ についての次の非線形方程式を与える．

$$\epsilon \nabla^2 \phi = -q\delta(r) - nq \left[e^{-\beta q \phi} - e^{\beta q \phi} \right] \tag{8.72}$$

この式のことをポアッソン-ボルツマン (Poisson Boltzmann) 方程式という．

ポアッソン-ボルツマン方程式を解くために，イオンの集積の効果を表す因子 $\beta q \phi(r)$ が小さな場合を考えよう．このとき，式 (8.72) の右辺の指数関数を展開し，$\phi(r)$ について線形化方程式を立てることができる．

$$\epsilon \nabla^2 \phi = -q\delta(\boldsymbol{r}) + 2nq^2\beta\phi \tag{8.73}$$

ここで

$$\kappa^2 = \frac{2nq^2\beta}{\epsilon} \tag{8.74}$$

を導入すると式 (8.74) は次のようになる.

$$(\nabla^2 - \kappa^2)\phi(\boldsymbol{r}) = -\frac{q}{\epsilon}\delta(\boldsymbol{r}) \tag{8.75}$$

この方程式はフーリエ変換を使って解くことができる (問題参照). その結果

$$\phi(\boldsymbol{r}) = \frac{q}{4\pi\epsilon}\frac{e^{-\kappa r}}{r} \tag{8.76}$$

$\phi(\boldsymbol{r})$ は r とともに急速に減少し, $r \simeq 1/\kappa$ でほとんど 0 となる. これは中心にある陽イオンの電荷が, 周りに集まった陰イオンの電荷によって打ち消されるからである. $1/\kappa$ を遮蔽長という.

問題

(1) フーリエ変換によって式 (8.75) を解き, 式 (8.76) を導け (ヒント: $\phi(\boldsymbol{r})$ のフーリエ変換を $\phi_{\boldsymbol{k}}$ とすると

$$\phi_{\boldsymbol{k}} = \int d\boldsymbol{r}\,\phi(\boldsymbol{r})e^{i\boldsymbol{k}\cdot\boldsymbol{r}} \tag{8.77}$$

$$\phi_{\boldsymbol{k}} = \frac{q}{\epsilon}\frac{1}{\boldsymbol{k}^2 + \kappa^2} \tag{8.78}$$

が成り立つことを用いよ).

(2) $\phi(r)$ が原点からの距離にしかよらない場合には

$$\nabla^2\phi(r) = \frac{1}{r}\frac{d^2 r\phi}{dr^2} \tag{8.79}$$

と書けることを用いて式 (8.75) を解け.

(3) 電解質のイオンが直径 σ の剛体球であるとすると, 2 つのイオンの重心の位置は σ より近づくことはできない. このときには, ポテンシャルは次のように書けることを示せ.

$$\phi(r) = \frac{q}{4\pi\epsilon(1+\kappa\sigma)}\frac{e^{-\kappa(r-\sigma)}}{r} \tag{8.80}$$

■ **章末問題**

(1) 体積 V の領域の中に入っている分子の数は

$$N = \int_{\boldsymbol{r} \in V} d\boldsymbol{r}\,\hat{n}(\boldsymbol{r}) \tag{8.81}$$

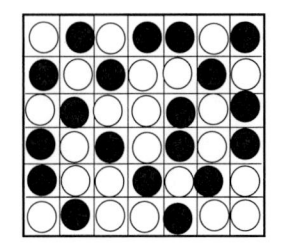

図 8.8 溶液に対する格子モデル

と書くことができる．式 (8.30) を用いることにより，次の式を証明せよ．
$$\frac{\langle (N-\langle N \rangle)^2 \rangle}{\langle N \rangle} = 1 + \int d\boldsymbol{r}\, [n_2(\boldsymbol{r}) - n] \tag{8.82}$$
また，これより次の式を証明せよ．
$$\int d\boldsymbol{r}\, [n_2(\boldsymbol{r}) - n] = n k_B T \kappa_T - 1 \tag{8.83}$$
ここで $\kappa_T = (-1/V)(\partial V/\partial P)_{T,N}$ は等温圧縮率である．

(2) 格子モデルは溶液に対しても用いることができる．A, B 2 成分からなる溶液を考える．それぞれの分子は図 8.8 に示すように格子上に隙間なくおかれるものとする．隣り合う分子の間には A, B の組み合わせに応じて $-\epsilon_{AA}, -\epsilon_{BB}, -\epsilon_{AB}$ の相互作用エネルギーがあるものとする．次の問いに答えよ．

(2.1) σ_i を格子点 i が A 分子によって占められていれば 1, B 分子によって占められていれば 0 となるような変数とする．全系の相互作用エネルギーは
$$U = -\epsilon \sum_{\langle i,j \rangle} \sigma_i \sigma_j - \epsilon_1 \sum_i \sigma_i - \epsilon_2 \tag{8.84}$$
と書けることを示し，ϵ を $\epsilon_{AA}, \epsilon_{BB}, \epsilon_{AB}$ を用いて表せ．

(2.2) 式 (8.62) と同様の近似を用い，溶液の自由エネルギーを A, B 分子の数 N_A, N_B の関数として求めよ．

(2.3) A, B それぞれの分子の化学ポテンシャルを求めよ．

(3) 電解質の圧力 (正確には浸透圧) を式 (8.49) を用いて計算せよ．

第9章

相転移

　相転移とは，温度，圧力，磁場など外部からコントロールできるパラメータ（外部パラメータ）を変化させたとき，平衡状態における物質の状態が不連続的に変化する現象である．たとえば1気圧のもとで水の温度を上げると，100°Cで水蒸気になる．これは，物質が液体の状態から気体の状態に転移する例である．液体の相を液相，気体の相を気相といい，この間の転移を気液相転移という．

　相転移の別の例は，磁性相転移である．磁石を熱すると，磁化の大きさはだんだん小さくなり，ある温度のところで磁化がなくなり，磁石としての作用を失う．磁化がある相を強磁性相，磁化が消失した相を常磁性相といい，この間の相転移を磁性相転移という．

　本章ではこれらの相転移を記述する理論について述べる．相転移においては，要素の間の相互作用が本質的に重要な役割を果たす．そのため，相転移が起きる系について厳密な計算ができる場合は非常に限られており，ほとんどの場合は近似的な計算となる．本章ではこれらの近似理論について述べる．

9.1 磁性相転移

9.1.1 磁性相転移のモデル

　鉄やニッケルなどの強磁性体は，常温では自発磁化をもっており，磁石となる．磁化の大きさは温度を上げると小さくなり，ある温度で消失し，物質は常磁性を示すようになる．このような振る舞いを記述する簡単なモデルとして，

9.1 磁性相転移

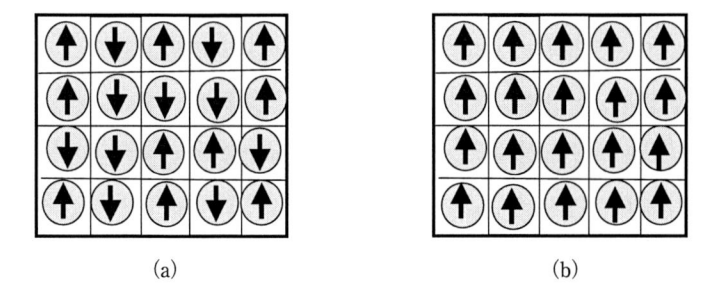

図 9.1 強磁性体の (a) 常磁性相 (無秩序相) と (b) 強磁性 (秩序相) のイジングモデルによる表現

図 9.1 に示すイジングモデルがある．

イジングモデルは，格子状に配列した原子の磁気モーメントの自由度だけに着目するモデルである．各原子は μ の大きさの磁気モーメントをもち，それは上向きまたは下向きのどちらかの状態しかとりえないものとする．原子 i の状態を記述するために「スピン変数」σ_i を導入し，原子 i の磁気モーメントが上向きの場合には σ_i の値を 1，下向きの場合は -1 と定めておく．系全体の磁気モーメントは次の式で与えられる．

$$M = \mu \sum_i \sigma_i \tag{9.1}$$

系の体積を単位体積に選べば，M は磁化に相当するので以下 M を磁化と呼ぶ．

隣り合うスピンの間には同じ向きにそろおうとする相互作用があるとしよう．隣り合うスピン i, j が同じ方向を向いていれば $\sigma_i \sigma_j = 1$ で，逆向きの方向を向いていれば $\sigma_i \sigma_j = -1$ であるから，2 つの状態のエネルギー差を $2J$ とすると，相互作用エネルギーは次のように書くことができる．

$$H_J = -J \sum_{<i,j>} \sigma_i \sigma_j \tag{9.2}$$

ここで $\sum_{<i,j>}$ は隣り合うすべてのペアについての和を意味する．$J > 0$ であれば隣り合うスピンは平行になろうとするが，$J < 0$ であれば反平行になろうとする．強磁性体を記述するためには $J > 0$ であると考えなくてはならない．以下，$J > 0$ として議論を進める．

系に外部磁場 B が加えられているとすると，系のエネルギーには，式 (9.2) の他に，ゼーマンエネルギー $-MB$ が加わる．したがって全系のエネルギー H は次のように書ける．

$$H = -J \sum_{<i,j>} \sigma_i \sigma_j - \mu B \sum_i \sigma_i \tag{9.3}$$

式 (9.3) がイジングモデルのハミルトン関数である．

分配関数 Z は次の式で計算できる．

$$Z = \sum_{\sigma_1=\pm 1, \sigma_2=\pm 1, \ldots, \sigma_N=\pm 1} \exp\left[\beta J \sum_{<i,j>} \sigma_i \sigma_j + \beta \mu B \sum_i \sigma_i\right] \tag{9.4}$$

Z から平均の磁化は次のように求められる．

$$M = \mu \sum_i \langle \sigma_i \rangle = \frac{1}{\beta} \frac{\partial \ln Z}{\partial B} \tag{9.5}$$

9.1.2 独立スピン系

スピン間の相互作用がない場合 ($J=0$ の場合) には，分配関数の計算は簡単にできる．

$$\begin{aligned} Z &= \sum_{\sigma_1=\pm 1, \sigma_2=\pm 1, \ldots, \sigma_N=\pm 1} \exp\left(\beta \mu B \sum_i \sigma_i\right) \\ &= \sum_{\sigma_1=\pm 1, \sigma_2=\pm 1, \ldots, \sigma_N=\pm 1} \prod_i \exp(\beta \mu B \sigma_i) \end{aligned} \tag{9.6}$$

和と積の順序を入れ替えて

$$Z = \prod_i \sum_{\sigma_i=\pm 1} \exp(\beta \mu B \sigma_i) \tag{9.7}$$

ここで

$$\sum_{\sigma_i=\pm 1} \exp(\beta \mu B \sigma_i) = e^{\beta \mu B} + e^{-\beta \mu B} = 2\cosh(\beta \mu B) \tag{9.8}$$

であるので，分配関数は次のように求まる．

$$Z = [2\cosh(\beta \mu B)]^N \tag{9.9}$$

平均の磁化 M は式 (9.5) より，次のように与えられる．

9.1 磁性相転移

$$M = \frac{1}{\beta} \frac{\partial \ln Z}{\partial B} = N\mu \tanh \beta\mu B \tag{9.10}$$

特に，$\beta\mu B \ll 1$ のときには，磁化 M は磁場 B に比例するはずで次のように書くことができる．

$$M = \chi B \tag{9.11}$$

χ のことを帯磁率という．式 (9.10) より，帯磁率 χ は次のように与えられる．

$$\chi = N\mu^2 \beta = N\frac{\mu^2}{k_B T} \tag{9.12}$$

したがって帯磁率は温度の逆数に比例する．

9.1.3 平均場近似

スピン間の相互作用を考えると厳密な計算は，例外的な場合を除き，できなくなる．そのため何らかの近似が必要となる．もっともよく用いられるのは平均場近似である．式 (9.3) は，あるスピン i についてみると，それは周りのスピンのつくる実効的な磁場

$$B_i = \frac{J}{\mu} \sum_{\text{隣の } j} \sigma_j + B \tag{9.13}$$

の中におかれているとみることができる．B_i は周りのスピンの状況でゆらいでいるが，これをその平均で置き換える．

$$B_{mf} = \langle B_i \rangle = \frac{J}{\mu} \sum_{\text{隣の } j} \langle \sigma_j \rangle + B = \frac{zJ}{\mu} \langle \sigma \rangle + B \tag{9.14}$$

ここで z は 1 つのスピンに隣接するスピンの数で，配位数 (coordination number) と呼ばれている（スピンが立方格子の格子点上に配置されていれば $z=6$ である）．

B_{mf} が与えられたものとするとその中の平均のスピンは，前節と同様に計算でき，

$$\langle \sigma \rangle = \tanh \beta\mu B_{mf} \tag{9.15}$$

となる．式 (9.14), (9.15) は $m = \langle \sigma \rangle$ についての閉じた方程式を与える．

$$m = \tanh[\beta z J m + \beta\mu B] \tag{9.16}$$

この式は，スピンがある平均値 m をもつとして，そのスピンのつくる場の中でスピンの平均値 $\langle \sigma_i \rangle$ を計算し，それが仮定した値 m に等しいという条件から導かれたものである．この条件を自己無撞着条件あるいはセルフコンシステント (self-consistent) 条件という．自己無撞着条件は平均場近似一般に共通する概念である．

9.1.4 磁場がない場合

外部磁場のない場合（$B=0$ の場合）について方程式 (9.16) の解を調べてみよう．$x = \beta z J m$ とおくと，式 (9.16) は

$$\frac{k_B T}{zJ} x = \tanh x \tag{9.17}$$

となる．この方程式の解は $y = \tanh x$ と $y = (k_B T / zJ) x$ の交わる点で与えられる．図 9.2 に示すように，温度が高ければ，2 つのグラフは 1 点で交わるだけであるが，温度が低くなると 3 つの点で交わるようになる．この 2 つの場合の境目の温度 T_c では，2 つのグラフは原点で接する．$y = \tanh x$ の原点における傾きは 1 であるから T_c は次の式で与えられる．

$$T_c = \frac{zJ}{k_B} \tagでの {9.18}$$

T_c は転移温度と呼ばれる．

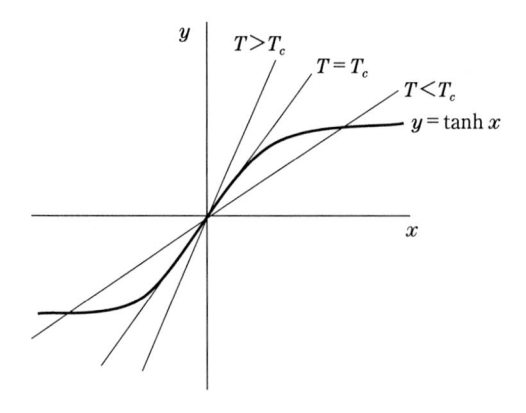

図 9.2 磁性相転移に対する平均場方程式のグラフ解

9.1 磁性相転移

$T<T_c$ では 3 つの交点がある．後に示すように，$x=0$ の解に相当する状態は熱力学的に不安定である．熱力学的な安定状態に対応するのは正と負の解である．これらはスピンが上向き，または下向きに向きをそろえた状態を表し，強磁性相に対応している．外部磁場を与えなくとも強磁性体が自発的にもつ磁化のことを自発磁化という．図 9.3 に，自発磁化を温度の関数として示した．$T>T_c$ では，自発磁化は 0 であるが，$T<T_c$ では自発磁化が現れる．$T>T_c$ では，スピンの向きがランダムに入れ替わっているので，上下を反転させても系はもとの状態と変わらない．一方，$T<T_c$ では，スピンが上向きにそろった状態と下向きにそろった状態とは巨視的に区別できる状態である．したがって，$T>T_c$ の系は上下の反転に対して対称であるが，$T<T_c$ の系は上下の反転に対して対称ではない．

一般に，相転移によって，系の中に自発的な秩序が生まれると，その前の状態がもっていた対称性の一部が失われる．これを対称性の破れ (symmetry breaking) という．秩序の生成と対称性の破れは相転移の議論において重要な概念である．これについては後でさらに説明を加える．

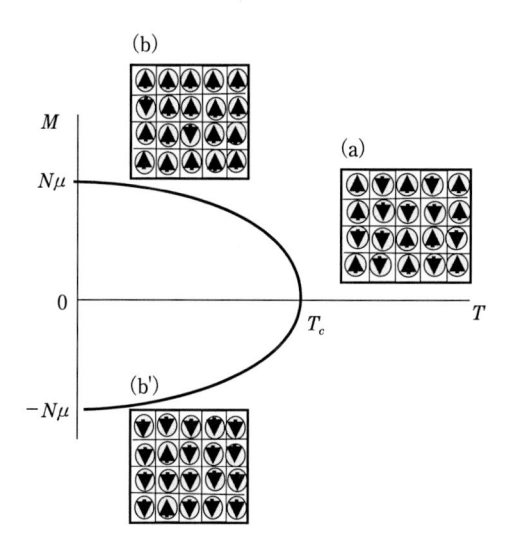

図 9.3 平均場近似によって計算した自発磁化と温度の関係
それぞれの温度に対応する微視的状態が示してある．

転移点の近傍では，自発磁化の温度依存性を解析的に計算することができる．$T<T_c$ で，T が T_c よりあまり離れていなければ式 (9.17) の解 x は小さいので，$\tanh x = x - 1/3 x^3$ と展開できる．このとき式 (9.17) は次のように書ける．

$$\frac{T}{T_c} x = x - \frac{1}{3} x^3 \tag{9.19}$$

これより $x = \sqrt{3(1-T/T_c)}$ となり，自発磁化 M は次のようになる．

$$M = N\mu \left(\frac{T}{T_c}\right) x \simeq N\mu x = N\mu \sqrt{\frac{3(T_c-T)}{T_c}} \tag{9.20}$$

9.1.5 自由エネルギー

前節では，スピンの平均値 m についての方程式 (9.16) を，自己無撞着の条件から求めたが，違う観点からこの方程式を導いてみよう．

スピンの平均値が m であるとき，N 個のスピンのうち $N(1+m)/2$ は上を向いており，$N(1-m)/2$ は下を向いている．したがって，平均値が m であるような状態の数は

$$W = \frac{N!}{\left[N\frac{(1+m)}{2}\right]! \left[N\frac{(1-m)}{2}\right]!} \tag{9.21}$$

だけある．エントロピー S は $k_B \ln W$ で与えられる．スターリングの公式を用いて計算をすると次のようになる．

$$S = k_B \ln W = -Nk_B \left[\frac{1+m}{2}\ln\left(\frac{1+m}{2}\right) + \frac{1-m}{2}\ln\left(\frac{1-m}{2}\right)\right] \tag{9.22}$$

一方，このときの相互作用のエネルギーは，

$$E = -\frac{1}{2} NzJm^2 \tag{9.23}$$

と書くことができる．なぜなら，隣接するスピンの間の平均の相互作用エネルギーは Jm^2 であり，系の中には $Nz/2$ 個の隣接するスピンの組があるからである．

系の自由エネルギー F は $-TS+E$ で与えられるので，次のようになる．

9.1 磁性相転移

$$F(m;T) = -k_{\mathrm{B}} T \ln W + E$$
$$= N k_{\mathrm{B}} T \left[\frac{1+m}{2} \ln\left(\frac{1+m}{2}\right) + \frac{1-m}{2} \ln\left(\frac{1-m}{2}\right) \right] - \frac{1}{2} N z J m^2 \tag{9.24}$$

これはスピンの平均を m に固定したときの自由エネルギーである．m が固定されていないときには，式 (9.24) を最小にする m が実現される．$\partial F/\partial m = 0$ より次の式が得られる．

$$\ln\left(\frac{1+m}{1-m}\right) = \beta z J m \tag{9.25}$$

これを書き換えると式 (9.16) が得られる．

式 (9.25) を満たす m の温度変化は図 9.3 のようになることがわかっているから，これをもとにして，いろいろな温度について $F(m;T)$ の概形を描くことができる．その結果を図 9.4 に示してある．$T > T_c$ では $\partial F(m;T)/\partial m = 0$ となる点は $m = 0$ の 1 つしかない．一方，$T < T_c$ では $\partial F(m;T)/\partial m = 0$ となる点は 3 つある．$m = 0$ の点は，自由エネルギーの極大を与え熱力学的に安定でないが，他の 2 つの解は熱力学的な安定状態に対応している．

m が温度の関数として求まると，系のエネルギー E は式 (9.23) により計算

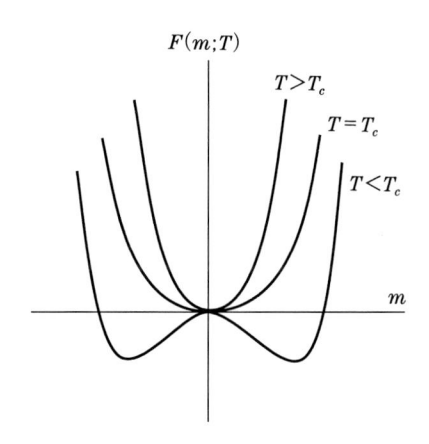

図 9.4 イジングモデルの自由エネルギーを平均の磁気モーメント m の関数として様々な温度 T についてプロットしたもの T_c は転移温度を表す．

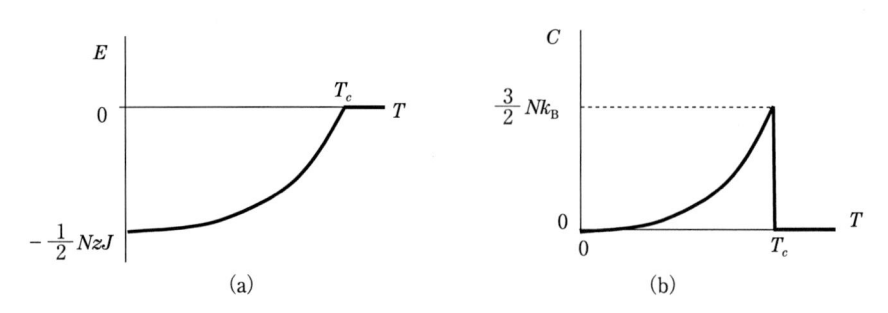

図 9.5 (a) 平均場近似によって得られるイジングモデルのエネルギー E の温度依存性, (b) 比熱 C の温度依存性

される．図 9.5 にエネルギー E および比熱 $C = dE/dT$ を温度の関数としてプロットした．$T > T_c$ でエネルギーは常に 0 であるが，$T < T_c$ では自発磁化が生じるのでエネルギーは温度の低下とともに小さくなる．これを反映して，比熱は $T = T_c$ で不連続となっている．

T_c の近傍でのエネルギーや比熱の表式は解析的に計算することができる．T_c 近傍での m の表式 (9.20) を用いると

$$E = \begin{cases} -\dfrac{3}{2} NzJ \left(1 - \dfrac{T}{T_c}\right) & T < T_c \\ 0 & T > T_c \end{cases} \quad (9.26)$$

よって比熱 $C = dE/dT$ は $T = T_c$ で不連続となる．比熱の飛びは

$$\Delta C = \frac{3NzJ}{2T_c} = \frac{3}{2} Nk_B \quad (9.27)$$

で与えられる．

自由エネルギーの表式 (9.24) は近似的なものである．この章の付録に示すように，真の自由エネルギーはこれより小さいことを証明することができる．

問題
(1) $B = 0$ の場合には，式 (9.16) と式 (9.25) が等価であることを確かめよ．

9.1.6 磁場の効果

次に，系に磁場 B がかかっている場合を考えよう．このときの自由エネル

ギー $F(m;T,B)$ は，磁場のない場合の自由エネルギー $F(m;T)$ にゼーマンエネルギーを加えたもので与えられる．

$$F(m;T,B) = F(m;T) - N\mu B m \tag{9.28}$$

$F(m;T,B)$ の温度依存性を図 9.6 に示す．

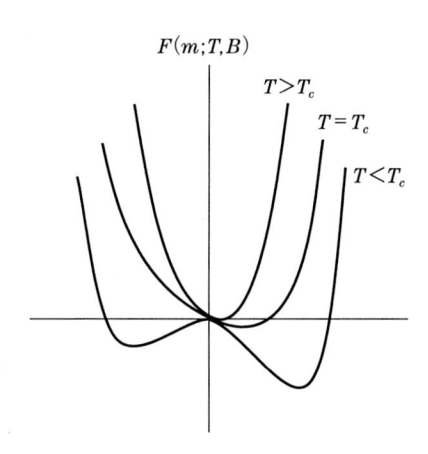

図 9.6 外部磁場 B のもとでの自由エネルギー

図 9.7 には，方程式 (9.16) を解いて求めた磁化 M を示してある．図 9.7 (a) には磁化を外部磁場 B の関数として表してある．$T < T_c$ では，方程式 (9.16) が 1 つ以上の解をもつこともあるが，この場合には自由エネルギーがもっとも低い状態の解を実線で示した．またその他の解を破線で示した．$T > T_c$ では磁化は磁場 B にほぼ比例して連続的に変化する．一方，$T < T_c$ では磁化は磁場の関数として不連続的に変化する．$T > T_c$ であっても，T_c の近傍では小さな磁場を加えただけで磁化は大きく変化する．このときの帯磁率を計算してみよう．式 (9.16) の右辺を B, m について展開して解くと，帯磁率 $\chi = N\mu m/B$ は次のように求まる．

$$\chi = \frac{1}{1 - \dfrac{T}{T_c}} \frac{N\mu^2}{k_B T} \tag{9.29}$$

したがって，帯磁率 χ は T_c に近づくにつれ発散する．

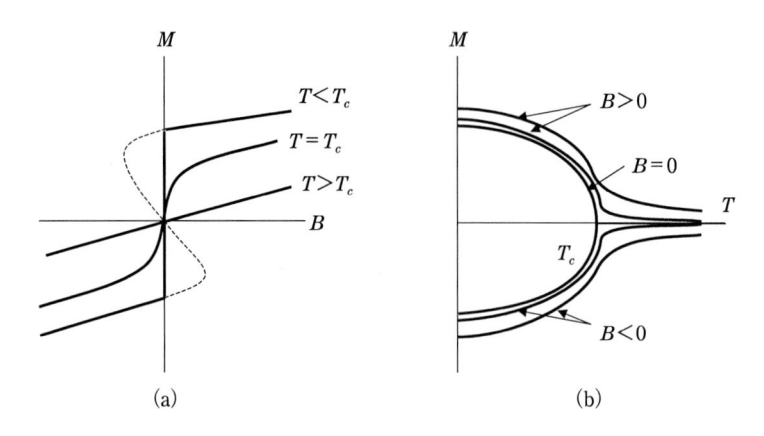

図 9.7 イジングモデルの磁化 M
(a) M を温度 T をパラメータとし磁場 B の関数として表したもの,
(b) M を磁場 B をパラメータとし温度 T の関数として表したもの.
T_c は転移温度.

　図 9.7 (b) には一定の外部磁場が加えられた場合の磁化の温度依存性を示してある. $T>T_c$ では, 磁化は小さいが, $T<T_c$ では, 自発的なスピンの整列により, 磁化は急激に大きくなる.

9.2　ランダウの理論

　平均場近似を用いる相転移理論は, 一般に系の中にある秩序があると仮定し, その秩序の大きさを自己無撞着条件を使って決めるという構造になっている. 上述の磁性相転移の例では, 周りのスピンの平均値 m を仮定し, その中におかれたスピンの平均値 $\langle\sigma\rangle$ を計算し, これが, 仮定した m に一致するという条件から, m についての方程式を導いている. しかし m についての方程式を立てる方法は一通りではない. たとえば上に述べた平均場近似では, 図 9.8 (a) のように, 着目する原子の周りに平均のスピンをもった原子があると仮定したが, 図 9.8 (b) のように近接する 2 つの原子に着目し, その周りに平均のスピンをもった原子があると仮定して, m についての方程式を立てることもできる. このように自己無撞着条件のおき方は一通りではない. 自己無撞着条件のおき方

図9.8 種々の平均場近似

を変えると転移温度は変化する．しかし転移点近くの定性的な振る舞いは変わらない．このことはランダウ (Landau) によって示された．

温度を下げていったとき，ある温度 T_c において系の中に自発的な秩序が生まれる場合を考えよう．このとき現れる秩序の大きさを表現するパラメータを秩序パラメータという．秩序パラメータは無秩序相で 0 となり，秩序相で 0 でなくなるようなパラメータである．磁性相転移では，スピンの平均値 m が秩序パラメータの役割を果たす．

ある平均場近似を用いて，系の自由エネルギーを温度 T と秩序パラメータ m の関数として $F(m;T)$ と表したとしよう．平衡状態の m の値は $F(m;T)$ が最小になるという条件から決まる．したがって，高温の無秩序相では $F(m;T)$ は $m=0$ に最小をもつような関数である．一方，低温の秩序相では $F(m;T)$ は 0 でないところに最小をもつような関数となるはずである．

相転移点の近くでは秩序の程度が小さいので，$F(m;T)$ を m のべきで展開することができる．外部磁場がないとき磁性体の自由エネルギーは m の偶関数となるので，この展開は次のようになるはずである．

$$F(m,T) = a_0(T) + a_2(T)m^2 + a_4(T)m^4 + \ldots \tag{9.30}$$

$T>T_c$ で $F(m;T)$ が $m=0$ のところに最小をもち，$T<T_c$ で $F(m;T)$ が $m=0$ 以外のところに最小をもつためには $T=T_c$ で a_2 が符号を変えなくてはならない．$a_2(T)$ が T の連続関数であるとすると，転移点の近傍では $a_2 = A(T-T_c)$ と書くことができる．ここで A は正の定数である．

a_4 は温度の関数であるが，T_c 近傍では一定とみなすことができる．$T<T_c$ において，式 (9.30) を最小にする m が有限の値をとるためには $a_4>0$ でなく

てはならない．

以上の議論から，自由エネルギーの展開は次のように書くことができる．

$$F(m;T) = \frac{1}{2}A(T-T_c)m^2 + \frac{1}{4}Bm^4 + \ldots \tag{9.31}$$

ここで係数 A, B は正の定数である．また m に関係しない定数項 a_0 は省いた．$T < T_c$ で式 (9.31) を最小にする m を求めると

$$m = \pm\sqrt{\frac{A}{B}(T_c - T)} \tag{9.32}$$

この温度依存性は式 (9.20) に与えたものと同じである．

ランダウの理論の価値は，転移点近傍の振る舞いは，平均場近似を使う限りモデルの詳細にはよらず，一般的な条件で決まってしまうことを示した点にある．転移点近傍の振る舞いを決める条件の中でも重要なものが秩序パラメータの対称性である．磁性相転移の場合，秩序パラメータはスピンの平均値 m であるが，スピンの平均値が m の状態と $-m$ の状態は同じ自由エネルギーをもつ．そのため $F(m, T)$ が m の偶関数となり式 (9.32) が導かれた．このような対称性がなく，$F(m, T)$ の中に m の 3 次の項が現れる場合には転移の振る舞いは違ってくる．このことは次の液晶相転移の例においてみることができる．

問題
(1) 式 (9.31) を用いて，転移点における比熱の飛び ΔC は $\Delta C = A^2 T_c / 2B$ で表されることを示せ．
(2) 式 (9.31) に外部磁場の項を付け加えて，転移点近傍での帯磁率 χ が $(T-T_c)^{-1}$ に比例して発散することを示せ．

9.3 液晶相転移

9.3.1 液晶とは

通常の液体は，温度を下げると，原子が規則正しく配列した固体結晶に転移する．しかし，複雑な形状の分子からなる液体は，液体状態において様々な秩序構造をもつことがある．秩序構造をもった流動性のある液体の相のことを液晶という．たとえば，細長い形状をした分子からなる液体では，ある温度以下で，図 9.9 に示すように分子が同じ方向を向くようになる．このため，屈折率

9.3 液晶相転移

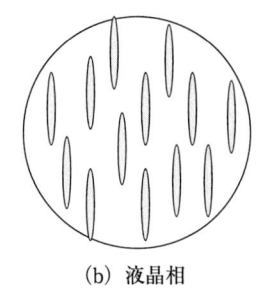

(a) 等方相　　　　(b) 液晶相

図 9.9　細長い形状の分子からなる液体は (a) のように分子の向きのランダムな等方相と (b) のように分子の向きのそろった液晶相をとる.

が異方的となり，液体は複屈折を示すようになる．このような液晶をネマチック液晶と呼ぶ．ここでは液晶の等方相とネマチック相の間の相転移について考える．

9.3.2　液晶相転移の平均場理論

細長い分子がネマチック液晶となるのは，分子に同じ方向を向かせようとする力が働くからである．この力は相互作用ポテンシャルで表現される．図 9.10 に示すように，分子は回転楕円体のような形状をもっているとする．2 つの分子 1, 2 の間の相互作用ポテンシャルはそれぞれの分子の重心を結ぶベクトル $\boldsymbol{r}_{12}$ のみならず，それぞれの分子の対称軸方向の単位ベクトル $\boldsymbol{u}_1, \boldsymbol{u}_2$ に依存する．これを $u(\boldsymbol{r}_{12}, \boldsymbol{u}_1, \boldsymbol{u}_2)$ と書く．分子に極性がないとすると，分子が $\boldsymbol{u}_1$ の方向を向いている状態と $-\boldsymbol{u}_1$ の方向を向いている状態は等価である．よっ

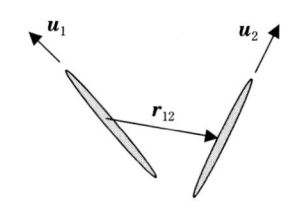

図 9.10　細長い分子の間の相互作用

て次の関係式が成り立つ.

$$u(\boldsymbol{r}_{12},\boldsymbol{u}_1,\boldsymbol{u}_2) = u(\boldsymbol{r}_{12},-\boldsymbol{u}_1,\boldsymbol{u}_2) = u(\boldsymbol{r}_{12},\boldsymbol{u}_1,-\boldsymbol{u}_2) \qquad (9.33)$$

ネマチック液晶を構成する分子間ポテンシャルのモデルとして次のようなポテンシャルを考えよう.

$$u(\boldsymbol{r}_{12},\boldsymbol{u}_1,\boldsymbol{u}_2) = u_i(r_{12}) - (\boldsymbol{u}_1 \cdot \boldsymbol{u}_2)^2 u_a(r_{12}) \qquad (9.34)$$

第1項は分子の方向によらないので,分子の向きをそろえる効果はない.分子の向きをそろえる効果は第2項で表現されている(ここで,$\boldsymbol{u}_1 \cdot \boldsymbol{u}_2$ に比例する項が現れないのは式 (9.33) のためである).$u_a(r_{12})$ が正であれば,2つの分子は平行になろうとする.

原点におかれて $\boldsymbol{u}$ の方向を向いている分子を考えよう.この分子が感じる平均場 $u_{mf}(\boldsymbol{u})$ は次のように書ける.

$$u_{mf}(\boldsymbol{u}) = \int d\boldsymbol{r}' \int d\boldsymbol{u}' u(\boldsymbol{r}',\boldsymbol{u},\boldsymbol{u}') n_2(\boldsymbol{r}',\boldsymbol{u}') \qquad (9.35)$$

ここで,$n_2(\boldsymbol{r},\boldsymbol{u})$ は着目している分子から $\boldsymbol{r}$ だけ離れたところにあり,$\boldsymbol{u}$ の方向を向いた分子の平均の数である.$\boldsymbol{r}$ の分布と $\boldsymbol{u}$ の分布が独立であると仮定すると,$n_2(\boldsymbol{r},\boldsymbol{u})$ は次のように書ける.

$$n_2(\boldsymbol{r},\boldsymbol{u}) = q_2(r) f(\boldsymbol{u}) \qquad (9.36)$$

ここで $f(\boldsymbol{u})$ は分子の向きの分布関数であり,次のように規格化されている.

$$\int d\boldsymbol{u} f(\boldsymbol{u}) = 1 \qquad (9.37)$$

式 (9.34), (9.36) を式 (9.35) に代入すると,原点にある分子の感じる平均場 $u_{mf}(\boldsymbol{u})$ は次のように書くことができる.

$$\begin{aligned} u_{mf}(\boldsymbol{u}) &= \text{const} - \int d\boldsymbol{r}' \int d\boldsymbol{u}' (\boldsymbol{u} \cdot \boldsymbol{u}')^2 u_a(r') q_2(r') f(\boldsymbol{u}') \\ &= \text{const} - U \int d\boldsymbol{u}' (\boldsymbol{u} \cdot \boldsymbol{u}')^2 f(\boldsymbol{u}') \end{aligned} \qquad (9.38)$$

ここで U は次式で与えられる.

$$U = \int d\boldsymbol{r} u_a(r) q_2(r) \qquad (9.39)$$

U は分子を平行にそろえようとする相互作用の強さを特徴づけるパラメータで

ある．$U > 0$ なら分子は平行（または反平行）に並んだ方がエネルギーが低くなり，分子は向きをそろえようとする．

平均場 (9.38) の中で平衡にある分子の向きの分布は次のように与えられる．

$$f(\boldsymbol{u}) = \frac{1}{Z} \exp[-\beta u_{mf}(\boldsymbol{u})] \tag{9.40}$$

式 (9.38), (9.40) は分子の方向の分布関数 $f(\boldsymbol{u})$ についての積分方程式となっている．この方程式は厳密に解くことができる．

分子軸方向を表す単位ベクトル $\boldsymbol{u}$ の 3 つの成分を $u_\alpha (\alpha = x, y, z)$ と書くと，式 (9.38) は次のように書くことができる．

$$\begin{aligned} u_{mf}(\boldsymbol{u}) &= \text{const} - U \langle (\boldsymbol{u} \cdot \boldsymbol{u}')^2 \rangle \\ &= \text{const} - U \sum_{\alpha, \beta} u_\alpha u_\beta \langle u'_\alpha u'_\beta \rangle \\ &= \text{const} - U \sum_{\alpha, \beta} u_\alpha u_\beta Q_{\alpha\beta} \end{aligned} \tag{9.41}$$

ここで $Q_{\alpha\beta}$ を次のように定義した．

$$Q_{\alpha\beta} = \left\langle u_\alpha u_\beta - \frac{1}{3} \delta_{\alpha\beta} \right\rangle \tag{9.42}$$

式 (9.40), (9.41), (9.42) より，

$$Q_{\alpha\beta} = \frac{\int d\boldsymbol{u} \exp(\beta U \sum_{\mu,\nu} Q_{\mu\nu} u_\mu u_\nu) \left(u_\alpha u_\beta - \frac{1}{3} \delta_{\alpha\beta} \right)}{\int d\boldsymbol{u} \exp(\beta U \sum_{\mu,\nu} Q_{\mu\nu} u_\mu u_\nu)} \tag{9.43}$$

式 (9.43) は $Q_{\alpha\beta}$ についての閉じた方程式を与える．これは液晶系の自己無撞着方程式である．次節でこの方程式の解の性質を調べる．

9.3.3 秩序パラメータ

式 (9.42) で導入された $Q_{\alpha\beta}$ は，液晶分子の向きがどのくらいそろっているかを表す秩序パラメータである．$Q_{\alpha\beta}$ は 9 つの成分をもつが，そのすべてが独立ではない．定義から，$Q_{\alpha\beta}$ は対称 ($Q_{\alpha\beta} = Q_{\beta\alpha}$) である．また対角成分の和は 0 である ($Q_{xx} + Q_{yy} + Q_{zz} = 0$)．その結果，秩序パラメータの独立な成分は 5 つである．

等方相においては $Q_{\alpha\beta}$ のすべての成分は 0 となる．$\boldsymbol{u}$ が等方的に分布しているときは

$$\langle u_\alpha u_\beta \rangle_{iso} = \frac{1}{3}\delta_{\alpha\beta} \tag{9.44}$$

が成り立つからである[1]．

一方，液晶相では 0 と異なる $Q_{\alpha\beta}$ の要素が現れてくる．たとえば，分子の向きが z 軸方向にそろったとしよう．すると $\langle u_z^2 \rangle$ は $\langle u_x^2 \rangle$ や $\langle u_y^2 \rangle$ に比べて大きくなるので $Q_{zz} > 0$ となる．分子の方向分布が z 軸周りに対称であるとすれば $Q_{xx} = Q_{yy}$ であるので，

$$Q_{xx} = Q_{yy} = -\frac{1}{3}S, \qquad Q_{zz} = \frac{2}{3}S, \qquad Q_{xy} = Q_{yz} = Q_{zx} = 0 \tag{9.45}$$

とおくことができる．ここで S はスカラー秩序パラメータと呼ばれる．S は分子が平均の向き（今の場合には z 軸）の方向にどのくらいそろっているかを表すパラメータである．式 (9.45) の第 2 式は次のように書くことができる．

$$S = \frac{3}{2}Q_{zz} = \frac{3}{2}\left\langle u_z^2 - \frac{1}{3} \right\rangle \tag{9.46}$$

分子の向きが完全にランダムであれば S は 0 となるが，分子がすべて z 軸方向を向くと S は 1 となる．

式 (9.45) を式 (9.43) に代入すると，S についての次の方程式が得られる．

$$\frac{2}{3}S = \frac{\int d\boldsymbol{u}\,\exp[\beta US(u_z^2 - 1/3)](u_z^2 - 1/3)}{\int d\boldsymbol{u}\,\exp[\beta US(u_z^2 - 1/3)]} \tag{9.47}$$

$t = u_z$，$x = \beta US$ とおくと，これは次のようになる．

$$\frac{2k_B T}{3U}x = I(x) \tag{9.48}$$

$$I(x) = \frac{\int_0^1 dt\,\exp[x(t^2 - 1/3)](t^2 - 1/3)}{\int_0^1 dt\,\exp[x(t^2 - 1/3)]} \tag{9.49}$$

前節と同様，方程式 (9.48) はグラフを使って解くことができる．$I(x)$ のグラ

---

[1] これは次のようにしてわかる．$\boldsymbol{u}$ の分布は yz 面に関して対称であるので $u_x u_y$ の平均値は 0 である．同様に $Q_{\alpha\beta}$ の非対角成分は 0 となる．また等方性の条件 $\langle u_x^2 \rangle_{iso} = \langle u_y^2 \rangle_{iso} = \langle u_z^2 \rangle_{iso}$ と規格化の条件 $u_x^2 + u_y^2 + u_z^2 = 1$ から $\langle u_x^2 \rangle_{iso} = 1/3$ が導かれる．

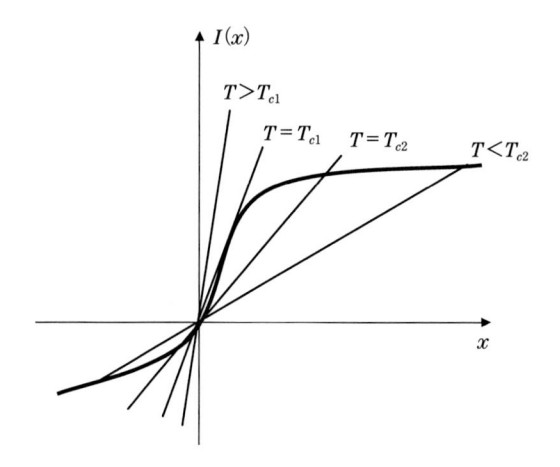

図 9.11 様々な温度に対する液晶の平均場方程式のグラフ解

フを図 9.11 に示した. T が大きいときには $x=0$ の解があるのみであるが, 温度を下げてゆくと, ある温度 T_{c1} において新たな解が 2 つ現れる. 温度を下げると 2 つの解のうち一方は増加し, 他方は減少する. 小さな方の解は温度 T_{c2} を境に正から負へと符号を変える.

このようにして求めた秩序パラメータ S を温度の関数として表すと, 図 9.12 (a) のようになる. $T > T_{c1}$ では方程式 (9.48) の解は $S=0$ だけである. これは等方相に対応する. $T_{c1} > T$ では $S > 0$ の解が現れる. これは液晶相に対応する. 図 9.12 (b) にはそれぞれの温度に対する液晶の自由エネルギーを秩序パラメータ S の関数として表した. $T > T_{c1}$ では $F(S;T)$ は一つの極小をもつだけであるが, $T < T_{c1}$ では, 自由エネルギーは 2 つの極小をもつ. 一つは等方相に対応しもう一つは液晶相に対応する. 等方相から液晶相への転移が起こるのは, 自由エネルギーの 2 つの極小が等しくなる温度 T_e である.

液晶相転移の転移点近傍の振る舞いは磁性相転移と異なっている. 磁性相転移の場合には, 秩序化が始まる転移温度 T_c において, 秩序パラメータ m が 0 であり, 温度を下げるに伴い, 秩序パラメータが次第に大きくなってゆく. 一方, 液晶相転移においては, ある温度 T_{c1} において 0 と異なる準安定な解が現れる. 温度を下げるにつれ, この状態の自由エネルギーが低くなってゆき, あ

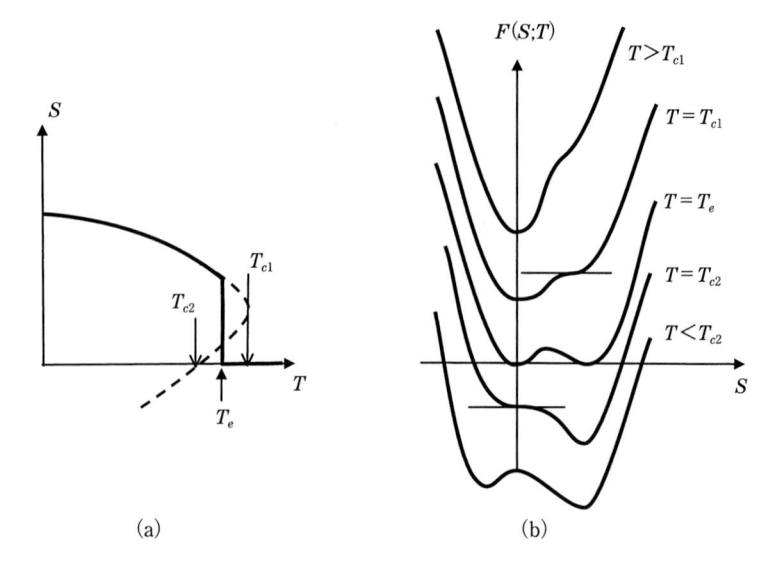

図 9.12 (a) 液晶の秩序パラメータ S の温度依存性, (b) 様々な温度に対する液晶の自由エネルギーのオーダパラメータ S 依存性

る温度 T_e で等方相の自由エネルギーと等しくなる.したがって,与えられた温度で,系がいつも自由エネルギー最小の状態にあるとすると,$T = T_e$ で等方相から液晶相への転移が起こる.T_e は熱力学的な平衡相転移温度に対応する.転移点を境として,秩序パラメータは図 9.12 (a) に示すように 0 から有限の値に不連続的に変化する.磁性相転移と液晶相転移のこのような違いがなぜ起こるかは,ランダウの理論によって理解することができる.

9.3.4 対称性と相転移の特徴

液晶の自由エネルギーを秩序パラメータ $\boldsymbol{Q}$ の関数として $F(\boldsymbol{Q};T)$ のように表すことができたとしよう.$\boldsymbol{Q}$ が小さなときには $F(\boldsymbol{Q};T)$ は $\boldsymbol{Q}$ のべき級数で表すことができる.このとき,$\boldsymbol{Q}$ はテンソル量であるがその関数である $F(\boldsymbol{Q};T)$ はスカラー量でなくてはならない.この条件によって,$F(\boldsymbol{Q};T)$ の関数形はある程度絞られる.

たとえば $F(\boldsymbol{Q};T)$ の中に $\boldsymbol{Q}$ の 1 次の項はないことは直ちにわかる.なぜな

ら，対称テンソル A からつくられる 1 次のスカラー量は $\operatorname{Tr} A$ のみであるが，$\operatorname{Tr} Q = 0$ であるので，$F(Q;T)$ の中には Q の 1 次の項は現れない．同様の議論をすると，展開は次の形に書けることが示される．

$$F(Q;T) = \frac{1}{2}A(T-T_{c2})\operatorname{Tr}(Q^2) + \frac{1}{3}B\operatorname{Tr}(Q^3)$$
$$+ \frac{1}{4}C_0\operatorname{Tr}(Q^4) + \frac{1}{4}C_1[\operatorname{Tr}(Q^2)]^2 \qquad (9.50)$$

特に $Q_{\alpha\beta}$ が式 (9.45) で表される場合には

$$F(S,T) = \frac{1}{2}A'(T-T_{c2})S^2 + \frac{1}{3}B'S^3 + \frac{1}{4}C'S^4 \qquad (9.51)$$

ここで A', B', C' は定数である（これらは A, B, C で表されるがその具体的な形は重要ではない）．式 (9.51) と磁性体の自由エネルギーの表式 (9.31) とを比べてみると，3 次の項がある点が異なっている．

式 (9.51) を温度を変えてプロットすると図 9.12 (b) のようになる．3 次の係数 B' が 0 でないため，$F(S,T)$ の最小を与える秩序パラメータ S はある温度で不連続的に変化する．

この議論は一般の場合に拡張することができる．一般に相転移を伴う秩序の形成において，自由エネルギーを秩序パラメータのべきで展開したとき，展開の 3 次の係数が 0 でなければ，秩序パラメータが転移点で不連続的に変化する．秩序パラメータが不連続になれば，転移点でエネルギーやエントロピーが不連続的に変化するので，潜熱が必要となる，このような相転移を 1 次相転移という．これに対して，秩序パラメータが連続的に変化する相転移では，転移点でエネルギーやエントロピーが連続的に変化する．したがって潜熱はないが，比熱に異状が現れる．このような相転移を 2 次相転移という．

9.3.5 対称性の破れ

9.3.3 項では，液晶分子は z 軸にそろうものと仮定して議論を進めた．しかし分子が z 軸方向にそろう理由は何もない．外から特別な力をかけない限り，液晶の分子がどちらの方向にそろうかは偶然にしか決まらない．

液晶分子が単位ベクトル n で指定される方向にそろっている場合を考えよう．液晶相が n の方向について一軸対称性をもっているとき，秩序パラメータ

$Q_{\alpha\beta}$ は，次のように書くことができる．

$$Q_{\alpha\beta} = S\left(n_\alpha n_\beta - \frac{1}{3}\delta_{\alpha\beta}\right) \tag{9.52}$$

このときスカラーオーダパラメータ S は，式 (9.46) でなく次のように定義される．

$$S = \frac{3}{2}\left\langle (\boldsymbol{u}\cdot\boldsymbol{n})^2 - \frac{1}{3}\right\rangle \tag{9.53}$$

式 (9.52) で与えられる $Q_{\alpha\beta}$ が自己無撞着方程式 (9.43) を満たすことは簡単に確かめることができる．したがって，自己無撞着方程式 (9.43) は無限に多くの解をもつ．それぞれの解は $\boldsymbol{n}$ で指定される．分子が液晶を形成するときには，無限の可能性の中からある方向が選ばれるのである．

スピンが上向きか下向きかのどちらかしか向くことができないイジングモデルの場合には，スピンが上向きにそろった相を下向きにそろった相に変えるには，大きな自由エネルギーの障壁を越える必要がある．しかし，液晶の場合には，$\boldsymbol{n}$ の方向にそろった液晶を少し向きの違った方向にそろえるには障壁はない．このため，液晶では分子の向きを弱い力によって簡単に変えてやることができる．たとえば，液晶に弱い電場をかけると分子の向き $\boldsymbol{n}$ が変わり屈折率主軸の方向が変わる．液晶が表示素子として広く用いられているのは，この性質が利用されているからである．

問題

(1) 式 (9.52) が，自己無撞着方程式 (9.43) の解であることを示せ．

9.4 気液相転移

体積 V の容器の中に入った一定量の気体 (分子数 N) を考える．8.4節において，格子モデルで圧力 P を計算すると温度の低いところで，圧力が密度 $n = N/V$ の減少関数となる温度領域があることを示した．このような温度では，体積を圧力の関数として表したとき，図9.13に示すように，体積が圧力の3価関数になっている．体積が圧力の多価関数になることはファンデアワールスの状態方程式

9.4 気液相転移

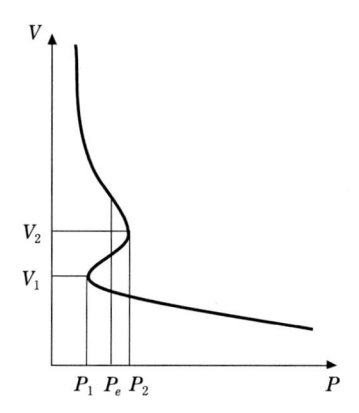

図 9.13 臨界点より低い温度における圧力–体積曲線

$$\left(P + \frac{aN^2}{V^2}\right)(V - Nb) = Nk_\mathrm{B}T \tag{9.54}$$

(ここで a, b は定数) についても起こる．よく知られているように，臨界点より低い温度では，体積と圧力の関係は図 9.13 のような形をとる．

体積と圧力の関係が図 9.13 のような形をとったときには，気体と液体の間の相転移が起こる．この相転移がどのような条件で起きるかを考えるために，図 9.14 に示すような装置を使って実験をしたと考えよう．この装置では，重り Wg を使ってピストンに一定の圧力 $P_w = Wg/A$ をかけ，ピストンのつりあいの位置から，平衡状態の気体の体積を求める．

ピストンのつりあいの位置は，全系の自由エネルギーが最小になるという条件から決まる．全系の自由エネルギーとは，容器の中に入っている流体の自由エネルギーとピストンの位置エネルギーの和である．流体の自由エネルギーは温度と体積の関数として $F(V, T)$ と書ける．ピストンの位置エネルギーは Wgh であるが，これは $Wgh = P_w Ah = P_w V$ と書くことができる．よって全系の自由エネルギーは次のように書ける．

$$\widetilde{F}(V; T, P_w) = F(V, T) + P_w V \tag{9.55}$$

式 (9.57) を最小にするためには $\partial \widetilde{F}(V; T, P_w)/\partial V = 0$ が成り立たなくてはならない．これは次の式を与える．

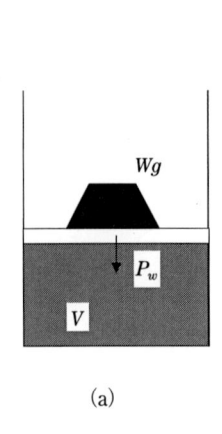

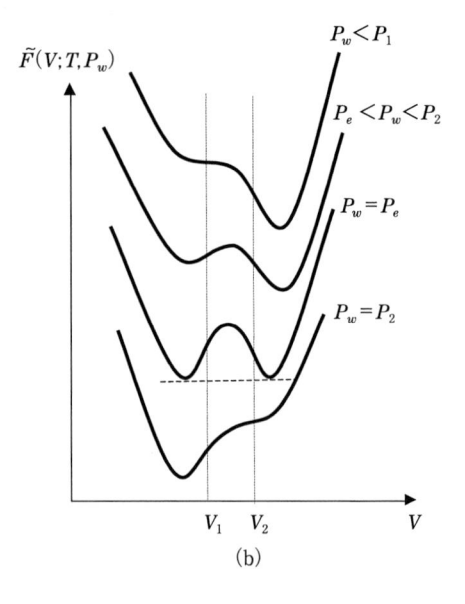

図 9.14
(a) 気液相転移を議論するために考えられた設定．重りにより流体に一定の圧力を加えたときの平衡状態を求める．(b) 自由エネルギー．

$$\frac{\partial F(V,T)}{\partial V} = -P_w \tag{9.56}$$

図 9.13 に示すように，P_w が $P_1(T) < P_w < P_2(T)$ を満たすとき，式 (9.56) を満たす体積 (あるいは密度) は 3 つある．そのような場合，どの状態が熱力学的に安定な状態なのであろうか？

ここで式 (9.56) の右辺に現れる $F(V,T)$ は密度一様の流体の自由エネルギーを表すものであることに注意しなくてはならない．格子モデルでは密度が一様であると仮定して $F(V,T)$ を求めた．ファンデアワールス気体の場合にも，密度が一様であるなら状態方程式 $P = P(V,T)$ を積分することにより $F(V,T)$ を求めることができる．

$$F(V,T) = -\int dV\, P(V,T) \tag{9.57}$$

この場合にも求められた $F(V,T)$ は，密度が一様な流体の自由エネルギーである．しかし，気液相転移が起きるときには，気体の相と液体の相とが混在する

ので，最安定な状態は $F(V,T)$ で表される状態の中にはない．

図9.14 (b) には，様々な P_w に対して $\widetilde{F}(V;T,P_w)$ を体積の関数として示してある．$P_w < P_1(T)$ のときには，式 (9.56) を満たす P は1つだけであるので，$\widetilde{F}$ は1つの極小をもつ．$P_1(T) < P_w < P_2(T)$ のときには2つの極小と1つの極大が現れる．2つの極小のうち，$\widetilde{F}$ の小さな方が，熱力学的安定相として実現する．2つの極小点の高さが一致する圧力を $P_e(T)$ と書く．化学ポテンシャル μ は $(F(V,T)+PV)/N$ で与えられるので，圧力 $P_e(T)$ においては，液相の化学ポテンシャルと気相の化学ポテンシャルが等しくなる．よって $P_e(T)$ は温度 T における平衡蒸気圧に対応する．

温度 T にある気体に圧力をかけて圧縮すると，$P < P_e(T)$ までは，気体は気相の $P-V$ 曲線に沿って圧縮され，$P = P_e(T)$ に達したとき，気体の一部が凝縮し，液体相が現れる．$P = P_e(T)$ においては，気相と液相が平衡状態で共存する状態である．P が $P_e(T)$ を超えると，すべてが液相に変わり，以後は液相の $P-V$ 曲線に従って圧縮される．

例題

体積 V，密度 n の一様な流体の自由エネルギーを $Vf(n)$ と書く．図9.15 (a) のように $f(n)$ が上側に凸の領域 ($f''(n) < 0$ の領域) をもっているとき，気体と液体がある密度範囲で共存することを示せ．

解答

図に示すように流体が密度 n_1 の気体と密度 n_2 の液体に分かれたとする．それぞれの体積を V_1, V_2 とすると，次の式が成り立つ．

$$nV = n_1 V_1 + n_2 V_2$$
$$V = V_1 + V_2 \tag{9.58}$$

これよりそれぞれの部分の体積分率 $x_1 = V_1/V$, $x_2 = V_2/V$ が次のように求まる．

$$x_1 = \frac{n_2 - n}{n_2 - n_1}, \qquad x_2 = \frac{n - n_1}{n_2 - n_1} \tag{9.59}$$

2つの密度領域に分かれたとき系全体の自由エネルギーは $V_1 f(n_1) + V_2 f(n_2) = V[x_1 f(n_1) + x_2 f(n_2)]$ で与えられる．この状態の自由エネルギーは図9.15 (b)

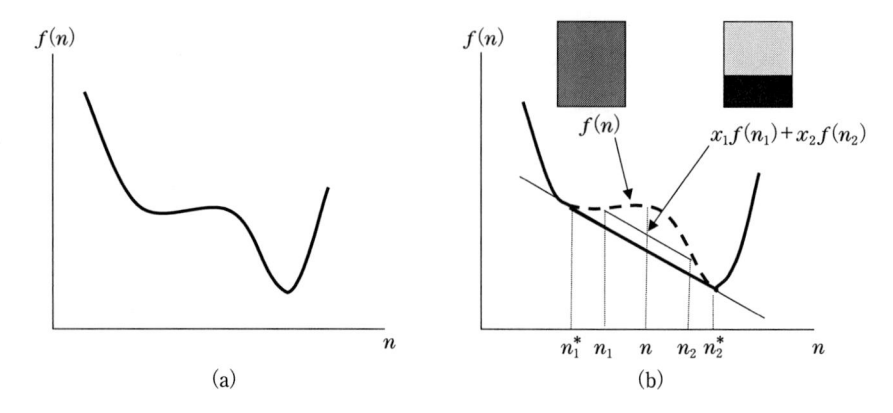

図 9.15 流体の自由エネルギーを密度 n の関数として表したもの

に示すように，$(n_1, f(n_1))$ と $(n_2, f(n_2))$ を結ぶ直線の位置 n における高さに相当する．n_1, n_2 をいろいろ変えて，直線を引き，自由エネルギーがもっとも低くなる状態を考えてみる．その結果，自由エネルギーが最小になるのは，直線が $f(n)$ の共通接線と一致する場合であることがわかる．共通接線の接点を n_1^*, n_2^* とすると，$n_1^* < n < n_2^*$ の領域では，流体は密度 n_1^* の気体と密度 n_2^* の液体の 2 相に分離する．n_1^*, n_2^* が共通接線の接点であるという条件から次の式が導かれる．

$$f'(n_1^*) = f'(n_2^*) = \frac{f(n_1^*) - f(n_2^*)}{n_1^* - n_2^*} \tag{9.60}$$

ここで $f'(n)$ は df/dn を表す．

問題

(1) $\widetilde{F}(V; T, P)$ の 2 つの極小値が等しくなったときには，液相の化学ポテンシャルと気相の化学ポテンシャルが等しくなることを示せ．またこのとき，P–V 曲面においてマックスウェル (Maxwell) の等面積則が成り立つことを示せ．
(2) 平衡蒸気圧 $P_e(T)$ は $F(V, T)$ 曲線における共通接線の傾きに一致することを示せ．
(3) 式 (9.60) は 2 つの相の圧力と化学ポテンシャルが等しいという条件を与えることを示せ．

付　録

付録 1　変分法による平均場近似の導出

平均場近似は次のような変分法を用いて定式化することができる．古典統計力学に従う系を考える．ハミルトニアン H，分配関数を Z とすると

$$Z = \mathrm{Tr}\, e^{-\beta H} \tag{9.61}$$

である[1]．さて任意のハミルトニアン H_0 について次の不等式 (ギブス–ボゴリューボフ (Gibbs–Bogoliubov) の不等式) が成立する．

$$\frac{Z}{Z_0} \geq \exp[-\beta \langle H - H_0 \rangle_0] \tag{9.62}$$

ここで Z_0 はハミルトニアン H_0 に対する状態和であり，$\langle \ldots \rangle_0$ はハミルトニアン H_0 に対する熱力学平均である．

$$Z_0 = \mathrm{Tr}\, e^{-\beta H_0}, \qquad \langle \ldots \rangle_0 = \frac{\mathrm{Tr}\, \ldots\, e^{-\beta H_0}}{\mathrm{Tr}\, e^{-\beta H_0}} \tag{9.63}$$

証明　任意の実数 x について $e^x \geq 1 + x$ が成り立つ．$x = -\beta(H - H_0 - \langle H - H_0 \rangle_0)$ とおけば

$$e^{-\beta(H - H_0 - \langle H - H_0 \rangle_0)} \geq 1 - \beta(H - H_0 - \langle H - H_0 \rangle_0) \tag{9.64}$$

この式の両辺に対し $e^{-\beta H_0}$ の重みをつけて平均をとると

$$\langle e^{-\beta(H - H_0 - \langle H - H_0 \rangle_0)} \rangle_0 \geq \langle 1 - \beta(H - H_0 - \langle H - H_0 \rangle_0) \rangle_0 \tag{9.65}$$

右辺は 1 に等しい．よって

$$\langle e^{-\beta(H - H_0)} \rangle_0 \geq e^{-\beta \langle H - H_0 \rangle_0} \tag{9.66}$$

式 (9.66) の左辺は次のようになる．

$$\langle e^{-\beta(H - H_0)} \rangle_0 = \frac{\mathrm{Tr}\, e^{-\beta(H - H_0)} e^{-\beta H_0}}{\mathrm{Tr}\, e^{-\beta H_0}} = \frac{\mathrm{Tr}\, e^{-\beta H}}{\mathrm{Tr}\, e^{-\beta H_0}} = \frac{Z}{Z_0} \tag{9.67}$$

---

1) ここで Tr は系のとりうるすべての力学状態についての和を表す．系の力学状態が Γ で表されるなら $\mathrm{Tr} \cdots = \int d\Gamma \cdots$ である．イジング模型においては Tr は式 (9.4) に示すように系のとりうるすべてのスピン状態についての和を表す．

よって，式 (9.66) は式 (9.62) を与える．

H, H_0 に対する自由エネルギーを F, F_0 とすると，式 (9.62) は次のように書くこともできる．

$$F \leq F_0 + \langle H - H_0 \rangle_0 \tag{9.68}$$

この不等式をイジングモデルに応用してみよう．H_0 として次のハミルトニアンを考える．

$$H_0 = -\lambda \sum_i \sigma_i \tag{9.69}$$

λ は変分パラメータである．H_0 は相互作用のないときのイジングモデルのハミルトニアンと同じであるから，F_0 は簡単に計算できる．

$$F_0 = -\frac{N}{\beta} \ln(2\cosh(\beta\lambda)) \tag{9.70}$$

H_0 に対する σ_i のカノニカル平均を m とおく．

$$m = \langle \sigma_i \rangle_0 = \tanh(\beta\lambda) \tag{9.71}$$

H_0 に対するカノニカル分布では，各スピンは独立であるから，式 (9.68) の第 2 項は次のように計算できる．

$$\langle H - H_0 \rangle_0 = \frac{zJN}{2} m^2 - N(B\mu - \lambda) m \tag{9.72}$$

式 (9.68) の右辺を $\widetilde{F}(\lambda)$ とおくと，式 (9.70), (9.72) より

$$\widetilde{F}(\lambda) = -\frac{N}{\beta} \ln(2\cosh(\beta\lambda)) + \frac{zJN}{2} m^2 - N(B\mu - \lambda) m \tag{9.73}$$

式 (9.71) を用いて λ を m で表すと式 (9.73) は (外部磁場の項 $-NB\mu m$ を除いて) 式 (9.24) と一致することがわかる．よって真の自由エネルギーは式 (9.24) の値よりも小さくなることが証明された．

章末問題

(1) スピンが大きさ S をもつ場合，σ_i は $-S, -S+1, \ldots, S$ の $2S+1$ 個の値をとることができる．この系のハミルトン関数が次のように与えられるものとし，以下の問いに答えよ．

$$H = -K \sum_{\langle i,j \rangle} \sigma_i \sigma_j - B\mu \sum_i \sigma_i \tag{9.74}$$

- (1.1) スピン間の相互作用が無視できるとき ($K=0$ のとき), $m=\langle\sigma\rangle$ を求めよ.
- (1.2) 平均場近似により臨界温度 T_c を求めよ.
(2) 格子気体の状態方程式 (8.68) を用いて次の問いに答えよ.
- (2.1) 格子気体の臨界温度を求めよ.
- (2.2) 温度 T において密度 ϕ_1 の気相と, 密度 ϕ_2 の液相が共存するための条件を求めよ.
(3) ギブス–ボゴリューボフ (Gibbs–Bogoliubov) の不等式について次の問いに答えよ.
- (3.1) 関数 $f(x)$ が $f''(x)\geq 0$ を満たすなら, $\sum_i p_i=1$ を満たす任意の $p_i>0$ について

$$\sum_i p_i f(x_i) \geq f\left(\sum_i p_i x_i\right) \qquad (9.75)$$

が成り立つことを証明せよ.
- (3.2) 任意の分布関数 $P(x)$ について

$$\langle f(x)\rangle \geq f(\langle x\rangle) \qquad (9.76)$$

を証明せよ.
- (3.3) 上の不等式を用いてギブス–ボゴリューボフの不等式 (9.62) を証明せよ.

第 10 章
ゆらぎと応答

　熱力学によれば，定まった体積と質量をもつ物体のエネルギーは温度 T の関数として一意的に決まる．しかし，統計力学では，3 章でみたように，物体が温度 T の熱浴に接しているからといって一定のエネルギーをもつわけではない．熱浴とのエネルギーのやりとりの結果，物体のエネルギーはある平均値の周りをゆらいでいる．熱力学で扱うような巨視的な系では，このゆらぎは小さく，無視することができる．しかし，nm スケールの小さな系では，ゆらぎは重要となり，ブラウン運動のような形で実際にみることもできる．

　ゆらぎを考えることは，巨視的な系においても意味がある．それは，ゆらぎが，環境の変化に対する系の応答と関係しているからである．本章では，このようなゆらぎと応答の関係について一般的に議論する．

　ゆらぎと応答の関係は，外からの刺激が小さければ，系が平衡状態から外れた場合であっても成立する．したがって，本章の内容は非平衡状態の統計力学への第一歩となっている．なお，本章では議論を簡単にするために，話を古典統計力学に限ることにする．

10.1　平衡系におけるゆらぎと応答

10.1.1　簡単な例

　平衡状態にある系において，ゆらぎと外場に対する応答が関係していることは，簡単な場合についてみることができる．ハミルトン関数が $H(\Gamma)$ で与えら

10.1 平衡系におけるゆらぎと応答

れる古典系を考える．この系に対して電場，磁場などの場を外から加えたとしよう．外から加えた場を外場と呼び，h で表す．外場が小さければ，その効果は次のようなハミルトン関数への付加項 H'_h で表現できる．

$$H_h(\Gamma) = H(\Gamma) + H'_h(\Gamma) \tag{10.1}$$

$$H'_h(\Gamma) = -hx(\Gamma) \tag{10.2}$$

このとき，$-h$ にかかる係数 $x(\Gamma)$ を h の共役量と呼ぶことにする．たとえば，4.7 節にみたように双極子をもつ中性分子に電場 E を加えた場合，電場の効果は次のようなハミルトン関数で表される．

$$H'_h(\Gamma) = -E \sum_i \mu \cos \theta_i \tag{10.3}$$

ここで θ_i は双極子 i と電場のなす角度である．$\mu \cos \theta_i$ は分子 i がもっている双極子モーメントの電場方向の成分を表し，$P = \sum_i \mu \cos \theta_i$ は全双極子モーメントを表す．式 (10.3) から，外部電場 E に共役な量は P であることがわかる．

外場のもとで系が平衡状態にあるとき，その分布関数は次のようになる．

$$P_h(\Gamma) = C e^{-\beta[H(\Gamma) + H'_h(\Gamma)]} \tag{10.4}$$

物理量 x の外場 h のもとでの平衡状態についての平均を $\langle x \rangle_h$ で表す．

$$\langle x \rangle_h = \int d\Gamma P_h(\Gamma) x(\Gamma) \tag{10.5}$$

式 (10.4) を用いると，式 (10.5) は次のようになる．

$$\langle x \rangle_h = \frac{\int d\Gamma x e^{-\beta H_h}}{\int d\Gamma e^{-\beta H_h}} = \frac{\int d\Gamma x e^{-\beta(H-hx)}}{\int d\Gamma e^{-\beta(H-hx)}} \tag{10.6}$$

h が小さいとして，式 (10.6) の分母，分子を h で展開して h の 1 次の項までをとると

$$\langle x \rangle_h = \frac{\int d\Gamma x(1+\beta hx) e^{-\beta H}}{\int d\Gamma (1+\beta hx) e^{-\beta H}} \tag{10.7}$$

外場のないときの平均を $\langle \ldots \rangle$ で表すことにする．

$$\langle \ldots \rangle = \frac{\int d\Gamma \ldots e^{-\beta H}}{\int d\Gamma e^{-\beta H}} \tag{10.8}$$

h の 1 次までの近似では，式 (10.7) は次のようになる．

$$\langle x \rangle_h = \frac{\langle x \rangle + \beta h \langle x^2 \rangle}{1 + \beta h \langle x \rangle} = \langle x \rangle + \beta h (\langle x^2 \rangle - \langle x \rangle^2) \tag{10.9}$$

外場 h に対する x の平均値の変化を一般化された感受率 χ^{eq} を使って表すことにする.

$$\langle x \rangle_h - \langle x \rangle = \chi^{eq} h \tag{10.10}$$

式 (10.7) より

$$\chi^{eq} = \beta(\langle x^2 \rangle - \langle x \rangle^2) = \beta \langle (x - \langle x \rangle)^2 \rangle \tag{10.11}$$

あるいは

$$\frac{\partial \langle x \rangle_h}{\partial h} = \beta \langle (x - \langle x \rangle)^2 \rangle \tag{10.12}$$

この式は外場に対する物理量の応答 $\partial \langle x \rangle_h / \partial h$ が,外場がないときの物理量のゆらぎ $\langle (x - \langle x \rangle)^2 \rangle$ と関係づけられていることを示している.

10.1.2 一般の外場と応答

上の議論は,多くの外場がある場合について容易に拡張することができる.平衡状態にある系に対して,外場 h_i を加え,新しい平衡状態が式 (10.4) のように書けたとしよう.このとき,外場の影響を表すハミルトン関数が

$$H'_h(\Gamma) = -\sum_i h_i x_i(\Gamma) \tag{10.13}$$

と書かれるとき,$x_i(\Gamma)$ を外場 h_i に対する共役量と呼ぶ.

外場がないときの x_i の平均は 0 であると仮定しよう (このように仮定しても一般性を失うことはない.なぜなら $x_i - \langle x_i \rangle$ を改めて x_i と定義すればよいからである).外場が弱いときには,外場のもとでの x_i の平均は,外場 h_i の線形の関数で表すことができる.

$$\langle x_i \rangle_h = \sum_j \chi^{eq}_{ij} h_j \tag{10.14}$$

係数 χ^{eq}_{ij} を一般化された感受率と呼ぶ.

前節の計算を繰り返せば,χ^{eq}_{ij} は外場がない状態での x_i のゆらぎと次の関係にあることを証明することができる.

$$\chi_{ij}^{eq} = \beta \langle x_i x_j \rangle \tag{10.15}$$

あるいは

$$\frac{\partial \langle x_i \rangle_h}{\partial h_j} = \beta \langle x_i x_j \rangle \tag{10.16}$$

この式から感受率 χ_{ij}^{eq} の一般的性質を議論することができる (問題参照).

問題

(1) 式 (10.15) を証明せよ.
(2) $\chi_{ij} = \chi_{ji}$ であることを示せ. 特に誘電率テンソルは対称テンソルであることを示せ.
(3) χ_{ij} を要素とする行列は正定値であることを示せ (ヒント：任意の実数 ξ_i に対して $\sum_{ij} \chi_{ij} \xi_i \xi_j \geq 0$ であることを示せばよい).

10.1.3 温度, 化学ポテンシャルの変化に対する応答

これまで，環境の変化として，電場や磁場などの外場を想定してきた．ここで温度や化学ポテンシャルなど系を取りまく環境のパラメータが変化した場合を考えよう.

グランドカノニカル分布によれば，化学ポテンシャルが $\Delta \mu$ だけ変化すると平衡状態の重みを与えるハミルトン関数は $-N\Delta\mu$ だけ変化する (N は系の粒子数). よって $\Delta \mu$ に共役な物理量は粒子数 N である. したがって, 式 (10.10), (10.12) は次のようになる.

$$\langle N \rangle_h - \langle N \rangle = \beta \langle \Delta N^2 \rangle \Delta \mu \tag{10.17}$$

あるいは,

$$\frac{\partial N}{\partial \mu} = \beta \langle \Delta N^2 \rangle \tag{10.18}$$

これは 5 章で与えた式 (5.25) と一致している.

温度の変化に対しても同様の考察ができる．温度が ΔT だけ変化するとき, 新しい平衡状態の分布関数は, 次のように変わる.

$$P_h(\Gamma) = C \exp\left[-\frac{H(\Gamma)}{k_\text{B}(T+\Delta T)}\right] = C \exp\left[-\frac{H(\Gamma) - H(\Gamma)\frac{\Delta T}{T}}{k_\text{B} T}\right] \tag{10.19}$$

これと式 (10.13) とを比べると, 外場 h として温度の変化 ΔT をとったとき,

それに共役な物理量は H/T であることがわかる．$\Delta E(\Gamma) = H(\Gamma) - \langle H(\Gamma) \rangle$ とすると，ΔT に共役な物理量は $\Delta E/T$ となる．

体積と温度が一定の系でエネルギーのゆらぎを考えよう．温度 ΔT に共役な物理量は $\Delta E/T$ であるから，式 (10.16) は次のようになる．

$$\frac{1}{T}\frac{\partial E}{\partial T} = \frac{1}{k_\mathrm{B} T}\left\langle \left(\frac{\Delta E}{T}\right)^2 \right\rangle \tag{10.20}$$

よって

$$\left(\frac{\partial E}{\partial T}\right)_V = \frac{1}{k_\mathrm{B} T^2}\langle \Delta E^2 \rangle \tag{10.21}$$

または

$$\langle \Delta E^2 \rangle = k_\mathrm{B} T^2 C_V \tag{10.22}$$

ここで $C_V = (\partial E/\partial T)_V$ は定積比熱である．これは，4 章で与えた式 (4.23) と一致している．

10.2 時間遅れを伴う応答

10.2.1 一定外場印加時の応答

前節では，外場を微少量だけ変化させ，系が平衡に達した後の物理量に着目したが，ここからは，平衡に達するまでの過程について考察しよう．以下の議論は複数の外場が加えられた場合についてもできるが，ここでは簡単のため，1 つの外場 h が加えられた場合について議論する．

外場 h が加えられている状態で，時刻 t における物理量 x の平均は $\langle x(t) \rangle_h$ と書くべきであるが，記号を簡単にするため，これを $x^{(h)}(t)$ と書くことにする．

時刻 $t=0$ において，図 10.1 (a) に示すように，外場を瞬間的に h_0 だけ加えたとしよう．このとき物理量 x は，いきなり式 (10.7) で与えられる平衡値になるわけではなく，図 10.1 (b) に示すようにある時間遅れを伴って平衡値に達する．外場が小さな場合，この振る舞いは一般的に次のように書ける．

$$x^{(h)}(t) = \chi(t) h_0 \tag{10.23}$$

$\chi(t)$ はステップ関数状の外場に対する応答を記述する関数で，ステップ応答関

10.2 時間遅れを伴う応答

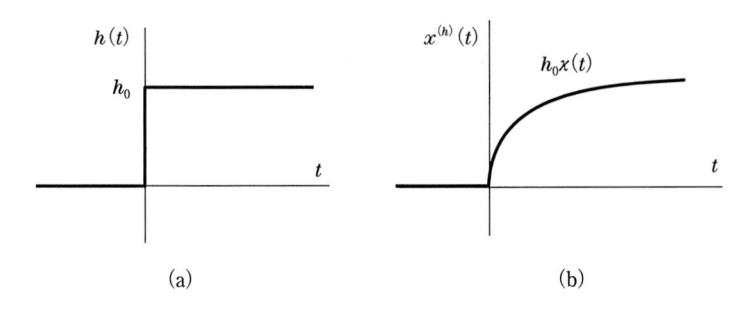

図 10.1 (a) 応答関数を求めるために加える刺激, (b) 応答関数の例

数 (あるいは単に応答関数) と呼ばれる．前節で議論した平衡の応答を記述する χ^{eq} は，$\chi(t)$ の $t \to \infty$ の極限値に等しい．

外場が小さければ，系の応答について重ね合わせの法則が成り立つことが知られている．$h_1(t)$ という時間依存性をもった外場を加えたときの系の応答が $x_1^{(h)}(t)$ であったとしよう．また $h_2(t)$ に対する応答が $x_2^{(h)}(t)$ であったとする．すると外場を $h_1(t)+h_2(t)$ のように変化させたときの応答は $x_1^{(h)}(t)+x_2^{(h)}(t)$ となる．これを重ね合わせの法則という．重ね合わせの法則は外場が小さいときに成り立つ実験法則であり，ボルツマンの重ね合わせの法則と呼ばれる．

ボルツマンの重ね合わせの法則を用いれば，任意の時間依存性をもった外場 $h(t)$ に対する応答を $\chi(t)$ を用いて表すことができる．外場 $h(t)$ を加えることは，図 10.2 のように一定時間間隔 Δt ごとに階段的な外場 Δh_i を加えることと同等である．外場 Δh_i が時刻 t において物理量 x に与える変化は $\chi(t-t_i)\Delta h_i$ である．これらの影響は重ね合わせることができるので，$x^{(h)}(t)$ は次のように与えられる．

$$x^{(h)}(t) = \sum_i \chi(t-t_i)\Delta h_i \tag{10.24}$$

Δh_i は時刻 $t_i - \Delta t/2$ から $t_i + \Delta t/2$ の間の $h(t)$ の変化量であるから，$\dot{h}(t_i)\Delta t$ で与えられる．よって

$$x^{(h)}(t) = \sum_i \chi(t-t_i)\dot{h}(t_i)\Delta t \tag{10.25}$$

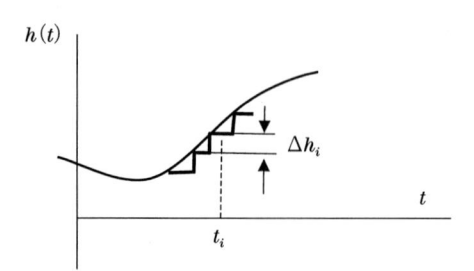

図 10.2
任意の時間依存の外場は階段的な外場の重ね合わせで書くことができる．ボルツマンの重ね合わせの法則を用いて，一般の外場に対数応答を応答関数で表す．

$\Delta t \to 0$ の極限では和を積分で置き換えることができる．

$$x^{(h)}(t) = \int_{-\infty}^{t} dt' \chi(t-t') \dot{h}(t') \tag{10.26}$$

これがボルツマンの重ね合わせの法則の数学的表現である．

10.2.2 種々の外場に対する応答
周期的な外場

角振動数 ω で振動する外場を加えたとしよう．

$$h(t) = h_0 \cos(\omega t) = \Re h_0 e^{i\omega t} \tag{10.27}$$

このときの応答は式 (10.26) により，次のように計算される．

$$x^{(h)}(t) = \Re h_0 \int_{-\infty}^{t} dt' \chi(t-t') i\omega e^{i\omega t'} \tag{10.28}$$

$t'' = t - t'$ とおくと

$$\begin{aligned} x^{(h)}(t) &= \Re h_0 \int_0^{\infty} dt'' \chi(t'') i\omega e^{i\omega(t-t'')} \\ &= \Re h_0 e^{i\omega(t)} \chi^*(\omega) \end{aligned} \tag{10.29}$$

ここで

$$\chi^*(\omega) = i\omega \int_0^{\infty} dt \chi(t) e^{-i\omega t} \tag{10.30}$$

10.2 時間遅れを伴う応答

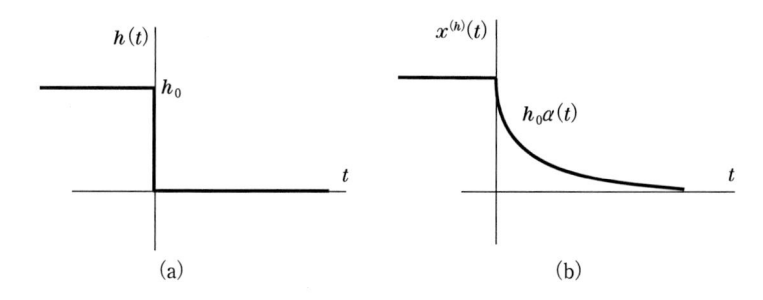

図 10.3 (a) 緩和関数を求めるために加える刺激，(b) 緩和関数の例

は複素感受率と呼ばれる．

緩　和

図 10.3 に示すように外場 h_0 をかけて平衡にある系に対し，時刻 $t=0$ で瞬間的に外場を切ったとしよう．このときの外場は

$$h(t) = h_0 - h_0 \Theta(t) \tag{10.31}$$

と書ける．一定の外場 h_0 に対する応答は $\chi^{eq} h_0 = \chi(\infty) h_0$ であり，階段的な外場 $-h_0 \Theta(t)$ に対する応答は $-h_0 \chi(t)$ であるので，今の問題に対する応答は次のように表すことができる．

$$x^{(h)}(t) = [\chi(\infty) - \chi(t)] h_0 = \alpha(t) h_0 \tag{10.32}$$

ここで $\alpha(t)$ は外場を切ったときの緩和を表し，緩和関数と呼ばれる．緩和関数と応答関数は次の関係にある．

$$\alpha(t) = \chi(\infty) - \chi(t) \tag{10.33}$$

問題

(1) $\chi(t) = \chi^{eq}(1 - e^{-t/\tau})$ について複素感受率を計算せよ．特に $\tau \to 0$ の極限でどうなるかを計算せよ．
(2) $\chi(t) = \chi^{eq}(1 - e^{-t/\tau})$ において，$t \ll \tau$ であるなら $\chi(t) = \sigma t$ と書くことができる．このとき複素感受率を計算せよ．
(3) 次の応答関数について複素感受率を計算し，実部，虚部を ω の関数としてグラフに表せ．

$$\chi(t) = \chi_1 - \chi_2 \exp\left(-\frac{t}{\tau}\right) \tag{10.34}$$

10.3 時間相関関数

時間に依存する応答は時間に依存するゆらぎと関係づけることができる．時間に依存するゆらぎを特徴づけるのは時間相関関数である．

物理量 x を時間を追って計測すると，図 10.4 に示すような乱雑な振る舞いをする．異なる時刻 t と t' において x を計測し，その積を多数の測定に対して平均をとった量 $\langle x(t)x(t') \rangle$ を時間相関関数という．平衡状態では系は定常であるので，平均の結果は $t-t'$ にしかよらない．これを $C(t-t')$ と書く．

$$C(t) = \langle x(t+t')x(t') \rangle = \langle x(t)x(0) \rangle \tag{10.35}$$

$C(0)$ の値は $\langle x^2 \rangle$ に等しく必ず正となる．また，十分時間がたった後は $x(t)$ の値は $x(0)$ の値と無関係になるので，積の平均は平均の積で置き換えることができる．

$$\lim_{t \to \infty} \langle x(t)x(0) \rangle = \langle x(t) \rangle \langle x(0) \rangle \tag{10.36}$$

右辺は定義により 0 である．よって時間相関関数は $t \to \infty$ で 0 となる．

問題

(1) 時間相関関数について次の式が成り立つことを証明せよ．ただし $\dot{x}(t)$ のドットは t についての微分を表す．

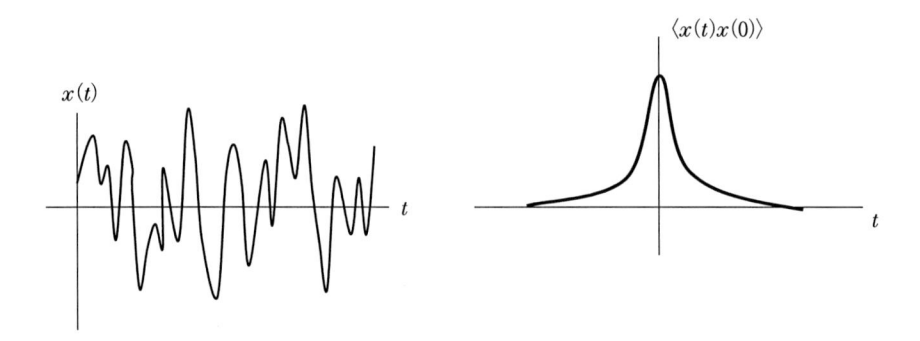

図 10.4 時間相関関数

$$C(t) = C(-t) \tag{10.37}$$
$$\dot{C}(t) = \langle \dot{x}(t)x(0)\rangle = -\langle x(t)\dot{x}(0)\rangle \tag{10.38}$$
$$\ddot{C}(t) = -\langle \dot{x}(t)\dot{x}(0)\rangle \tag{10.39}$$

10.4 線形応答の微視的理論

10.4.1 時間相関関数の微視的表式

前節で定義した応答関数や時間相関関数をハミルトン関数から微視的に計算することは原理的に可能である．1章で述べたように，系の力学状態は，すべての構成粒子の座標と運動量 Γ を与えれば決まってしまう．任意の物理量は Γ の関数として書けるので，系が状態 Γ にあるとき，物理量 x のとる値は決まってしまう．これを $\hat{x}(\Gamma)$ と書くことにしよう．状態の時間発展はハミルトンの運動方程式で決まっているので，応答関数や時間相関関数を微視的に計算することができる．

最初に時間相関関数を考えよう．時刻 $t=0$ で系が状態 Γ_0 にあったしよう．時刻 t における状態 Γ は Γ_0 のユニークな関数である．これを Γ_0 の関数とみて $\widetilde{\Gamma}(\Gamma_0, t)$ と書くことにしよう．

以下の議論には，$\widetilde{\Gamma}(\Gamma_0, t)$ を用いるより，次のように定義される条件つき確率密度 $G(\Gamma, \Gamma_0, t)$ を用いる方が便利である．$G(\Gamma, \Gamma_0, t)$ は時刻 $t=0$ で状態 Γ_0 にあった系が時刻 t で状態 Γ にある確率を表す．($G(\Gamma, \Gamma_0, t)$ を用いれば，以下の議論をランダムな外的擾乱がある場合にも拡張できる)．$G(\Gamma, \Gamma_0, t)$ は次のように書ける．

$$G(\Gamma, \Gamma_0, t) = \delta(\Gamma - \widetilde{\Gamma}(\Gamma_0, t)) \tag{10.40}$$

系が時刻 $t=0$ で状態 Γ_0 にあり，時刻 t で状態 Γ にある場合，それぞれの時刻で物理量 x を計測すれば $\hat{x}(\Gamma_0)$, $\hat{x}(\Gamma)$ という値が得られるはずである．このようなことが起こる確率は $G(\Gamma, \Gamma_0, t)f_{eq}(\Gamma_0)$ で与えられる．ここで $f_{eq}(\Gamma)$ は平衡状態の分布関数である．

$$f_{eq}(\Gamma) = \frac{e^{-\beta H(\Gamma)}}{\int d\Gamma e^{-\beta H(\Gamma)}} \tag{10.41}$$

したがって，時間相関関数は次のように計算される．

$$\langle x(t)x(0)\rangle = \int d\Gamma d\Gamma_0 \hat{x}(\Gamma)\hat{x}(\Gamma_0) G(\Gamma,\Gamma_0,t) f_{eq}(\Gamma_0) \tag{10.42}$$

10.4.2 揺動散逸定理

応答関数に対しても，時間相関関数と同様に微視的な計算をすることができる．簡単のために緩和関数を考えよう．外場 h_0 のもとで平衡にある系に対し，$t=0$ で外場を取り除いたとしよう．$t=0$ で系が状態 Γ_0 にある確率は，外場 h_0 のもとでの平衡分布であるから次のように与えられる．

$$f_{eq,h}(\Gamma_0) = \frac{e^{-\beta H(\Gamma_0)+\beta h_0 \hat{x}(\Gamma_0)}}{\int d\Gamma e^{-\beta H(\Gamma)+\beta h_0 \hat{x}(\Gamma)}} \tag{10.43}$$

$t>0$ では外場がないから，$t=0$ で系が状態 Γ_0 にあったとすれば，時刻 t で系が状態 Γ にある確率は $G(\Gamma,\Gamma_0,t)$ で与えられる．よって時刻 t で系が状態 Γ にある確率 $f(\Gamma,t)$ は次の式で与えられる．

$$f(\Gamma,t) = \int d\Gamma_0 G(\Gamma,\Gamma_0,t) f_{eq,h}(\Gamma_0) \tag{10.44}$$

したがって，時刻 t での物理量 x の平均は次の式で与えられる．

$$x^{(h)}(t) = \int d\Gamma \hat{x}(\Gamma) f(\Gamma,t) \tag{10.45}$$

$$= \int d\Gamma d\Gamma_0 \hat{x}(\Gamma) G(\Gamma,\Gamma_0,t) f_{eq,h}(\Gamma_0) \tag{10.46}$$

一方，式 (10.43) において，h_0 が小さいとして h_0 の 1 次の項だけを残して計算をすると

$$f_{eq,h}(\Gamma_0) = f_{eq}(\Gamma_0)(1+\beta h_0 \hat{x}(\Gamma_0)) \tag{10.47}$$

これを式 (10.46) に代入し，さらに，$f_{eq}(\Gamma)$ が時間的に変わらないという条件

$$f_{eq}(\Gamma) = \int d\Gamma_0 G(\Gamma,\Gamma_0,t) f_{eq}(\Gamma_0) \tag{10.48}$$

を用いると，式 (10.46) は次のようになる．

$$x^{(h)}(t) = \beta h_0 \int d\Gamma d\Gamma_0 \hat{x}(\Gamma)\hat{x}(\Gamma_0) G(\Gamma,\Gamma_0,t) f_{eq}(\Gamma_0) \tag{10.49}$$

よって緩和関数 $\alpha(t)$ は次のようになる．

$$\alpha(t) = \beta \int d\Gamma d\Gamma_0 \hat{x}(\Gamma)\hat{x}(\Gamma_0) G(\Gamma,\Gamma_0,t) f_{eq}(\Gamma_0) \tag{10.50}$$

式 (10.42) と式 (10.50) を見比べると

$$\langle x(t)x(0)\rangle = k_\mathrm{B} T \alpha(t) \tag{10.51}$$

これは，式 (10.15) の拡張になっている (式 (10.15) は式 (10.51) の $t=0$ の場合に相当する)．

式 (10.51) は非平衡状態においても，外場に対する応答は平衡状態において起こるゆらぎの時間相関関数で書けることを意味している．これは揺動散逸定理と呼ばれる．

式 (10.51) は別の形に書くこともできる．時間 t だけ経ったときの物理量の変化の 2 乗平均 $\langle (x(t)-x(0))^2\rangle$ を考えよう．$\langle x(t)^2\rangle = \langle x(0)^2\rangle = \langle x^2\rangle$ であることを用いると次の式が得られる．

$$\langle (x(t)-x(0))^2\rangle = \langle x(t)^2\rangle + \langle x(t)^2\rangle - 2\langle x(t)x(0)\rangle \tag{10.52}$$
$$= 2k_\mathrm{B} T[\alpha(0) - \alpha(t)] \tag{10.53}$$
$$= 2k_\mathrm{B} T[\chi(t) - \chi(0)] \tag{10.54}$$

ここで式 (10.33) を用いた．

10.4.3 微粒子のブラウン運動

液体の中におかれた微粒子は，熱運動によりランダムな運動をしている．これは，植物学者ブラウン (Brown) によって発見され，ブラウン運動と呼ばれている．粒子の x 座標にだけ着目し，時刻 t における粒子の x 座標を $x(t)$ とする．ブラウン運動を特徴づける量として，時間 t の間の粒子の変位の 2 乗平均 $\langle (x(t)-x(0))^2\rangle$ を考えよう．

揺動散逸定理を使うと，$\langle (x(t)-x(0))^2\rangle$ は粒子に力を加えたときの応答から計算できる．時刻 $t=0$ で粒子に一定の力 F を x 方向に作用させたと考えよう．粒子に外力 F が働いているときは，ハミルトン関数に $H'_h = -Fx$ という項が付け加わるので，F に共役な量は x である．

流体力学を使うと，力 F をステップ的に加えたときの粒子の平均位置 $x^{(h)}(t)$ の時間変化を計算することができる．粒子に働く流体の粘性抵抗は粒子の速度

$dx^{(h)}/dt$ に比例し，$-\zeta dx^{(h)}/dt$ (ζ は抵抗係数) と書ける．すると $x^{(h)}(t)$ は次の運動方程式に従う．

$$m\frac{d^2 x^{(h)}}{dt^2} = -\zeta \frac{dx^{(h)}}{dt} + F \tag{10.55}$$

この方程式を $t=0$ で $x^{(h)}=0$, $\dot{x}^{(h)}=0$ の条件のもとで解くと

$$x^{(h)}(t) = \frac{F}{\zeta}\left[t - \tau\left(1 - e^{-t/\tau}\right)\right], \qquad \tau = \frac{m}{\zeta} \tag{10.56}$$

F の係数は力に対するステップ応答関数 $\chi(t)$ である．

$$\chi(t) = \frac{1}{\zeta}\left[t - \tau\left(1 - e^{-t/\tau}\right)\right] \tag{10.57}$$

式 (10.54) を用いると

$$\langle (x(t) - x(0))^2 \rangle = \frac{2k_\mathrm{B} T}{\zeta}\left[t - \tau\left(1 - e^{-t/\tau}\right)\right] \tag{10.58}$$

$t \gg \tau$ のときには変位の 2 乗平均は $(2k_\mathrm{B}T/\zeta)t$ で与えられる．一方，t の大きなところの変位の 2 乗平均は粒子の拡散定数 D を用いて次のように表される．

$$\langle (x(t) - x(0))^2 \rangle = 2Dt \tag{10.59}$$

式 (10.58) と式 (10.59) から，拡散定数 D は粒子の抵抗係数と次の関係にあることがわかる．

$$D = \frac{k_\mathrm{B} T}{\zeta} \tag{10.60}$$

この式をアインシュタインの関係式という．アインシュタインの関係式は，粒子の粘性抵抗係数と自己拡散定数の間に成り立つ一般的な関係式である．

10.5 オンサガーの相反定理

10.5.1 複数の外場に対する応答

前節の理論は複数の外場が関与する場合に対しても容易に拡張することができる．物理量 x_i とそれに共役な量 h_i を考える．複数の外場 $h_1(t), h_2(t), \ldots$ を与えたときの物理量の応答は，次のように書ける．

10.5 オンサガーの相反定理

$$x_i^{(h)}(t) = \sum_j \int_{-\infty}^{t} dt' \chi_{ij}(t-t') \dot{h}_j(t') \tag{10.61}$$

応答関数 $\chi_{ij}(t)$ は，$t=0$ で外場を印加したときの応答を記述する．一方，外場を切断したときの応答を記述する緩和関数 $\alpha_{ij}(t)$ は応答関数と次の関係にある．

$$\alpha_{ij}(t) = \chi_{ij}(\infty) - \chi_{ij}(t) \tag{10.62}$$

また緩和関数は時間相関関数と次の関係にある．

$$\langle x_i(t) x_j(0) \rangle = k_B T \alpha_{ij}(t) \tag{10.63}$$

付録に示すように，磁場がないとき時間相関関数は次の対称性をもっている．

$$\langle x_j(t) x_i(0) \rangle = \epsilon_i \epsilon_j \langle x_i(t) x_j(0) \rangle \tag{10.64}$$

ここで ϵ_i は 1 または -1 をとる定数であり，物理量の時間反転特性によって決まる．式 (10.64) は，物理法則の時間反転対称性より導かれる自明ではない関係式である．

式 (10.51) と，平衡の応答関数の対称性 $\chi_{ij}(\infty) = \chi_{ji}(\infty)$ を用いると，応答関数について次の式が証明できる．

$$\chi_{ij}(t) = \epsilon_i \epsilon_j \chi_{ji}(t) \tag{10.65}$$

この関係式をオンサガー (Onsager) の相反定理という．

10.5.2 輸送係数

これまで，外部パラメータを変えたとき，系は最終的に平衡状態に到達するとして議論をしてきた．しかし，状況によっては，系は平衡状態に到達しないことがある．たとえば，導体に電場をかけた場合，電極と導体が接触していなければ導体の表面に表面電荷が現れて系は平衡に達するが，電極と導体が接触していれば電流が流れ続け，系は平衡にはならない．

このような場合，外場 h_i の共役な量 x_i の代わりにその時間微分 $v_i = \dot{x}_i$ に着目するのが便利である．たとえば電場 $\boldsymbol{E}$ に共役な物理量は単位体積あたりの分極 $\boldsymbol{P}$ であり，その時間微分 $\dot{\boldsymbol{P}}$ は電流密度 $\boldsymbol{j}$ である．オームの法則に従う導体では電流密度と電場は比例する．

$$j_i = \sum_j \sigma_{ij} E_j \tag{10.66}$$

ここで j_i は電流密度の 3 つの成分を表し，σ_{ij} は導電率テンソルの ij 成分を表す．σ_{ij} は応答関数の一つである．

h_i に共役な量の時間微分 $v_i = \dot{x}_i$ を h_i に共役な流れと呼ぶことにする．ステップ関数的な外場に対して流れの応答は次のようになる．

$$v_i^{(h)}(t) = \sum_j \dot{\chi}_{ij}(t) h_{j0} \tag{10.67}$$

十分時間が経って定常になった後には

$$v_i^{(h)} = \sum_j \mu_{ij} h_{j0} \tag{10.68}$$

と書くことができる．ここで

$$\mu_{ij} = \dot{\chi}_{ij}(\infty) \tag{10.69}$$

μ_{ij} は定常状態の流れを決めるものであり，輸送係数と呼ばれる．

式 (10.65) より，磁場のない系においては

$$\mu_{ij} = \epsilon_i \epsilon_j \mu_{ji} \tag{10.70}$$

が成り立つ．これは輸送係数に関するオンサガーの相反定理である．

付　　録

付録 1　時間相関関数の時間反転対称性

力学の法則は，次のような時間反転に対する対称性をもっている．現実に起こる現象をビデオにとり，ビデオを逆回転して映像をつくったとしよう．このようにつくられた映像は人の手を加えてつくった仮想世界の映像であるが，系が力学法則に従う限り，ビデオを逆回転してみられる現象は現実の力学と同じ法則に従っている．この性質は外部磁場がない場合に成り立つ力学の基本法則である．この性質を用いると，相関関数の時間反転についての重要な性質を導くことができる．

時間を反転させると，座標は不変であるが，運動量は符号を変える．状態

$\Gamma = (q_1, q_2, \ldots, p_1, p_2, \ldots)$ に対して，すべての運動量の符号を反転させた状態 $(q_1, q_2, \ldots, -p_1, -p_2, \ldots)$ を $-\Gamma$ と書くことにする．

時刻 $t=0$ で系が Γ_0 という状態にあった系が力学法則により時間発展をし，時刻 t で状態 Γ にあったとしよう．すると時刻 $-t$ で状態 $-\Gamma$ にあった系は力学法則に従って時間発展をすると時刻 0 で状態 $-\Gamma_0$ となるはずである (図 10.5)．もともとの系において時刻 0 と，t においてそれぞれ物理量 x_j と x_i を計測すると，$\hat{x}_j(\Gamma_0), \hat{x}_i(\Gamma)$ という値が観測されるはずである．一方，時間反転した系の時刻 $-t$ と 0 において物理量 x_i と x_j を計測すると，$\hat{x}_i(-\Gamma), \hat{x}_j(-\Gamma_0)$ という値が観測されるはずである．任意の物理量は時間反転させてみると，符号を変えるか変えないかのどちらかであるので $\hat{x}_i(-\Gamma) = \epsilon_i \hat{x}_i(\Gamma), \hat{x}_j(-\Gamma_0) = \epsilon_j \hat{x}_j(\Gamma_0)$ と書くことができる．

平衡状態において，系が Γ の状態にある確率と $-\Gamma$ の状態にある確率は等しいから，図 10.5 (a) の過程とその時間を反転した (b) の過程は等しい確率で起こる．したがって

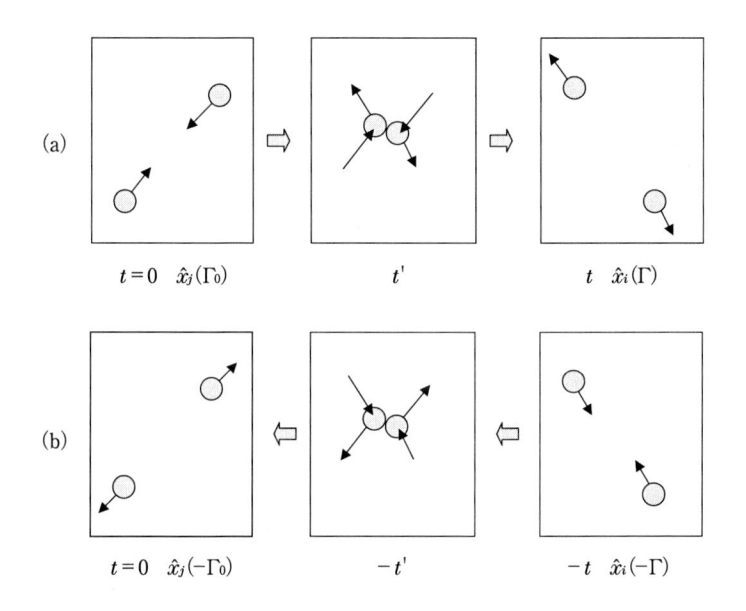

図 10.5 時間反転対称性の説明
(a) の状態を映画にとり，フィルムを逆転させると (b) のように見える．

$$\langle x_i(-t)x_j(0)\rangle = \epsilon_i\epsilon_j\langle x_i(t)x_j(0)\rangle \tag{10.71}$$

という式が成り立つ．相関関数は時間差だけにしかよらないので $\langle x_i(-t)x_j(0)\rangle = \langle x_i(0)x_j(t)\rangle$ が成り立つ．よって，式 (10.71) は次のように書くことができる．

$$\langle x_j(t)x_i(0)\rangle = \epsilon_i\epsilon_j\langle x_i(t)x_j(0)\rangle \tag{10.72}$$

これが式 (10.64) である．

外部磁場 B がかかっている場合には，上述の時間反転対称性の議論には少し修正が必要である．磁場から荷電粒子の受ける力は，粒子の速度に比例するので時間反転させたビデオをみると磁場の向きが逆になったように見える．したがって，外部磁場がある場合には式 (10.72) の一般化として次の式が成り立つ．

$$\langle x_j(t)x_i(0)\rangle_{-B} = \epsilon_i\epsilon_j\langle x_i(t)x_j(0)\rangle_B \tag{10.73}$$

ここで $\langle\ldots\rangle_B$ は，磁場 B のもとで平衡状態にある系についての平均を意味する．

章末問題

(1) 図 10.6 のように，長さ a の要素が N 個つながった高分子のモデルを考える．各々の要素の方向は互いに独立で等方的に分布しているものとする．このような高分子の一端を原点に固定し，他端に力 F を加えた．このとき，高分子の両端を結ぶベクトル R の平均値 $\langle R\rangle_F$ を求めたい．以下の問いに従って答えよ．

  (1.1) 力が加わっていないとき，高分子の両端を結ぶベクトルの 2 乗平均 $\langle R^2\rangle$ が Na^2 に等しいことを示せ．
  (1.2) 力 F が小さいとき，$\langle R\rangle_F = (Na^2/3k_BT)F$ となることを示せ．

(2) 荷電粒子からなる物質において，粒子 i の位置を r_i，電荷を q_i とする．外部電場 E のもとでの外場エネルギーは次のように書ける．

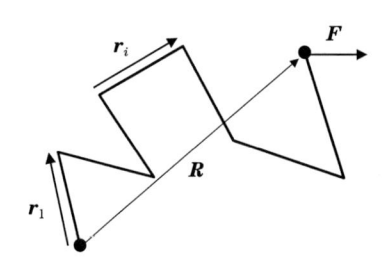

図 10.6　高分子

$$H_h = -\sum_i q_i \bm{r}_i \cdot \bm{E} = -\bm{P}\cdot\bm{E} \tag{10.74}$$

ここで $\bm{P}=\sum_i q_i \bm{r}_i$ は物質のもつ電気双極子モーメントである．電場と双極子モーメントの関係を次のように書く．

$$\bm{P}(t) = \int_{-\infty}^{t} dt'\, \epsilon(t-t')\dot{\bm{E}}(t') \tag{10.75}$$

以下の問いに答えよ．

- (2.1) 物質の中を流れる電流 $\bm{J}$ と双極子モーメント $\bm{P}$ の間には $\bm{J}=\dot{\bm{P}}$ の関係があることを示せ．
- (2.2) 交流電場 $\bm{E}(t)=\bm{E}_0 \Re e^{i\omega t}$ に対する電流の応答を $\epsilon(t)$ で表せ．
- (2.3) 導電性をもつ物質に一定電場をかけると，定常電流が流れる．このとき $\epsilon(t)$ や複素誘電率 $\epsilon^*(\omega)$ がどのような振る舞いをしなくてはならないか答えよ．

(3) 粒子が調和振動子的なポテンシャル $(k/2)x^2$ の中を運動するときは，$x^{(h)}(t)$ は次の運動方程式に従う．

$$m\frac{d^2 x^{(h)}}{dt^2} = -\zeta \frac{dx^{(h)}}{dt} - kx^{(h)} + F \tag{10.76}$$

- (3.1) この運動方程式を解き，応答関数 $\chi(t)$ を求めよ．
- (3.2) $\langle (x(t)-x(0))^2 \rangle$ を計算せよ．
- (3.3) $t\to\infty$ のときには $\langle (x(t)-x(0))^2 \rangle \to 2\langle x^2 \rangle$ で与えられることを示せ．
- (3.4) 平衡状態の分布関数を考えることにより，粒子の位置の2乗平均 $\langle x^2 \rangle$ を計算し，これが上に求めた答えと一致することを示せ．

節末問題解答

第1章
p.16
(1)
- (1.1) $e^{-\xi^2 \sigma^2/2}$
- (1.2) $\langle x^{2n+1} \rangle = 0$, $\quad \langle x^{2n} \rangle = (2n-1)!!\sigma^{2n}$

第2章
p.36

(1) $H(r,\theta,\phi,p_r,p_\theta,p_\phi) = \dfrac{1}{2m}p_r^2 + \dfrac{1}{2mr^2}p_\theta^2 + \dfrac{1}{2mr^2\sin^2\theta}p_\phi^2 + U(r)$

(2)
- (2.1) $P_r(r) = \dfrac{3r^2}{a^3}, \qquad P_\theta = \dfrac{1}{2}\sin\theta$

(3) $H(\theta,\phi,p_\theta,p_\phi) = \dfrac{1}{2I}p_\theta^2 + \dfrac{1}{2I\sin^2\theta}p_\phi^2 - \dfrac{1}{2}mga\cos\theta$

ここで $I = ma^2/3$ は原点の周りの棒の慣性モーメントである．

(4)
- (4.1) $p_q = \dfrac{p}{q'(x)}$

  ただし $q'(x) = \dfrac{dq(x)}{dx}$ である．

p.38

(1) $\dfrac{2E}{a}$

(2)
- (2.1) $H(X,x,P,p) = \dfrac{1}{4m}P^2 + \dfrac{1}{m}p^2 + \dfrac{1}{2}kx^2 + u_w(X) + u_w(L-X)$
- (2.2) $\Omega(E,L) = \dfrac{8\pi m}{3}\left(\dfrac{2}{k}\right)^{1/2} E^{3/2} L$

第 3 章

p.44

(1) $\Omega(E, V) = V^N K_{9N} \left(\dfrac{8M\mu}{k}\right)^{3N/2} E^{9N/2}$

p.50

(1) $\dfrac{N_1}{N_1 + 3N_2}$

第 4 章

p.61

(1)

(1.1) $\langle |\boldsymbol{v}| \rangle = \sqrt{\dfrac{8k_B T}{\pi m}}, \qquad \langle v^2 \rangle = \dfrac{3k_B T}{m}$

(1.2) $n\sqrt{\dfrac{k_B T}{2\pi m}}$

p.63

(1) $S = N k_B \left[\ln N + \dfrac{3}{2} \ln \dfrac{4e\pi mE}{3N} \right]$

p.67

(1) $\dfrac{9Nk_B T}{2}$

p.69

(1) $C = k_B \left[\dfrac{5}{2} - \dfrac{(\lambda h)^2 e^{-\lambda h}}{(1 - e^{-\lambda h})^2} \right]$, これは $(3/2)k_B$ より大きい.

p.71

(1) $\langle p_z \rangle = \dfrac{1}{\beta} \dfrac{\partial \ln z_{\text{int}}}{\partial E}$

ここで $z_{\text{int}} = 4\pi a^2 (2\pi \mu k_B T)^{1/2} \displaystyle\int_0^\infty \dfrac{\sinh \beta qEr}{\beta qEr} e^{-\frac{\beta k}{2}(r-a)^2}$

電場が小さな場合には $\langle p_z \rangle = \dfrac{q^2 \langle r^2 \rangle}{3k_B T} E$

ただし $\langle r^2 \rangle = \dfrac{\int_0^\infty dr\, r^4 e^{-\frac{\beta k}{2}(r-a)^2}}{\int_0^\infty dr\, r^2 e^{-\frac{\beta k}{2}(r-a)^2}}$

第 5 章

p.91

(2) 0.025 気圧, 25 cm

p.93

(2) $1.9°\text{C}$

p.94
(1) 1.3%, pH は 2.9

第 6 章
p.100
(1) $\psi_0(x) = \sqrt{\dfrac{1}{L}}, \qquad E_0 = 0$

および

$\psi_n(x) = \sqrt{\dfrac{2}{L}} \cos\left(\dfrac{n\pi x}{L}\right), \qquad E_n = \dfrac{\pi^2 \hbar^2}{2mL^2} n^2, \qquad n = 1, 2, \ldots$

ここでは $n=0$ の場合も許されていることに注意してほしい.

p.102
(1) 励起状態にある確率は 10^{-172}, イオン化温度は 16 万度.

p.108
(1) エネルギー固有値は

$E_{n_x, n_y, n_z} = \dfrac{\hbar^2 \pi^2}{2m}\left(\dfrac{n_x^2}{L_x^2} + \dfrac{n_y^2}{L_y^2} + \dfrac{n_z^2}{L_z^2}\right)$

状態数は式 (6.57) で与えられる.

(2) 波動関数は

$\psi_{n_x, n_y, n_z}(x, y, z) = \left(\dfrac{2}{L}\right)^{3/2} \sin\left(\dfrac{\pi n_x x}{L}\right) \sin\left(\dfrac{\pi n_y y}{L}\right) \sin\left(\dfrac{\pi n_z z}{L}\right)$,

$n_x, n_y, n_z = 1, 2, 3, \ldots$

エネルギー固有値は

$E_{n_x, n_y, n_z} = \dfrac{\hbar^2 \pi^2}{2mL^2}(n_x^2 + n_y^2 + n_z^2)$

第 7 章
p.126
(1) $\epsilon_s = \dfrac{h^2}{2m} 3\pi^2 \left(\dfrac{N}{V}\right)^{2/3}$

(2) $P_s = -\dfrac{\partial(N\epsilon_s)}{\partial V} = \dfrac{h^2}{2m} 2\pi^2 \left(\dfrac{N}{V}\right)^{5/3}$

第 8 章
p.145
(1) $\dfrac{2\pi\sigma^3}{3}$

(2) $B_2(T) = \dfrac{2\pi}{3}\sigma_2^3 \left[1 - \left(1 - \left(\dfrac{\sigma_1}{\sigma_2}\right)^3\right) e^{\beta\epsilon}\right]$

$$k_\mathrm{B} T_\mathrm{B} = \frac{-\epsilon}{\ln(1-(\sigma_1/\sigma_2)^3)}$$

(3) $\dfrac{P}{k_\mathrm{B} T} = \sum_i n_i + \sum_{i \neq j} B_{2,ij} n_i n_j$

ただし
$$B_{2,ij} = -\frac{1}{2} \int d\boldsymbol{r} \left[e^{-\beta u_{ij}(\boldsymbol{r})} - 1 \right]$$

p.152

(1) $v(r) = \dfrac{\pi}{6}(2\sigma - r)^2 (2\sigma + r)$

p.156

(2) $\mu = -\epsilon z \phi + k_\mathrm{B} T \ln \dfrac{\phi}{1-\phi}$

第 10 章

p.195

(1) $\chi^*(\omega) = \dfrac{\chi^{eq}}{1 + i\omega\tau}$

(2) $\chi^*(\omega) = \dfrac{\sigma}{i\omega}$

(3) $\chi^*(\omega) = \chi_1 - \dfrac{i\omega\tau}{1 + i\omega\tau}\chi_2$

章末問題解答

第 1 章

(1)

(1.1) 時間 t の間に交通事故の報告を 1 件も受けない確率を $P_0(t)$ とする．時間 t と $t+\Delta t$ の間に交通事故の報告を受ける確率は $a\Delta t$ であるので，$P_0(t)$ は次の方程式を満たす．

$$P_0(t+\Delta t) = P_0(t)(1-a\Delta t) \tag{1}$$

これより

$$\frac{dP_0}{dt} = -aP_0 \tag{2}$$

これを初期条件 $P_0(0)=1$ の下で解くと $P_0(t)=e^{-at}$ となる．

(1.2) 上と同様の考察により

$$P_n(t+\Delta t) = P_n(t)(1-a\Delta t) + P_{n-1}(t)a\Delta t \tag{3}$$

または

$$\frac{dP_n}{dt} = -aP_n + aP_{n-1} \tag{4}$$

これを $P_1(t), P_2(t), \ldots$ と順次解いてゆくと，$P_n(t) = (at)^n e^{-at}/n!$ が得られる．

(2) ポアッソン分布の母関数 (1.14) を用いると

$$\langle n(n-1)(n-2)\ldots(n-k+1)\rangle = \left.\frac{d^k e^{m(x-1)}}{dx^k}\right|_{x=1} = m^k \tag{5}$$

これを用いて計算を進めると最終的に次の結果が得られる．

$$\langle (n-\langle n\rangle)^3\rangle = m, \qquad \langle (n-\langle n\rangle)^4\rangle = 3m^2 + m \tag{6}$$

一方，ガウス分布 (1.63) を用いると

$$\langle (n-\langle n\rangle)^3\rangle = 0, \qquad \langle (n-\langle n\rangle)^4\rangle = 3m^2 \tag{7}$$

である．ガウス分布において，平均の周りの k 次のモーメント $\langle (n-\langle n\rangle)^k\rangle$ は σ^k のオーダーである（ここで σ は標準偏差で，今の場合，$\sigma = m^{1/2}$ である）．

$m \gg 1$ のとき，σ^k より小さな項を無視する近似では上の 2 つの結果は一致する．

(3) 分布関数に関する公式 (1.38) とデルタ関数に関する公式 (1.71) を用いる．

(4) 積分の変数変換についての公式

$$dx_1 dx_2 = \frac{\partial(x_1, x_2)}{\partial(y_1, y_2)} dy_1 dy_2 \qquad (8)$$

を用いる．

(5)
$$\langle X^4 \rangle_{\text{Gauss}} = \frac{L^4}{3N^2}, \qquad \langle X^4 \rangle_{\text{exact}} = \frac{L^4}{3N^2}\left(1 - \frac{2}{5N}\right) \qquad (9)$$

(6) 解答省略

(7)

(7.1) ガウス分布 (1.81) に対する特性関数 (1.82) より

$$\langle x_i x_j \rangle = \frac{\partial^2}{\partial \xi_i \partial \xi_j} \exp\left[-\frac{1}{2} \sum_{pq} a_{pq}^{-1} \xi_p \xi_q\right]\bigg|_{\{\xi_p\}=0} = a_{ij}^{-1} \qquad (10)$$

これと

$$\langle x_i x_j x_k x_l \rangle = \frac{\partial^4}{\partial \xi_i \partial \xi_j \partial \xi_k \partial \xi_l} \exp\left[-\frac{1}{2} \sum_{pq} a_{pq}^{-1} \xi_p \xi_q\right]\bigg|_{\{\xi_p\}=0} \qquad (11)$$

を用いて式 (1.95) を示すことができる．

(7.2) 上の計算を一般の場合に行う．

第 2 章

(1)

(1.1) 底面は $x=0$ にあるとする．等重率の原理 (2.33) より，x 座標の確率密度 $P(x)$ は次のようになる．

$$P(x) = C \int_{-\infty}^{\infty} dp\, \delta\left(E - \frac{p^2}{2m} - mgx\right) \qquad (12)$$

式 (1.71) を用いると

$$P(x) = \frac{2C}{\sqrt{2(E - mgx)/m}} \qquad (13)$$

C は確率の規格化条件から決まる．粒子の到達できる最高の高さ $h_m = E/mg$ を用いると，$P(x)$ は最終的に次のように書ける．

$$P(x) = \frac{2}{h_m}\left(1 - \frac{x}{h_m}\right)^{-1/2} \qquad (14)$$

(1.2) 底面の位置を x_0 とすると状態数は

$$\Omega(x_0) = \int_{-\infty}^{\infty} dp \int_{x_0}^{\infty} dx \Theta\left(E - \frac{p^2}{2m} - mgx\right) = \frac{2\sqrt{2}}{3\sqrt{mg}}(E - mgx_0)^{3/2} \tag{15}$$

よって底面にかかる平均の力は式 (2.51) より

$$\langle F \rangle = \frac{\partial \ln \Omega / \partial x_0}{\partial \ln \Omega / \partial E} = -mg \tag{16}$$

(2)

(2.1) (1.1) と同様

$$P(x) = C \int_{-\infty}^{\infty} dp_1 \int_{-\infty}^{\infty} dp_2 \int_{0}^{\infty} dx_2 \delta\left(E - \frac{p_1^2}{2m} - \frac{p_2^2}{2m} - mgx - mgx_2\right)$$

$$= C \int_{-\infty}^{\infty} dp_1 \int_{-\infty}^{\infty} dp_2 \Theta\left(E - \frac{p_1^2}{2m} - \frac{p_2^2}{2m} - mgx\right) \tag{17}$$

規格化条件と $h_m = E/mg$ を用いると最終的に次式が得られる.

$$P(x) = \frac{2}{h_m}\left(1 - \frac{x}{h_m}\right) \tag{18}$$

(2.2) 1粒子の場合には粒子のもつエネルギーが一定であるので, 粒子の存在確率が高くなるのは, 粒子速度の遅い頂上付近である. 一方, 2粒子系においては, 粒子1のもつエネルギーは一定ではない (粒子は衝突しエネルギーのやりとりを行うから). 粒子のもつエネルギーについても平均をとると, 粒子の存在確率は底面で最大となる.

第3章

(1)
- (1.1) 等重率の原理 (2.33) と確率公式 (1.38) より式 (3.65) が導かれる.
- (1.2) 積分の値は $3(N-1)$ 次元の半径 $(2mE - \boldsymbol{p}^2)^{1/2}$ の球の表面積に等しいことを用いる.
- (1.3) $N \gg 1$, $\boldsymbol{p}^2/2mE \ll 1$ であるので

$$P(\boldsymbol{p}) \propto \exp\left(-\frac{3N\boldsymbol{p}^2}{4mE}\right) \tag{19}$$

これと式 (3.12) より式 (3.67) が導かれる.

(2)
- (2.1) $\Omega(E) = (4m/k)^{N/2} K_{2N} E^N$, $\quad S(E) = k_B \ln \Omega(E)$
- (2.2) $E = Nk_B T$

(3) 解答省略

第4章

(1) 接触により物体1のエネルギーが増加したとする．$\partial E/\partial T>0$ であるので物体1の温度は接触前に比べて増加している．一方，エネルギー保存則により，物体2のエネルギーは減少する．よって物体2の温度は接触前に比べて減少する．接触後の温度は等しいので，接触前の物体2の温度は物体1の温度より高くなくてはならない．つまり，エネルギーは高温の物体2から低温の物体1に流れたことになる．接触により物体1のエネルギーが減少したとしても同様の議論ができる．どちらにしてもエネルギーは高温の物体から低温の物体に流れる．

(2) 箱の中心に座標の原点をとると，分子の中心の z 座標は $-L/2+a<z<L/2-a$ の範囲にある．壁の面積を A とすると分配関数 Z は次のように計算される．

$$Z = (2\pi m k_\mathrm{B} T)^{3/2} A(L-2a) \tag{20}$$

よって壁にかかる力 F の平均は

$$\langle F \rangle = k_\mathrm{B} T \frac{\partial \ln Z}{\partial L} = \frac{k_\mathrm{B} T}{L-2a} \tag{21}$$

(3) 棒状分子のハミルトン関数は式 (4.45) で与えられる．分配関数 Z は (運動量についての積分を実行したあと) 次のように書かれる．

$$Z = \int dx \int dy \int dz \int d\theta \int d\phi \sin\theta (2\pi m k_\mathrm{B} T)^{3/2} (2\pi I k_\mathrm{B} T) \tag{22}$$

ここで (x,y,z) は分子の重心の座標，θ は分子の向きと z 軸のなす角度である．上述の積分は分子が壁にぶつからない範囲で行わなくてはならない．z 軸を壁に垂直な向きにとると，x,y についての積分は壁の面積 A を与える．また ϕ の積分は 2π を与える．よって式 (22) は次のように書ける．

$$Z = Q(T) \int dz \int d\theta \sin\theta \tag{23}$$

ここで $Q(T) = 2\pi A (2\pi m k_\mathrm{B} T)^{3/2} (2\pi I k_\mathrm{B} T)$ である．壁のために位置 z にある分子のとりうる角度 θ は制限される．幾何学的な考察から θ のとりうる範囲は $\theta_1(z) < \theta < \pi - \theta_1(z)$ と書くことができ，$\theta_1(z)$ は次のように与えられる．

$$\theta_1(z) = \begin{cases} \cos^{-1}\left(\dfrac{L-2|z|}{2a}\right) & |z| > L/2 - a \\ 0 & |z| < L/2 - a \end{cases} \tag{24}$$

よって

$$Z = 2Q(T) \int dz \cos\theta_1(z) \tag{25}$$

積分の結果は

$$Z = \begin{cases} 2Q(L-a) & L > 2a \\ \dfrac{QL^2}{2a} & L < 2a \end{cases} \tag{26}$$

よって

$$\langle F \rangle = \begin{cases} k_{\rm B}T \dfrac{1}{L-a} & L > 2a \\ k_{\rm B}T \dfrac{2}{L} & L < 2a \end{cases} \tag{27}$$

この力の大きさは大きさのない粒子の与える力に比べれば大きく，同じ最大径をもつ剛体球の与える力に比べれば小さい．

(4)

(4.1) ハミルトン関数は

$$H(\theta, \phi, p_\theta, p_\phi) = \frac{1}{2mL^2} p_\theta^2 + \frac{1}{2mL^2 \sin^2 \theta} p_\phi^2 - mgL\cos\theta \tag{28}$$

分配関数は，

$$\begin{aligned} Z &= \int dp_\theta \int dp_\phi \int d\theta \int d\phi \, e^{-\beta H} \\ &= (2\pi mL^2 k_{\rm B}T) 2\pi \int_0^\pi d\theta \, e^{\beta mgL \cos\theta} \\ &= (2\pi mL^2 k_{\rm B}T) 4\pi \frac{\sinh \xi}{\xi} \end{aligned} \tag{29}$$

ここで

$$\xi = \beta mgL = \frac{mgL}{k_{\rm B}T} \tag{30}$$

である．

(4.2)

$$\langle F \rangle = k_{\rm B}T \frac{\partial \ln Z}{\partial L} = \frac{2k_{\rm B}T}{L} + mg\left(\coth\xi - \frac{1}{\xi}\right) \tag{31}$$

(4.3) $k_{\rm B}T \gg mgL$ のときには重力の影響が無視できるので，F は粒子の速度 $\boldsymbol{v}$ を用いて $F = m\boldsymbol{v}^2/L$ と書ける．温度 T ではエネルギー等分配側より $\langle \boldsymbol{v}^2 \rangle = 2k_{\rm B}T/m$ であるので，

$$\langle F \rangle = \frac{2k_{\rm B}T}{L} \tag{32}$$

これは式 (31) の $\xi \ll 1$ の極限と一致する．一方，$k_{\rm B}T \ll mgL$ のときには

$$\langle F \rangle = mg + \frac{k_{\rm B}T}{L} \tag{33}$$

となる．絶対 0 度では $F=mg$ である．温度が上がると粒子が運動するので $\langle F \rangle$ は大きくなる．微少振動を仮定して計算すると上と同じ式が得られる．

第 5 章

(1)

(1.1) $PV = k_{\rm B}T \ln \Xi(T,V,\mu)$ であるので

$$V\left(\frac{\partial P}{\partial \mu}\right)_{T,V} = k_{\rm B}T\left(\frac{\partial \ln \Xi}{\partial \mu}\right)_{T,V} \tag{34}$$

式 (5.18), (5.19) を用いると

$$k_{\rm B}T\left(\frac{\partial \ln \Xi}{\partial \mu}\right)_{T,V} = \sum_N NP(N) = \langle N \rangle \tag{35}$$

N のゆらぎは小さいので $\langle N \rangle$ を平均値 N で置き換えることができる．すると式 (34), (35) より式 (5.88) が導かれる．

(1.2) 式 (5.25) の右辺は $k_{\rm B}T(\partial \mu/\partial N)_{T,V}^{-1}$ と書くことができる．$\mu = \mu(T,P)$, $P = P(T,N/V)$ と書くことができるので，

$$\left(\frac{\partial \mu}{\partial N}\right)_{T,V} = \left(\frac{\partial \mu}{\partial P}\right)_T\left(\frac{\partial P}{\partial N}\right)_{T,V} = -\left(\frac{\partial \mu}{\partial P}\right)_T\left(\frac{V}{N}\right)\left(\frac{\partial P}{\partial V}\right)_{T,N} \tag{36}$$

またギブス–デュエムの関係式 $-SdT + VdP - Nd\mu = 0$ より

$$\left(\frac{\partial \mu}{\partial P}\right)_T = \frac{V}{N} \tag{37}$$

よって

$$\left(\frac{\partial \mu}{\partial N}\right)_{T,V} = -\left(\frac{V}{N}\right)^2\left(\frac{\partial P}{\partial V}\right)_{T,N} \tag{38}$$

この関係と式 (5.25) より式 (5.89) が導かれる．

(2) 体積 v を占める n 個の分子からなる理想気体の分配関数 Z_n は式 (5.26), (5.27) より $(v/\lambda_T^3)^n/n!$ で与えられる．よって，式 (5.18) より

$$P_n = \frac{Z_n e^{\beta \mu n}}{\Xi} \tag{39}$$

Ξ と μ はそれぞれ式 (5.29), (5.31) で与えられる．これを用いると

$$P_n = \frac{m^n e^{-m}}{n!} \tag{40}$$

が得られる．ここで $m = Nv/V$ は箱の中の平均の分子数である．

(3) 風船の体積が V となったときに，浸透圧は $x_0 V_0 k_{\rm B}T/V$ となる．よって

$$\frac{x_0 V_0 k_B T}{V} = k(V - V_0) \tag{41}$$

これを解いて V を求めると

$$V = \frac{V_0}{2}\left(1 + \sqrt{1 + \frac{4x_0 k_B T}{kV_0}}\right) \tag{42}$$

第 6 章

(1) エネルギー固有値は $E_{n_x,n_y,n_z} = \hbar\omega(n_x + n_y + n_z + 3/2)$ で与えられる．$E \geq \hbar\omega(N+3/2)$ を満たす最大の整数を N とすると状態数 $\Omega(E)$ は $n_x + n_y + n_z = N$ を満たす非負の整数の組の数で与えられる．n_x が与えられると n_y は $0, 1, ..., N - n_x$ の $N - n_x + 1$ 個の値をとりうるので

$$\Omega(E) = \sum_{n_x=0}^{N}(N - n_x + 1) = \frac{(N+1)(N+2)(N+3)}{6} \tag{43}$$

(2)

(2.1) n に対しては l は $0, 1, ..., n-1$ の値をとり，各々の l に対して，m は $-l, -l+1, ..., l$ の値をとる．各々の l に対して $(2l+1)$ 個の状態があるので縮退の数 D_n は

$$D_n = \sum_{l=0}^{n-1}(2l+1) = n^2 \tag{44}$$

(2.2) $R = m_e \alpha^2 / 2\hbar^2$ とおくと

$$\Omega(E) = \sum_{n=1}^{\infty}\Theta\left(E + \frac{R}{n^2}\right)n^2 = \sum_{n=1}^{N}n^2 = \frac{1}{6}N(N+1)(2N+1) \tag{45}$$

ここで N は $\sqrt{-R/E}$ を越えない最大の整数．系が高いエネルギーの束縛状態にあるなら $E \to 0$ であり，$N = \sqrt{-R/E}$ としてよい．この場合は

$$\Omega(E) = \frac{1}{3}\left(-\frac{R}{E}\right)^{3/2} \tag{46}$$

(2.3) 古典近似では

$$\Omega(E) = \frac{1}{2\pi\hbar}\int dp_r \int dp_\theta \int dp_\phi \int dr \int d\theta \int d\phi$$

$$\Theta\left(E - \frac{1}{2m}p_r^2 - \frac{1}{2mr^2}p_\theta^2 - \frac{1}{2mr^2\sin^2\theta}p_\phi^2 + \frac{\alpha}{r}\right)$$

$$= \frac{1}{2\pi\hbar}\int dr \int d\theta \int d\phi \frac{4\pi}{3}(2m)^{3/2} r^2 \sin\theta \left(E + \frac{\alpha}{r}\right) \tag{47}$$

積分の結果は上の式と一致する．

第 7 章

(1) 解答省略
(2) ヒント:式 (7.37) の右辺で $D(\epsilon)=dN(\epsilon)/d\epsilon$ を用いて部分積分を行う.
(3) 有限温度において N_c 個の電子が伝導帯に移ったとすると

$$N_c = \int_{\epsilon_g}^{\infty} d\epsilon D(\epsilon) f(\epsilon) \tag{48}$$

$\epsilon > \epsilon_g$ については

$$f(\epsilon) = e^{-\beta(\epsilon-\mu)} \tag{49}$$

と近似できるので,

$$N_c = \int_{\epsilon_g}^{\infty} d\epsilon B\sqrt{\epsilon-\epsilon_g} e^{-\beta(\epsilon-\mu)} = \frac{B\pi^{1/2}}{2\beta^{3/2}} e^{-\beta(\epsilon_g-\mu)} \tag{50}$$

また,$\epsilon<0$ の状態にある電子は $N-N_c$ 個であるので,

$$N - N_c = \int_{-\infty}^{0} d\epsilon D(\epsilon) f(\epsilon) \tag{51}$$

絶対 0 度では励起される電子はないので

$$N = \int_{-\infty}^{0} d\epsilon D(\epsilon) \tag{52}$$

式 (51), (52) より

$$N_c = \int_{-\infty}^{0} d\epsilon D(\epsilon)[1-f(\epsilon)] \tag{53}$$

ここで

$$1 - f(\epsilon) = \frac{e^{\beta(\epsilon-\mu)}}{e^{\beta(\epsilon-\mu)}+1} = \frac{1}{e^{-\beta(\epsilon-\mu)}+1} \tag{54}$$

$\epsilon<0$ については

$$1 - f(\epsilon) = e^{\beta(\epsilon-\mu)} \tag{55}$$

と近似できるので, 式 (53) は次のようになる.

$$N_c = \int_{-\infty}^{0} d\epsilon A\sqrt{-\epsilon} e^{\beta(\epsilon-\mu)} = \frac{A\pi^{1/2}}{2\beta^{3/2}} e^{-\beta\mu} \tag{56}$$

式 (50), (56) より μ を求めると

$$\mu = \frac{\epsilon_g}{2} + \frac{k_{\rm B}T}{2} \ln \frac{A}{B} \tag{57}$$

(4) $T<T_c$ では $\mu=0$ であるから式 (7.110) を用いて

$$P = \frac{1}{V} \int_0^\infty d\epsilon \frac{N(\epsilon)}{e^{\beta\epsilon}-1} \tag{58}$$

$N(\epsilon) = aV\epsilon^{3/2}$ と書けるので，$x = \beta\epsilon$ とすると

$$P = \frac{a}{\beta^{5/2}} \int_0^\infty dx \frac{x^{3/2}}{e^x - 1} \propto T^{5/2} \tag{59}$$

(5) 2次元理想ボーズ粒子系では状態密度は ϵ と無関係に一定となる．これを D_0 とすると，温度 T における化学ポテンシャルは次の式で決まる．

$$N = \int_0^\infty d\epsilon \frac{D_0}{e^{\beta(\epsilon-\mu)}-1} \tag{60}$$

$\beta\epsilon = x$, $\beta\mu = \alpha$ とおくと

$$\int_0^\infty \frac{dx}{e^{x-\alpha}-1} = \frac{N}{k_B T D_0} \tag{61}$$

左辺の積分は α の増加関数で $\alpha < 0$ の領域で 0 から ∞ までの値をとる．よって，化学ポテンシャルの温度依存性に異常は現れず，ボーズ–アインシュタイン凝縮は起こらない．

第8章

(1) 式 (8.20) と式 (8.81) を用いると

$$\langle N^2 \rangle = \int_{\bm{r},\bm{r}' \in V} d\bm{r} d\bm{r}' \sum_{ij} \langle \delta(\bm{r}-\bm{r}_i)\delta(\bm{r}'-\bm{r}_j) \rangle$$

$$= \int_{\bm{r},\bm{r}' \in V} d\bm{r} d\bm{r}' [n\delta(\bm{r}-\bm{r}') + n_2(\bm{r}-\bm{r}')]$$

$$= nV + nV \int d\bm{r} n_2(\bm{r}) \tag{62}$$

$nV = \langle N \rangle$ を用いると

$$\frac{\langle (N - \langle N \rangle)^2 \rangle}{\langle N \rangle} = \frac{\langle N^2 \rangle}{\langle N \rangle} - \langle N \rangle$$

$$= 1 + \int d\bm{r} n_2(\bm{r}) - \langle N \rangle$$

$$= 1 + \int d\bm{r} [n_2(\bm{r}) - n] \tag{63}$$

式 (63) と式 (5.89) を用いると式 (8.83) が証明できる．

(2)
  (2.1)
$$U = -\sum_{<i,j>} \sigma_i \sigma_j \epsilon_{AA} - \sum_{<i,j>} (1-\sigma_i)(1-\sigma_j)\epsilon_{BB}$$
$$- \sum_{<i,j>} [(1-\sigma_i)\sigma_j + \sigma_i(1-\sigma_j)]\epsilon_{AB}$$
$$= -[\epsilon_{AA} + \epsilon_{BB} - 2\epsilon_{AB}] \sum_{<i,j>} \sigma_i \sigma_j + (2\epsilon_{BB} + 2\epsilon_{BB}) \sum_{<i,j>} \sigma_i$$
$$- \epsilon_{BB} \sum_{<i,j>} \tag{64}$$

よって
$$\epsilon = \epsilon_{AA} + \epsilon_{BB} - 2\epsilon_{AB} \tag{65}$$

(2.2) 全格子点の数は $M = N_A + N_B$ である.$\phi = N_A/M$ とし,格子気体と同様の計算を進めると,
$$F = -M\frac{\epsilon z}{2}\phi^2 + M k_B T [\phi \ln \phi + (1-\phi)\ln(1-\phi)] + \epsilon_1 N_A + \epsilon_2$$
$$= -\frac{\epsilon z}{2} \frac{N_A^2}{N_A + N_B} + k_B T \left[N_A \ln \frac{N_A}{N_A + N_B} + N_B \ln \frac{N_B}{N_A + N_B} \right]$$
$$- \epsilon_1 N_A - \epsilon_2 \tag{66}$$

(2.3)
$$\mu_A = \frac{\epsilon z}{2}\left(\frac{N_B}{N_A + N_B}\right)^2 + k_B T \ln \frac{N_A}{N_A + N_B} - \frac{\epsilon z}{2} - \epsilon_1 \tag{67}$$
$$\mu_B = \frac{\epsilon z}{2}\left(\frac{N_A}{N_A + N_B}\right)^2 + k_B T \ln \frac{N_B}{N_A + N_B} \tag{68}$$

(3) 異なる種類の分子からなる系においては式 (8.49) は次のようになる.
$$\frac{P}{k_B T} = \sum_i n_i - \frac{\beta}{6} \sum_{i,j} n_i \int dr\, r \frac{du_{ij}(r)}{dr} n_{2,ij}(\boldsymbol{r}) \tag{69}$$

ここで n_i は i 種分子の数密度 ($n_i = N_i/V$),u_{ij} は i 種分子と j 種分子の相互作用エネルギー,$n_{2,ij}$ は i 種分子からみた j 種分子の 2 体分布関数 (i 種分子から r だけ離れた位置の j 種分子の平均数密度) である.

N 個のプラスイオンと N 個のマイナスイオンからなる気体を考える.それぞれに添え字 $+,-$ をつけて区別する.$n_+ = n_- = n = N/V$, $u_{++}(r) = u_{--}(r) = -u_{+-}(r) = -u_{-+}(r) = u(r) = q^2/(4\pi\epsilon r)$ である.また,8.5 節で求めた $\phi(r)$ を用いると $n_{2,++}(r) = n_{2,--}(r) = n(1-\beta q\phi(r))$, $n_{2,+-}(r) = n_{2,-+}(r) = n(1+\beta q\phi(r))$ と書ける.これらの関係を用いると式 (69) は

$$\frac{P}{k_\mathrm{B}T} = 2n - \frac{4n\beta}{6}\int d\bm{r}\, r\frac{du(r)}{dr}\beta q\phi(r) \tag{70}$$

式 (8.77) を用いて計算をすると最終的に次の結果が得られる．

$$P = 2nk_\mathrm{B}T\left[1 - \frac{q^2\kappa}{24\pi\epsilon k_\mathrm{B}T}\right] \tag{71}$$

イオン間の引力により圧力は理想気体に比べて小さくなる．理想気体に対する補正項はイオンの数密度 n の 1/2 乗に比例する．したがってイオン系の場合，相互作用の効果は数密度のべき級数で書くことはできない．これは，イオン間の相互作用が長距離であるからである．

第 9 章

(1)

(1.1) 1 つのスピンの分配関数は

$$z = \sum_{\sigma=-S}^{S} e^{\beta B\mu\sigma}$$

$$= \frac{\sinh\left[\beta B\mu\left(S+\frac{1}{2}\right)\right]}{\sinh\left(\frac{\beta B\mu}{2}\right)} \tag{72}$$

よって，スピンの平均値は

$$m = \frac{1}{\beta\mu}\frac{\partial \ln z}{\partial B}$$

$$= \left(S+\frac{1}{2}\right)\coth\left[\beta B\mu\left(S+\frac{1}{2}\right)\right] - \frac{1}{2}\coth\left(\frac{\beta B\mu}{2}\right) \tag{73}$$

(1.2) 平均場近似を用いると $B = zKm/\mu$ とおくことができる．すると自己無撞着条件は

$$m = \left(S+\frac{1}{2}\right)\coth\left[\beta zKm\left(S+\frac{1}{2}\right)\right] - \frac{1}{2}\coth\left(\frac{\beta zKm}{2}\right) \tag{74}$$

これが 0 でない解をもち始める温度では，$m=0$ における右辺の m についての微分が 1 となる．これより最終的に T_c が次のように求められる．

$$T_c = \frac{zKS(S+1)}{3k_\mathrm{B}} \tag{75}$$

(2)

(2.1) 臨界温度 T_c より低い温度では $P(\phi)$ には極大と極小が現れる．臨界温度 T_c においては $P(\phi)$ の極大と極小が一致する．したがって臨界点 (T_c, ϕ_c) においては

$$\left.\frac{\partial P}{\partial \phi}\right|_{T_c,\phi_c}=0, \qquad \left.\frac{\partial^2 P}{\partial \phi^2}\right|_{T_c,\phi_c}=0 \qquad (76)$$

が成り立たなくてはならない．

$$\frac{\partial P}{\partial \phi}=\frac{k_{\rm B}T}{v}\left[\frac{1}{1-\phi}-\frac{\epsilon}{k_{\rm B}T}\phi\right] \qquad (77)$$

$$\frac{\partial^2 P}{\partial \phi^2}=\frac{k_{\rm B}T}{v}\left[\frac{1}{(1-\phi)^2}-\frac{\epsilon}{k_{\rm B}T}\right] \qquad (78)$$

であることを用いると臨界点が次のように求まる．

$$T_c=\frac{\epsilon}{4k_{\rm B}}, \qquad \phi_c=\frac{1}{2} \qquad (79)$$

(2.2) 濃度 ϕ_1, ϕ_2 の相が共存するためには，圧力 $P(\phi)$ と化学ポテンシャル $\mu(\phi)$ が等しくなくてはならない．

$$P(\phi_1)=P(\phi_2), \qquad \mu(\phi_1)=\mu(\phi_2) \qquad (80)$$

化学ポテンシャル $\mu(\phi)$ は式 (8.68) より

$$\mu(\phi)=\frac{\partial F}{\partial N}=\frac{1}{M}\frac{\partial F}{\partial \phi}$$

$$=k_{\rm B}T\ln\frac{\phi}{1-\phi}-\epsilon z\phi \qquad (81)$$

式 (80) が 2 相共存の条件である．これは一般には簡単な式にならない．格子モデルの場合には特別に，

$$\phi_1+\phi_2=1 \qquad (82)$$

の条件が満たされるなら温度

$$T=\frac{\epsilon}{k_{\rm B}}\frac{(1-\phi_1/2)}{\ln\phi_1/(1-\phi_1)} \qquad (83)$$

で 2 相が共存することを確かめることができる．

(3)

(3.1) $i=1,2$ の場合を考える．

$$F_2(p)=pf(x_1)+(1-p)f(x_2)-f(px_1+(1-p)x_2) \qquad (84)$$

とおく．$d^2F_2/dp^2=-(x_1-x_2)^2f''\leq 0$ であるので，$F_2(p)$ は $0\leq p\leq 1$ の範囲にたかだか 1 つの極大しかもつことができない．したがって，$F_2(p)$ の最小値は $F_2(0)$ または $F_2(1)$ である．$F_2(0)=F_2(1)=0$ であるから，$F_2\geq 0$ が証明された．

次に $i=1,2,3$ の場合を考える．

$$F_3(p)=p_1f(x_1)+pf(x_2)+(1-p_1-p)f(x_3)$$

$$-f(p_1x_1+px_2+(1-p_1-p)x_3) \qquad (85)$$

とおくと，$d^2 F_3/dp^2 = -(x_2-x_3)^2 f'' \leq 0$ であるので，$F_3(p)$ の最小値は $F_3(0)$ または $F_3(1-p_1)$ である．上に証明したことより $F_3(0) \geq 0$, $F_3(1-p_1) \geq 0$ であるから，$F_3 \geq 0$ が証明された．これを繰り返すことで式 (9.75) が証明ができる．

(3.2) x_i を十分に密にとれば $\langle f(x) \rangle \simeq \sum_i p_i f(x_i)$ と近似できるので，式 (9.76) が成り立つ．

(3.3) $f(x) = e^{-x}$ とおくと，$f''(x) \geq 0$ である．不等式 (9.66) は不等式 (9.76) の特別な場合である．

第 10 章

(1)

(1.1) 各要素の両端を結ぶベクトルを $\boldsymbol{r}_i (i=1,2,\ldots,N)$ とすると

$$\boldsymbol{R} = \sum_{i=1}^{N} \boldsymbol{r}_i \tag{86}$$

である．よって

$$\langle \boldsymbol{R}^2 \rangle = \sum_{i,j} \langle \boldsymbol{r}_i \cdot \boldsymbol{r}_j \rangle \tag{87}$$

$i=j$ なら $\boldsymbol{r}_i^2 = a^2$ である．一方，$i \neq j$ なら $\boldsymbol{r}_i$ と $\boldsymbol{r}_j$ の分布は独立であるので，

$$\langle \boldsymbol{r}_i \cdot \boldsymbol{r}_j \rangle = \langle \boldsymbol{r}_i \rangle \cdot \langle \boldsymbol{r}_j \rangle = 0 \tag{88}$$

(ここで $\boldsymbol{r}_i$ が等方的に分布していれば $\langle \boldsymbol{r}_i \rangle = 0$ であることを用いた．) 以上のことから

$$\langle \boldsymbol{R}^2 \rangle = \sum_i \langle \boldsymbol{r}_i^2 \rangle = Na^2 \tag{89}$$

(1.2) 高分子の末端に力 F が加えられているときには高分子のエネルギーは $U = -\boldsymbol{R} \cdot \boldsymbol{F}$ と書けるので $\boldsymbol{F}$ に共役な量は $\boldsymbol{R}$ である．力を x 方向にかけた場合を考えると，式 (10.15) より

$$\langle R_x \rangle_{\boldsymbol{F}} = \beta \langle R_x^2 \rangle F_x \tag{90}$$

ここで $\langle R_x^2 \rangle = \langle R_y^2 \rangle = \langle R_z^2 \rangle = Na^2/3$ を用いると

$$\langle R_x \rangle_{\boldsymbol{F}} = \frac{Na^2}{3k_\mathrm{B}T} F_x \tag{91}$$

一般の場合には

$$\langle \boldsymbol{R} \rangle_{\boldsymbol{F}} = \frac{Na^2}{3k_\mathrm{B}T} \boldsymbol{F} \tag{92}$$

(2)

(2.1)
$$J = \sum_i q_i \dot{r}_i = \frac{d}{dt}\sum_i q_i r_i = \frac{dP}{dt} \tag{93}$$

(2.2)
$$P = \Re \int_{-\infty}^0 dt'\, \epsilon(t-t') E_0 i\omega e^{i\omega t'} = \Re \epsilon^*(\omega)\cdot E_0 e^{i\omega t} \tag{94}$$

ここで
$$\epsilon^*(\omega) = i\omega \int_0^\infty dt\, \epsilon(t) e^{-i\omega t} \tag{95}$$

(2.3) 定常電流が流れているときには伝導率 σ を用いて $J = \sigma E_0$ と書ける. よって $t\to\infty$ で $P = \sigma t E_0$ とならなくてはならない. このような振る舞いをするためには
$$\begin{aligned}\epsilon(t) &= \sigma t, \quad \text{for} \quad t\to\infty \\ \epsilon^*(\omega) &= \frac{\sigma}{i\omega}, \quad \text{for} \quad \omega\to 0\end{aligned} \tag{96}$$

(3)

(3.1)
$$\chi(t) = \frac{1}{k}\left[1 - e^{-\alpha t}\left(\cos\omega t + \frac{\alpha}{\omega}\sin(\omega t)\right)\right] \tag{97}$$

ここに
$$\alpha = \frac{\zeta}{2m}, \qquad \omega^2 = \frac{k}{m} - \left(\frac{\zeta}{2m}\right)^2 \tag{98}$$

(3.2)
$$\langle (x(t)-x(0))^2\rangle = 2k_\mathrm{B} T \chi(t) \tag{99}$$

(3.3) $t\to\infty$ で, $\langle x(t)x(0)\rangle \to 0$ であるので
$$\langle (x(t)-x(0))^2\rangle \to \langle x(t)^2\rangle + \langle x(0)^2\rangle = 2\langle x^2\rangle \tag{100}$$

(3.4) 平衡状態においては x の分布は $\exp[-kx^2/(2k_\mathrm{B}T)]$ に比例するので
$$\langle x^2\rangle = \frac{k_\mathrm{B}T}{k} \tag{101}$$

この結果は式 (97), (99) を用いて計算した結果
$$\langle (x(t)-x(0))^2\rangle \to 2k_\mathrm{B}T/k$$

と一致する.

索　引

ア　行

アルダー (Alder) 転移　152
アンサンブル平均　27, 29

イジングモデル　161
位相空間　31
1 次相転移　179
一様分布　9
一般化運動量　33, 34
一般化座標　33, 34

ウィック (Wick) の定理　24

永久双極子　70
液晶相転移　172
n 次元空間の球の体積　51
エネルギー等分配則　65, 71
エネルギーの平均値　103
エネルギーバンド　127
エントロピー　50

応答　188
応答関数　193
オンサガー (Onsager) の相反定理　200

カ　行

外部パラメータ　37
外部変数　37
解離平衡　93
解離平衡定数　94
ガウス (Gauss) 積分　20
ガウス (Gauss) 分布　15
確率密度　8

確率密度関数　8
カノニカル分布　57, 101
換算質量　36
感受率　190
完全直交系　98
ガンマ関数　52
緩和　195
緩和関数　195

気液相転移　180
気体の誘電率　70
気体反応　83
希薄溶液　85
ギブス–デュエム (Gibbs–Duhem) の関係
　　式　89
ギブス (Gibbs) のパラドックス　74
ギブス–ボゴリューボフ
　　(Gibbs–Bogoliubov) の不等式　185
凝固点降下　93
共役な運動量　34
共役な力　37
共役な流れ　202
共役量　189
禁止帯　127
金属・半導体　126

グランドカノニカル分布　79, 110, 144

格子振動　133
格子モデル　152, 159
剛体球　145, 158
剛体分子　150
剛体モデル　63, 105
高密度の理想フェルミ気体　123

古典極限　111
固有関数　98
固有状態　98
固有値　98
混合気体　81, 82

サ 行

散乱関数　148

磁化　161
時間相関関数　196
時間反転対称性　201
時間平均　27, 28
自己無撞着条件　164
磁性相転移　160
シータ関数　10
質量作用の法則　85
自発磁化　165
遮蔽長　158
自由エネルギー　58
周期的な外場　194
自由電子　126
自由電子模型　127
自由粒子のエネルギー固有値　99
自由粒子の状態数　106
重力の効果　67
重力場の中の理想気体　67
シュレディンガー (Schrödinger) 方程式　97
状態数　38, 105
状態密度　47, 105
真性半導体　140
浸透圧　89
振動量子　132

水素原子　102
スカラー秩序パラメータ　176
スターリング (Stirling) の公式　18
ステップ応答関数　192
スピン　114, 115
スレーター (Slater) 行列　139

正準分布　57
ゼーマンエネルギー　162
セルフコンシステント条件　164

タ 行

対称性の破れ　165
帯磁率　163
第2ビリアル係数　144
大分配関数　80
多体効果　150
多変数のガウス積分　21
単原子分子理想気体　61

秩序パラメータ　171, 175
中心極限定理　17
　――の導出　22
調和振動子　103

低密度の理想フェルミ気体　122
デバイ温度　135
デバイ模型　135
デルタ関数　13, 19
転移温度　164
電解質　159
電解質溶液　156

等重率の原理　31, 33
等方相　173
特性関数　9
独立スピン系　162
ドナー　129
ドナー準位　129
ドルトン (Dalton) の分圧の法則　83
トレース　109

ナ 行

内積　98

2原子分子理想気体　63
2項分布　4
2次相転移　179
2体分布関数　146

熱波長　81, 108, 121
熱輻射　136
熱平衡状態　2
熱浴　55
熱力学的温度　44

ネマチック液晶　173
ネマチック相　173

ハ　行

配位数　163
パウリ (Pauli) の原理　117
パウリ (Pauli) の排他律　117
波動関数　96, 97
バネ結合モデル　65, 105
ハミルトン (Hamilton) 演算子　97
ハミルトン (Hamilton) 関数　25, 33, 34
ハミルトン (Hamilton) の運動方程式　97
半透膜　90

比熱　103
標準偏差　5
ビリアル展開　143

ファンデアワールス (van der Waals) の状態方程式　180
ファントホッフ (van't Hoff) の法則　91
フェルミオン　116
フェルミ分布　120
　——に対する近似式　138
フェルミ分布関数　120
フェルミ粒子　116, 121
フォトン　137
フォノン　134
複素感受率　195
沸点上昇　91
ブラウン (Brown) 運動　199
プランク (Planck) の放射公式　137
分散　5, 8
分配関数　57, 103

平均　4, 8
平均場近似　163
平衡蒸気圧　184
平衡定数　85

ポアッソン (Poisson) 分布　5
ポアッソン–ボルツマン (Poisson–Boltzmann) 方程式　157

母関数　4
ボーズ–アインシュタイン (Bose–Einstein) 凝縮　131
ボーズ–アインシュタイン (Bose–Einstein) 分布　120
ボーズ粒子　116, 130
ボゾン　116
ボルツマン (Boltzmann) 定数　43
ボルツマン (Boltzmann) の重ね合わせの法則　193
ボルツマン (Boltzmann) の関係式　51

マ　行

ミクロカノニカル分布　34
密度演算子　109
密度行列　108, 109
密度展開　143

ヤ　行

誘電率　70
輸送係数　201
ゆらぎ　188

溶質　85
　——の化学ポテンシャル　85
揺動散逸定理　198
溶媒　85
　——の化学ポテンシャル　89

ラ　行

ランダウ (Landau) の理論　170

力学状態　3
理想気体　61
理想気体温度計　45
粒子数表示　118
量子統計力学　102

累積確率分布　8

レナード–ジョーンズ (Lennard–Jones) ポテンシャル　142

著者略歴

土井 正男
ど　い　まさ　お

1948年　愛知県に生まれる
1974年　東京大学大学院工学系研究科博士課程中退
同　年　東京都立大学理学部物理学科助手
1978年　東京都立大学理学部物理学科助教授
1989年　名古屋大学工学部応用物理学科教授
1997年　名古屋大学大学院工学研究科教授
2004年　東京大学大学院工学系研究科教授
　　　　現在に至る
　　　　工学博士

[物理の考え方 2]

統 計 力 学

定価はカバーに表示

2006年4月10日　初版第1刷
2022年6月25日　　　第9刷

著　者　土　井　正　男
発行者　朝　倉　誠　造
発行所　株式会社 朝　倉　書　店
　　　　東京都新宿区新小川町6-29
　　　　郵便番号　162-8707
　　　　電話　03(3260)0141
　　　　FAX　03(3260)0180
　　　　https://www.asakura.co.jp

〈検印省略〉

© 2006 〈無断複写・転載を禁ず〉

東京書籍印刷・渡辺製本

ISBN 978-4-254-13742-2　C 3342　　Printed in Japan

|JCOPY| 〈出版者著作権管理機構 委託出版物〉

本書の無断複写は著作権法上での例外を除き禁じられています．複写される場合は，そのつど事前に，出版者著作権管理機構（電話 03-5244-5088, FAX 03-5244-5089, e-mail: info@jcopy.or.jp）の許諾を得てください．

好評の事典・辞典・ハンドブック

物理データ事典	日本物理学会 編	B5判 600頁
現代物理学ハンドブック	鈴木増雄ほか 訳	A5判 448頁
物理学大事典	鈴木増雄ほか 編	B5判 896頁
統計物理学ハンドブック	鈴木増雄ほか 訳	A5判 608頁
素粒子物理学ハンドブック	山田作衛ほか 編	A5判 688頁
超伝導ハンドブック	福山秀敏ほか編	A5判 328頁
化学測定の事典	梅澤喜夫 編	A5判 352頁
炭素の事典	伊与田正彦ほか 編	A5判 660頁
元素大百科事典	渡辺 正 監訳	B5判 712頁
ガラスの百科事典	作花済夫ほか 編	A5判 696頁
セラミックスの事典	山村 博ほか 監修	A5判 496頁
高分子分析ハンドブック	高分子分析研究懇談会 編	B5判 1268頁
エネルギーの事典	日本エネルギー学会 編	B5判 768頁
モータの事典	曽根 悟ほか 編	B5判 520頁
電子物性・材料の事典	森泉豊栄ほか 編	A5判 696頁
電子材料ハンドブック	木村忠正ほか 編	B5判 1012頁
計算力学ハンドブック	矢川元基ほか 編	B5判 680頁
コンクリート工学ハンドブック	小柳 洽ほか 編	B5判 1536頁
測量工学ハンドブック	村井俊治 編	B5判 544頁
建築設備ハンドブック	紀谷文樹ほか 編	B5判 948頁
建築大百科事典	長澤 泰ほか 編	B5判 720頁

価格・概要等は小社ホームページをご覧ください.